数据资源规划

朱岩 韩爱生 ◎ 编著

清华大学出版社

北京

内容简介

本书系统性地提出了数据资源规划（Data Resource Planning，DRP）的概念和理论体系，该体系以数据要素市场的建立为基础，从新质生产力赋能和新质生产关系变革两个角度，探讨企业如何进行数据资源规划、开发数据产品、转换数据价值。本书内容共分为6篇19章。第一篇包含3章，第1章首先从历史的角度回顾了人类社会开发各类资源的历程，并着重分析了信息时代企业利用MRP到ERP等信息技术进行资源规划的发展过程，进而引出了数字时代企业对数据资源规划的需求及DRP的基本概念，提出ERP是信息化的基础理论、DRP是数字化的基础理论。第2章分析了数字经济时代的生产关系变革，并从经济学和管理学的角度对DRP这一概念进行了理论探讨。第3章介绍了作为DRP基础的企业数据模型的概念并提出了DRP的总体框架。第二篇包含第4～9章共6章，详细介绍了数据资源规划的技术基础。第4章给出了DRP的总体技术框架，第5～9章分别就大数据、人工智能、区块链、产业互联网和数据安全这5个DRP的技术支柱进行了详细论述。第三篇包含第10、11两章，分析了数据要素市场与DRP的关系，并阐述了DRP支持数据要素市场建设的基本机制。第四篇包含第12～15章共4章，分别从数据资产入表、数实空间融合、企业数字化管理、产业数字生态四方面分析了DRP如何赋能企业的战略、业务与管理创新。第五篇包含第16～18章共3章，先后从准备、部署和运行三个阶段分析了DRP的实施策略和方法。第六篇为结语，介绍了量子计算、脑机接口等支持DRP未来发展的前沿科技。

本书适合数字经济环境下各类企业的管理人员、数字化平台设计建设人员及系统分析师等阅读，也可作为高等院校数字经济及企业管理相关专业学生的课程教材或参考用书。

图书在版编目（CIP）数据

数据资源规划 / 朱岩，韩爱生编著 . -- 北京 : 清华大学出版社 , 2025.6. -- ISBN 978-7-302-69581-3

Ⅰ . TP274

中国国家版本馆 CIP 数据核字第 2025FU2001 号

责任编辑：赵　凯
封面设计：刘　键
版式设计：方加青
责任校对：刘惠林
责任印制：刘海龙

出版发行：清华大学出版社
　　　　网　　　址：https://www.tup.com.cn，https://www.wqxuetang.com
　　　　地　　　址：北京清华大学学研大厦 A 座　　　　　　　邮　　编：100084
　　　　社 总 机：010-83470000　　　　　　　　　　　　　邮　　购：010-62786544
　　　　投稿与读者服务：010-62776969，c-service@tup.tsinghua.edu.cn
　　　　质 量 反 馈：010-62772015，zhiliang@tup.tsinghua.edu.cn
　　　　课 件 下 载：https://www.tup.com.cn，010-83470236
印 装 者：三河市天利华印刷装订有限公司
经　　销：全国新华书店
开　　本：185mm×260mm　　　　印　　张：19.25　　　　字　　数：431 千字
版　　次：2025 年 7 月第 1 版　　　　印　　次：2025 年 7 月第 1 次印刷
印　　数：1 ～ 1000
定　　价：79.00 元

产品编号：107169-01

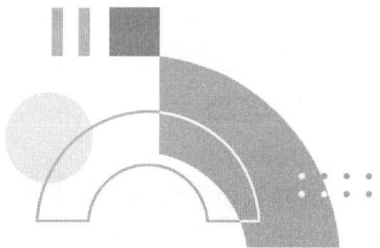

斯坦福大学 Klebahn 教授认为，真正的创新在于市场需求度、技术可行性和商业可行性三者的交汇点。中国经济发展的优势为重大创新提供了无与伦比的市场需求度和商业可行性条件，竞争的关键主要在于技术可行性条件。DeepSeek 横空出世，让中国在人工智能技术革命创新上已跻身于并跑行列，在 AI 通用大模型即 0-1 上成为重要的引领者之一。建筑产业是国民经济的重要支柱产业，是全球最大的基建市场，也是人工智能的巨大场景。如何抢抓人工智能技术革命在中国建筑产业的快速发展先机，即在 AI 通用大模型基础上发展 AI 建筑产业大模型，充满着机遇与挑战。

要发展建筑产业人工智能，必须全面把握好建筑产业的系统性数字化发展脉络。

一是建筑产业系统性数字化，即项目级 BIM，现在是无 BIM 不项目，但要强调的是真 BIM，是设计 - 施工共同建模，指导运维的 BIM，是一模到底的 BIM，是能为业主节省建造成本和运维成本创造价值的 BIM。即企业级 ERP，是帮助企业打通层级，打通系统，发现堵点、卡点、漏点的 ERP，是能够节省管理成本为企业创造价值的 ERP。即产业级 DRP，是能够帮助公共投资项目主管部门实现监控资金使用情况的 DRP，是能够帮助有关部门和商业银行实时有效监管房地产项目资金状况避免暴雷的 DRP，是能够实现数据资产入表的 DRP。即城市级 CIM，是统一 BIM 标准后的 CIM，是自主可控的 CIM，是 CIM+ 供应链、数字孪生、区块链、元宇宙、AI 和双碳，并实现 CIM+ 城市各类监管服务系统的 CIM，是从园区级到城市级、从城市建设到城市管理全要素、全过程、全覆盖的 CIM，是为城市提供巨大的数据资产的 CIM。

二是装配化 +，是全装配化，即结构 - 机电 - 装饰装修全装配化，进而实现建筑产业工业化、标准化、部品化、模块化、智能化，是装配化 + 供应链、数字孪生、区块链、元宇宙，特别是 +AI（工厂制造 AI，现场建造 AI，以及运维 AI，这是全装配化 + 全过程 AI 的特殊性），还要 + 双碳（建筑运行减碳和建造减碳）。实践表明，装配化 +EPC、+BIM、+ 超低能耗，以及 + 城市住宅更新，已经产生了令人惊叹的经济和社会价值。

三是投 - 建 - 营 +，如果公共投资项目更大规模地推动投 - 建 - 营模式，+ 数字技术，就会创造更大价值，甚至产生一场真正意义上的数字技术革命。建筑产业可否像我国航空工业、船舶工业一样，全面实现 BIM 一模到底，甩掉图纸，只有在投 - 建 - 营项目上才是完全可能的。

继 AI 通用大模型"百模大战""千模大战"之后，会不会出现 AI 产业大模型的"百模大战""千模大战"之势，把握好 AI 建筑产业大模型发展的底层逻辑至关重要，这是我们的一些头部企业和科技型企业决策者要深刻洞悉的。

一是与通用大模型的关系。此前，专家学者普遍认为，产业大模型构筑在通用大模型底座之上，通用大模型可能是闭源、封装的，因此产业大模型与通用大模型的界面非常清晰明确。DeepSeek 彻底颠覆了这一切，完全开源，又是生成式，通用大模型不断地向上拱入本来以为是产业大模型的空间，越来越深、越来越广，产业用户越来越多，界面已经模糊不清，完全没有规律。在这种严峻挑战下，建筑产业大模型如何研发，是一个重要课题。

二是数据资源。无论通用大模型如何发展，向上拱，进入更大空间，但一定有局限性，就是建筑产业数据资源的局限，这个局限恰恰就是研发建筑产业大模型的优势，凡是有 BIM 大数据、供应链大数据、ERP 大数据、DRP 大数据、CIM 大数据等资源优势的头部企业和科技型企业或两者结合就可以乘势而上研发相关的建筑产业大模型。

三是与用户的关系。我们研发建筑产业大模型，是 2C 还是 2B，抑或既 2C 又 2B。建筑产业规模巨大，每年有 31 万亿元总产值，每年新开工约 27 万项工程。由于通用大模型开源，产业大模型可以断定也要基本上开源，那么研发产业大模型的价值是什么？一是生成新的数据资源，二是找到衍生服务，三是准备引流向定制服务进而向专业模型服务发展（2B）。

这个研发逻辑一旦清晰，就要当断则断，就要明晰研发战略，确定商业模式，就要引入战略投资，就要举旗定向。

建筑产业的数字化转型，核心在于数据资源的开发与利用。数据已然成为关键生产要素，贯穿项目从设计、施工、运维的全生命周期。

《数据资源规划》一书强调，在数字经济中，数据已成为基础性、关键性、决定性的生产要素。随着数据要素市场的建设，传统产业的生产资料得以丰富，企业运营的底层逻辑发生变化，数据资产成为企业的新型资产，其规模增长快、价值大，企业的数字化转型需建立针对数据资源开发、利用和治理的新制度，以发掘和提升数据资产的价值、创新商业模式和运营模式。

本书提出的数据资源规划（DRP）概念和理论体系，以数据要素市场的建立为基础，从新质生产力赋能和新质生产关系变革两个角度，探讨企业如何进行数据资源规划、开发数据产品、转换数据价值。书中还梳理了数据作为新型生产要素给企业带来的模式创新、管理创新需求，以及不同规模企业部署 DRP 所需的理念变革和准备工作。这同样也是建筑企业需要重点关注和提前准备的重要方向。

此外，书中还特别强调了数据治理的重要性。建筑产业的数据治理不仅涉及企业内部的运营，还需要面向整个产业链和产业生态。

本书可贵之处在于，它不仅提供了系统的理论框架，还结合了实践案例，为建筑企业提供了清晰的实施路径。我本人学习研究后由衷地感慨，这是当下关于建筑产业 DRP 最全面、最系统、最深入的研究报告，包括 DRP 与大数据、与人工智能、与区块链、与产业互联网、与数据安全、与数据要素市场配置、与产业生态以及与企业创新关系的全方位理论研究和创新实践，值得建筑产业的领导同志、专家学者和工程技术人员学习研究，以资借鉴，共同推动建筑产业的数字化转型发展，迎接更加智慧、高效、可持续的产业未来。

住房和城乡建设部原总工程师、中国建筑业协会原会长

2025 年 4 月

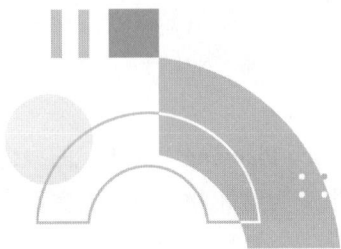

前言 PREFACE

工业时代历经百年形成的全球经济体系、治理体系在新兴的数字技术推动下，开始加速变革。以大数据、人工智能为代表的数字生产力大大拓宽和加快了人类获得信息的范围和速度，提升了人类分析数据并基于分析结果作出判断和决策的能力，在方式和内容上改变了人类社会的交易、互动、组织和管理。

2023年底召开的中央经济工作会议指出，要以科技创新推动产业创新，特别是以颠覆性技术和前沿技术催生新产业、新模式、新动能，发展新质生产力。习近平总书记在中共中央政治局第十一次集体学习时对新质生产力作出系统阐释："概括地说，新质生产力是创新起主导作用，摆脱传统经济增长方式、生产力发展路径，具有高科技、高效能、高质量特征，符合新发展理念的先进生产力质态。"新质生产力是由技术革命性突破、生产要素创新性配置、产业深度转型升级催生的当代先进生产力，它以劳动者、劳动资料、劳动对象及其优化组合的质变为基本内涵，以全要素生产率提升为核心标志。

从社会经济系统来看，人类社会正在从"实体"系统向"实体＋数字"系统的二维空间发展，数字经济将会是基于这个数实融合的二维空间建立起来的新经济模式，发展数字经济是激活数据要素、开发数字生产力、创新数字生产关系的过程。在数字经济中，数据已经成为基础性、关键性、决定性的生产要素。

企业是数据要素开发的市场主体。在数据要素市场建设的过程中，传统产业的生产资料得以丰富，产品内涵将突破实体空间进入数字空间，并引起企业商业模式发生革命性改变。在数据驱动下，企业运营的底层逻辑变化可以概括为三方面：以数据要素为新生产资料、以数字空间为新发展领域、以数据资产为新价值源泉。作为企业的新型资产，企业的数据资产规模增长越来越快、价值越来越大，因此企业的数字化转型就是要建立一种针对企业数据资源开发、利用和治理的新制度，用以发掘和提升企业数据资产的价值、创新企业的商业模式和运营模式。企业的数据治理制度不是只针对单一企业的内部运营而建立的，而是要面向产业链和产业生态，整体思考数据资产流通的全生命周期。其核心理念是促进数据在企业、产业链、产业生态中的有效流动，促进企业多样化数据资产的价值实现。

企业数据治理制度是我国多层次数据基础制度的重要组成部分，迫切需要更多企业深入思考和探索这一新生事物。通过形成一批有自己规范、以完善的数据资源管理为核心驱动力的企业，会加速我国传统产业的数字化转型，让我国企业在全球产业链数字化重构过程中成为先锋队、主力军。

正是在此背景下，本书提出了数据资源规划（Data Resource Planning，DRP）的概念和理论体系，该体系以数据要素市场的建立为基础，从新质生产力赋能和新质生产关系变革两个角度，探讨企业如何进行数据资源规划、开发数据产品、转换数据价值。本书梳理了数据作为新型生产要素给企业带来的模式创新、管理创新需求，探讨了不同规模企业部署 DRP 要做的理念变革和准备工作。不同于一般的信息系统类书籍，本书首先从经济学和管理学的视角探讨了 DRP 的经济和管理价值以及相应的理论框架，并尝试给出了企业进行数据资源规划的具体实施方案，本书力图成为一本企业数字化转型理论与实践的参考书。为此，本书还基于大量的实践案例，详细阐述了大数据、区块链及人工智能等先进数字生产力在企业数据资源管理工作中的作用，为企业做好数字化转型工作提供参考。

本书内容共分为 6 篇 19 章。第一篇包含 3 章，第 1 章首先从历史的角度回顾了人类社会开发各类资源的历程，并着重分析了信息时代企业利用 MRP 到 ERP 等信息技术进行资源规划的发展过程，进而引出了数字时代企业对 DRP 的需求及 DRP 的基本概念，提出 ERP 是信息化的基础理论、DRP 是数字化的基础理论。第 2 章分析了数字经济时代的生产关系变革，并从经济学和管理学的角度对 DRP 这一概念进行了理论探讨。第 3 章介绍了作为 DRP 基础的企业数据模型的概念并提出了 DRP 的总体框架。第二篇包含第 4 ~ 9 章共 6 章，详细介绍了数据资源规划的技术基础。第 4 章给出了 DRP 的总体技术框架，第 5 ~ 9 章分别就大数据、人工智能、区块链、产业互联网和数据安全这 5 个 DRP 的技术支柱进行了详细论述。第三篇包含第 10、11 两章，分析了数据要素市场与 DRP 的关系，并阐述了 DRP 支持数据要素市场建设的基本机制。第四篇包含第 12 ~ 15 章共 4 章，分别从数据资产入表、数实空间融合、企业数字化管理、产业数字生态四方面分析了 DRP 如何赋能企业的战略、业务与管理创新。第五篇包含第 16 ~ 18 章共 3 章，先后从准备、部署和运行三个阶段分析了 DRP 的实施策略和方法。第六篇为结语，介绍了量子计算、脑机接口等支持 DRP 未来发展的前沿科技。

本书的编写由清华大学互联网产业研究院和杭州新中大科技股份公司共同完成，书中所采用的案例大部分来源于新中大科技股份公司服务中国企业数字化转型过程的长期积累。本书的编写得到了数字经济领域长期从事研究与实践工作的多位专家、学者、企业家给予的大力支持，在此对他们的指导与帮助表示感谢！同时还要感谢清华大学出版社的编辑对本书出版给予的大力支持！

编　者

2025 年 2 月

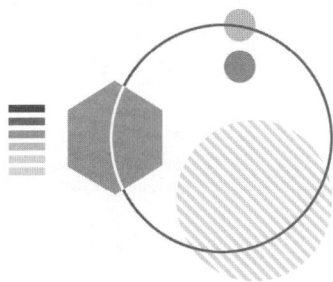

目录 CONTENTS

▶ 第二篇　DRP的技术基础 / 079

第一篇 || 从ERP到DRP

美国通用电气（GE）公司是工业时代的标志性企业之一，然而随着传统制造业务的衰退以及2008年金融危机的巨大打击，GE公司的营收出现巨幅下滑，股价一度跌破10美元，被道琼斯工业指数一度除名，结束了其一百多年道指成员的历史。

面对空前的危机，GE公司决定拥抱数字化浪潮，盘活数据资源，创造全新的商业模式。互联网连接着超过100亿台终端，其中有相当部分是工业机器和设备。GE公司作为一个传统制造业巨头，本身是这些机器和设备的制造商，因而完全可以利用数字技术获得机器设备的相关数据。但如何盘活这些积累的数据，还是很有挑战性的。

2015年GE公司推出全球首款专门面向工业领域、基于云计算的平台即服务（Platform as a Service，PaaS）——Predix。它借助一种标准化的方式把机器、数据、人等联系起来，对资产绩效管理及运营进行优化，开展工业级的数据分析应用，包括数据管理、数据分析、安全监控等。Predix的服务不限于GE公司的设备及应用，而是可以作为开源式云服务平台，面向所有的工业企业及软件开发者提供服务，它的目标是要成为工业领域的安卓系统。

GE公司的转型尝试，代表了传统企业数字化转型的一种创新思路，其中激活的机器设备数据潜在商业价值不可估量。这种面向数据价值开发的转型，是不太可能仅仅依靠以企业资源计划（Enterprise Resource Planning，ERP）为代表的传统信息系统来实现的。

第1章 企业价值演进的资源观

企业价值是企业在适应市场变化过程中，保持获利及竞争优势的综合能力表现，它不但度量了企业已有资产的获利能力，还体现了企业对未来经营环境的战略适应能力。随着科学技术的发展，新兴生产力不断涌现，企业价值从概念、范围到内容都不断发生着改变。这种价值演进的根本在于企业在不同历史阶段所利用的资源和资源调配能力发生了改变。在数字时代，数据资源渗透至企业的每一个角落，涵盖企业的战略、生产、财务、人力、营销等各方面业务，因为数据的横向打通、纵向贯通，正在发生着革命性转变。数字企业的价值内涵不再局限于传统企业的有形和无形资产，数据作为一种新资源，正在成为企业创造价值的新资源、新动力，数据资源既可以作为无形资产进入财务报表，也可以转换为存货或者以其他创新模式成为企业新的价值源泉。

1.1 人类社会的资源演化 >>

资源是指在一定历史条件下能被人类开发利用以提高生存能力和福利水平，且受自然和社会因素约束而具有稀缺性的各种环境要素或事物的总称。人类对资源的认识是随着人类自身的进步而不断发展的，人类对资源的利用是一个由简单到复杂、由单一到综合的过程。随着科学技术的进步，越来越多新的资源被人类认识和利用。

1.1.1 农业时代

距今大约一万年前人类社会进入新石器时代。这时人类使用经过切、钻、磨等工艺加工的石器作为工具，开始了刀耕火种的原始种植农业，用原始天文、气象、历法知识指导农业生产，出现了制陶、纺织等手工业。这个时期，人类重要的资源是土地、农作物和家畜等。人类在约公元前 3000 年进入青铜器时代，这时人类已经开始开采铜、锡矿，掌握了青铜的冶炼、铸造技术，并开始加工金、银器具。生产力的发展使产品有了剩余，开始了商品交换，出现了私有制，并产生了城市。这时矿产（铜、锡、金、银等）、耕地、林木、河流变成了重要的资源。公元前 2000 年前后，人类进入铁器时代。这时人类认识了铁这一自然资源，掌握了冶铁技术，并开始用铁制作日用品及武器。这一时期人类可利用的资源又增加了铁矿、水力等。6 世纪前后，人类开始了较大规模的航海活动，海洋资源开始得到开发。644 年，人类发明了风车，风能资源进入了人们的生活。14 世纪，人类开始使用爆破技术采矿，火药为人类大规模开发地下矿产资源提供了帮助。

总之，在农业时代，人类逐渐开发出了自然界中大量的资源，使得规模庞大的城邦和较为精细的劳动分工成为可能。当然，人力自身也是人类社会最重要的资源之一。总体来看，这个阶段土地和劳动力是最为基础的生产要素。

1.1.2 工业时代

自 1767 年英国人发明珍妮纺织机开始，人类发明了众多的机械设备来替代人力劳动、提高劳动效率。1777 年蒸汽机的出现标志着人类进入蒸汽时代，开始大规模利用煤炭和钢铁。1860 年在工业最发达的英国，煤产量已高达 8133 万吨，铁产量达到 380 万吨。煤的大量开采还催生了煤化工业的产生，塑料、人造纤维等化工资源开始进入人类的生产过程。机器制造业的发展使钢、锰、镍、铝、钨等黑色及有色金属资源得到进一步开发利用。1866 年德国人西门子发明了电动机，实现了电能和机械能的相互转换，从此电力资源可以异地传输。其后，以电能为动力的机械设备被大量发明。1878 年法国建成世界第一座水力发电站，1882 年美国建成世界第一座火力发电站，标志着人类开始进入电气时代。19 世纪 80 年代内燃机的发明使原本作为照明、医药原料的石油成为新型能源，石油的开采又促成了石油化工业的发展，石油在人类生活中成为越来越重要的资源。第二次世界大战之后，人类科学技术突飞猛进，1942 年美国建成世界第一座核反应堆，1954 年苏联建成世界第一座核电站，人类认识了放射性元素，原子能资源也成为人类社会的一种重要资源。

兴起于 18 世纪末的工业时代，人类生产力水平空前提高。机械化大生产对资本的需求急剧增加，资本开始作为一种关键性的资源被人类管理和使用，于是股份制度与资本市场等资本资源利用形式相继出现。同时，大规模的工业化生产使生产管理变得日益重要，"泰勒制""福特制"等经典管理理论陆续诞生，科学管理也成为企业赖以生存的一种重要资源。科技发明在这一时期也展现出了对经济发展的巨大推动作用，专利制度在工业时代逐渐成熟，科技资源开始成为企业的一类核心资源。总结起来，工业时代的基本生产要素扩充为土地、劳动力、资本以及技术。

1.1.3 信息时代

信息是指用语言、文字、符号、图像、声音等形式作为载体，通过各种渠道传播的信号、消息、情报等内容。广义来讲，信息是任何可以被感知并用来作出决策的内容。1945 年世界上第一台大规模通用计算机 ENIAC 开启了信息时代，使得人类开始思考如何快速处理大量信息。1947 年美国巴丁等发明了晶体管，1960 年发明了集成电路。20 世纪中叶，商用计算机逐渐进入大型企业和政府机构，颠覆性地改变了机构内部的工作方式和管理流程，这时信息开始成为企业运营的一种关键资源。20 世纪 70 年代初，美国高级研究计划局网络（Advanced Research Projects Agency Net，ARPANET）作为互联网的雏形开始出现，使信息的远距离高速交流逐渐成为可能。随后卫星通信和光纤技术的发展大大提升了远距离通信的速度和容量，带宽也成为信息时代的一种新兴资源。从 20 世纪 80 年代初开始，苹果、IBM 及微软等公司开始推进个人计算机的广泛应用。计算机成为新的劳动工具，可以处理文字、图表、视频等多种类型的数据，个人计算机也可以通过局域网进行信息共享。20 世纪 80 年代到 90 年代初，互联网协议（如 TCP/IP）的标准化和万维网（World Wide Web，WWW）的发明使得全球范围内的计算机可以相互连接，实现了全球信息的共享，互联网已经成为一种企业运营的基础资源，用来支持企业的电子商务、社交传播、在线支付等业务。

信息时代起始于 20 世纪中期，计算机硬件、软件、网络设备、数据中心和通信系统等信息科技构成了数据生成和流动的基础，数据自身以及支持数据产生、处理、存储、传输的基础设施开始成为支撑经济发展至关重要的资源。

1.1.4 数字时代

进入 21 世纪，智能手机的出现和无线通信技术的发展改变了人们的生活方式，数以亿计的人类可以通过便携终端随时随地访问互联网，创造并分享海量的数据。社交媒体平台的出现，改变了人们之间的社交互动和信息分享方式，人类开始接受并创造自己在网络世界的数字身份。与此同时，物联网技术使得物理世界中的海量设备能够互联互通，从智能家居到工业自动化，各种数据资源的价值随着数量的增加、范围的扩大而越来越被重视，相应的数据处理算法、算力都逐渐成为企业的重要资源。21 世纪 10 年代，云计算技术的发展推动了数据存储和处理方式的革命，公司开始将数据存储在云端，以实现更大规模的数据互联互通、更全面的数据分析。大数据和人工智能等技术使组织能够从大规模、异构数据中进行多维度分析，用以支持业务决策、市场分析和客户服务等。区块链技术的出现创造了一种去中心化、安全、透明和自动化的交易方式，为数据资源在金融、物流、电子商务等行业的存储和交易提供了更高效、更安全、更可靠的技术路径，数据资源的价值进一步凸显。

2020 年中国政府发布了《关于构建更加完善的要素市场化配置体制机制的意见》，将数据列为与土地、劳动力、资本、技术并列的生产要素，人类历史开始全面进入开发数据资源的时代。

1.2 信息技术在企业中的应用历程 >>

企业对效率和利润率提升的迫切需求，决定了其成为推动信息技术应用的中坚力量。信息技术从诞生之日起就和企业的业务创新、管理创新密切相关。

20 世纪 50 年代，随着商用计算机的引入，企业开始利用早期的批处理系统（Batch Processing System）进行简单的运算和数据处理。批处理系统通常在夜间运行，采用类似队列的机制，将一整天的工资单计算和库存统计等作业按提交的先后顺序依次执行。通过将一批作业一次性提交给计算机执行，企业减少了人工操作的工作量，大大提高了工作效率。但这种效率的提高还是局部的，给企业带来的价值也是有限的。20 世纪 60 年代，出现了物料需求计划（Material Requirement Planning，MRP），开始利用信息系统全面思考各制造环节的资源优化。到了 20 世纪 90 年代，企业资源规划（Enterprises Resource Planning，ERP）的提出把信息技术的应用扩展到企业管理的全过程，为企业资源的优化带来了全新的思路。

1.2.1 MRP

MRP 围绕制造过程所需要的资源，用信息系统来获取相关数据，通过设定制造优化的目标，用一定的算法完成对达成目标过程的优化控制。MRP 时代开发出了大量行之有效的管理方法，这些方法直到今天仍在生产中大量使用。

1. 订货点法

订货点法（Reorder Point Method）是在 20 世纪 40 年代发展起来的一种库存管理方法，用于确定采购物料的最佳时间点。如图 1-1 所示，该方法的核心思想是为所需的每种物料设置最大库存量和安全库存量，维持足够的库存水平以满足生产需求，同时最小化持有成本和缺货风险。订货点法的基本公式如下。

订货点 = 单位时段的需求量 × 订货提前期 + 安全库存量

从公式中可以看到，物料需求的连续稳定性决定了订货点法的有效性，所以订货点法需要满足以下几个条件。

- 物料消耗相对稳定；
- 物料供应比较稳定；
- 物料需求相互独立；
- 物料价格不是太高。

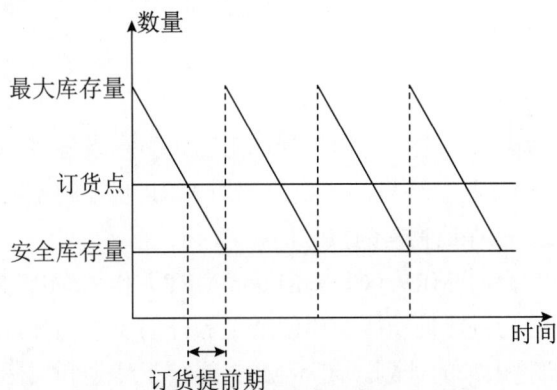

图 1-1　订货点法示意图

订货点法并未将采购、库存和生产过程、销售过程建立起直接联系，在企业实际运作中，客户需求的变化会导致产品及相关物料的需求在数量上和时间上也相应发生变动，这会使得订货点法的应用效果大打折扣。

2. 物料清单

为解决制造企业销、产、供脱节的问题，人们引入了物料清单（Bill of Materials，BOM）模型来划分加工装配过程中的层次，并描述上下层物料的从属关系和数量关系。物料清单是一份详细列出制造某一产品所需的所有原材料、组件、部件、组装顺序和数量的清单，顶层为最终产品，下一层是组成产品的直接组件，再下一层则是这些组件所需的更小部件，以此类推，直到最底层的原材料。

物料清单所描述的产品结构把制造业三大主要部门产、供、销的业务信息整合起来，是制造企业产品数据结构化管理的一个重要工具。但是，静态的 BOM 无法满足物料供应"不多、不少、不晚、不早"的需求，必须在 BOM 基础上应用动态管理的方法才能解决问题。

3. MRP

20 世纪 60 年代，美国 IBM 公司的奥列基博士首先提出了将物料需求分为独立需求和相关需求的概念，并发展出了以相关需求原则、最小投入和关键路径为基础的物料需求计划（Material Requirement Planning，MRP）理论。

MRP 的基本内容是根据主生产计划（Master Production Schedule，MPS）编制零件的生产进度和采购计划，并进行物料需求计算。MPS 将生产计划大纲规定的产品系列或大类转换为特定产品或特定部件的计划，与物料清单、库存管理一起组成了 MRP 的三项基本输入数据，在 MRP 系统中起到核心枢纽的作用。

MRP 的主要工作原理是从最终产品的主生产计划导出相关物料的需求量及需求时间，再根据物料的提前期来确定其投产或订货的时间。通过这些步骤，MRP 协助企业在满足客户需求的同时最小化库存成本和生产中断的风险。MRP 系统依靠精确的输入数据，任何输入数据的变化都可能影响 MRP 的输出。因此，数据的准确性、及时性及反馈机制的有效性对于 MRP 的成功至关重要。

4. 闭环 MRP

基础的 MRP 没有考虑实际生产过程中制造工艺、生产设备等生产条件的变化，以及能源供应、工人福利待遇等社会环境的约束。利用 MRP 制订的采购计划也可能受供货能力和运输能力的限制而无法保证物料的按时供应。

为了解决上述问题，闭环 MRP（Closed-Loop MRP）作为 MRP 的一种扩展应运而生。它不仅包括基本 MRP 的物料计划功能，还创新了额外的反馈循环，用于监控和评估计划的执行情况，并据此调整未来的计划。闭环 MRP 连接了计划和实际的执行过程，确保计划的持续更新和优化改进，以达到更精确的库存控制和更可行的生产计划。至此，闭环 MRP 成为一个拥有能力需求计划和现场作业控制功能的完整信息系统。

1.2.2　制造资源计划 MRP Ⅱ

企业的核心目标是追求利润，其经营状况和收益终究需要用创造的价值来表达。传统的 MRP 解决了企业物料供需信息的集成，但却无法揭示企业执行计划所带来的经济效益，以及这些收益是否达到了企业的总体目标。为此，需要把企业管理信息系统与财务运营挂钩，把物料信息与资金信息关联，于是制造资源的优化方式进一步升级。

1977 年，美国著名生产管理专家奥列弗·怀特提出了制造资源计划（Manufacturing Resource Planning）的概念，简称也是 MRP。为了区别于传统的 MRP，人们将这种新的系统称为 MRP Ⅱ。

MRP Ⅱ 是对传统 MRP 的扩展，它包括了更加全面的生产计划和制造资源管理功能，并将涉及整个制造过程的销售、采购、制造、财务、人力等子系统集成为一个一体化系统。它可以把账务处理与发生账务的事务结合起来，通过对企业生产成本和资金运作过程的掌握，调整企业的生产计划从而支持企业制定更为可行的生产经营规划。MRP Ⅱ 可提供国际化业务所需的多语言、多币制、多税制服务，还支持计算机辅助设计（Computer Aided Design，CAD）技术接口。更为重要的是 MRP Ⅱ 加入了模拟功能，可在生产条件发生变化的时候给管理人员提供决策依据，使其成为一个全方位的生产管理集成化系统。

然而，随着技术的进步和管理需求的变化，MRP Ⅱ 逐渐显露出一些不可忽视的缺陷。例如，MRP Ⅱ 主要关注公司内部的制造资源，对于需要管理不同地点调动更广泛资源（包括人力资源和财务资源）的公司来说，范围可能过小。MRP Ⅱ 本身无法管理外部供应链流程，因为它主要侧重于企业内部运营。在相互关联的复杂供应链中，这是一个重大缺陷。同时 MRP Ⅱ 传统上是为具有特定流程（通常是重复流程）的制造环境而设计的，对于其他类型的行业或拥有多种产品和流程的公司来说并不那么有效。

1.2.3 企业资源规划 ERP

Gartner Group 公司于 1990 年发表了《ERP：下一代 MRP Ⅱ 的远景设想》研究报告，率先提出了 ERP（Enterprise Resource Planning）的概念，并将其定义为"一个集成的、多模块的应用软件包，用于支持企业内部各个业务流程的自动化和集成，包括财务、人力资源、制造、分销和服务等"。研究报告强调了 ERP 的集成性和全面性，即它将企业内各个部门和功能的信息整合到一个数据库中，实现了信息的共享和无缝连接。ERP 更为重要的一个内涵是打破了企业的壁垒，把信息集成的范围扩大到企业的上、下游，从而管理整个供需链。

供需链上的资源可以用三种"流"的形式来概括，即信息流、物流以及资金流。ERP 的核心就是对这三种"流"通过一个信息系统进行全面的集成管理。从广义上讲，物料、资金都是通过信息的形式实现流动的，因此信息流是物流和资金流优化的基础。准确及时的信息能够让企业作出关于资源分配、库存管理和供应链管理的战略决策。物流受信息流的驱动，是供需链上最显而易见的一种资源流动形式。需求预测、生产计划和交货时间表等信息是优化物流的依据。物料是有价值的，物料的流动也会引发资金的流动。协调一致的物流系统能够降低成本、改善资金流。反之，资金流也是优化物流和信息流的重要条件。

ERP 是建立在信息技术基础上，利用现代企业的先进管理思想，全面地集成企业所有资源信息，并为企业提供决策、计划、控制、经营绩效评估等全方位、系统化的管理平台。ERP 系统极大地扩展了企业管理的深度和广度，涉及了企业所有的供需过程，是以企业为核心、对企业供应链的综合管理。

1.2.4 ERP 的发展趋势

在 ERP 提出 10 年后，Gartner Group 公司又提出了 ERP Ⅱ 的概念。相较于 ERP，ERP Ⅱ 更关注的思想是协同商务。协同商务是指企业之间通过信息技术实现的跨企业的信息、流程、管理等方面的协作。ERP Ⅱ 需要具备支持协同商务的技术条件，即企业应用系统集成，以实现不同应用系统平台间的信息集成。

业界对于 ERP Ⅱ 的认知不像 MRP、MRP Ⅱ、ERP 那么清晰，是一个比较模糊的概念。总体来讲，ERP Ⅱ 是将企业的各种周边业务和外围流程往 ERP 的体系内集成，主要体现的还是在企业数据要素日益丰富的情况下，企业资源的全面优化。近些年，ERP 已经在企业中逐渐普及，随着经验的积累，ERP 的发展方向体现在以下几点。

1. 管理对象及范围逐渐扩大

通过供应链上共享信息，ERP 的管理范围越来越向企业的上下游拓展，供应链管理（Supply Chain Management，SCM）成为现代 ERP 中的重要组成。SCM 融合了企业本身的经营业务、办公业务以及企业间的协同业务等。此外，电子商务、客户关系管理（Customer- Relationship Management，CRM）、办公自动化（Office Automation，OA）等众多新的功能也开始逐步融入 ERP 之中。

2. 知识管理及数据分析能力不断加强

随着 ERP 的普及，数据的深度利用对现代企业越来越重要。ERP 通过积累大量的业务数据，可以进一步对企业的知识进行收集、传递、利用和创新，并通过各类算法为决策者提供分析工具。尤其是当企业的内外部环境变化越来越快，企业的组织机构和业务流程必须能快速调整，企业的数据分析能力越来越强也是 ERP 的一个重要发展趋势。

3. 不断走向基于最新数字技术的开放式集成系统

ERP 逐渐整合了互联网、移动通信、人工智能、机器学习、物联网等先进数字技术，这些技术拓展了企业的发展战略，提升了企业的创新能力，有利于企业进一步优化业务流程，把客户等利益相关方集成到企业系统中，进而提高企业各类资源的使用效率。

1.3 从 MRP 到 ERP 的理念变化 >>

从企业管理的内涵来看，MRP 到 ERP 的发展是一脉相承的，是随着企业掌控数据资源能力的不断增强、范围不断扩大，企业管理数字化程度不断提高的过程。ERP 并不是对 MRP 的抛弃，MRP 也是 ERP 的重要组成。MRP 的核心内容是企业生产计划管理的控制方法，属于生产管理的范畴。而 ERP 是在更大范围内优化企业日常的生产流程、经营决策和战略创新。从 MRP 到 ERP 乃至 ERP Ⅱ 的发展过程，是企业数据资源日益丰富的过程，如图 1-2 所示。

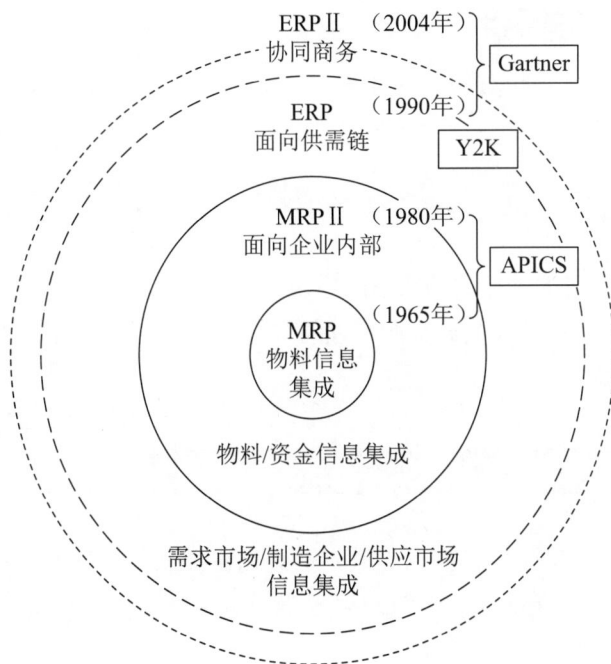

图 1-2 从 MRP 到 ERP II

ERP 是在经济全球化和物联网广泛应用的背景下发展起来的，新的管理理念和技术工具不断被集成到 ERP 中，使得人们更倾向于从企业资源变革的角度去审视 ERP。其中的理念转变可以概括为如下几方面。

1. 聚焦内部与放眼外部

MRP 系统的核心是企业内部的物料管理和流程控制，而 ERP 将管理范围延伸到了企业运营的方方面面，甚至是整个供应链及客户生态。企业资源的范围超过了原有的单一企业的范畴，逐渐向企业的上下游延展。

2. 独立与集成

MRP 专注于库存水平的优化和生产制造过程的排程，功能相对独立。而 ERP 是一个系统理念，它将库存、采购、财务、人力资源和销售等业务整合到一个协调一致的系统中。因此，ERP 可以被视为功能非常全面的企业管理软件包解决方案，通过共享的数据和信息流整合企业流程，将企业内所有部门和功能整合在一个单一的系统中，并满足各部门的特定需求。

3. 执行效率与战略决策

MRP 是一种计划主导型的管理模式，计划层次从宏观到微观、从粗到细逐层优化，旨在提高生产计划和库存控制的执行效率，与企业经营战略目标保持一致。而 ERP 在 MRP 基础上采取更广泛的视角，通过跨部门共享的实时信息驱动业务决策和战略规划。

4. 信息孤岛与信息统一

MRP 在不同部门信息相对独立的环境中运行，数据和信息难以共享，各种流程很难打通。相对而言，ERP 打破了企业内的信息孤岛，提供了改善企业内部可见性和协调性的统一信息来源。

5. 被动与主动

MRP 是根据生产需求进行被动响应的系统。与之相反，ERP 提供了主动管理的工具，它可以利用历史数据、实时数据对企业管理的方方面面进行更好的预测和规划，帮助企业实现改造与自我优化。

1.4 数字时代的管理理念：无处不在的数据资源 >>

从前文所讨论的信息化历程可以看到，信息化在提高企业生产效率、政府治理水平、人民生活便捷度的同时，还积累了大量数据资源，使得数据在越来越大的范围内流动，这种流动带来了全新的企业经营管理方式。

1.4.1 数据资源化的技术基础

在信息系统的语境下，数据可以被定义为信息的载体，它可以以文档、图片、视频、音频、日志等各种形式呈现，并作为信息系统的输入和输出而存在。在有了广泛存在的信息系统后，数据得以大量产生，并得到长期、有效的存储。当针对这些海量数据的分析工具不断被发明时，这些数据就可以创造出更大的价值，于是数据就开始走向资源化。数据资源化包括以下技术基础。

数据转换技术：人类历史上保留有大量的非数字化信息（如图书、纸质记录、口头交流等），要把它们转换为数字数据。

数据生成技术：企业的各种业务活动和操作要能够通过数字化系统持续生成数据，如交易记录、用户行为、操作日志等。CRM、ERP 等会自动生成所有与客户和业务操作相关的数据。

数据处理技术：包括但不限于机器学习、人工智能、大数据分析技术等。这些技术的发展使得从大量数据资源中提取有价值的信息成为可能。

存储技术：随着数据资源日益丰富，需要更强大、安全的存储技术。同时，云计算的发展为存储和处理大规模数据提供了强大的基础设施。

高速网络技术：快速的互联网是连接不同数字资源的另一个关键要素。宽带互联网、5G 等高速网络技术的普及，使得数据资源可以快速地被传输和共享。

1.4.2 数据资源化时代的特征

数据要成为数据资源，首先需要达到一定规模。在信息化早期，只有少数机构、少数业务、少数个体实施了信息化管理，其产生和积累的数据规模不够大，并不能形成有效规模的数据资源。随着越来越多的企业和机构逐步开展了信息化建设，各种业务流程和经营活动中产生了大量数据。与此同时，随着移动互联网、物联网及云计算等技术的发展，无数的用户和设备实现了互联互通，时时刻刻在产生、分享、利用着海量的数据，积累了丰富的可被利用的数据资源，数据资源时代已经到来。数据资源时代有如下几个特点。

无处不在的数据：在数字时代，从个人照片和通信到商业文档和公共记录，几乎所有信息都转变为数字格式。这种转变不仅提高了数据存储和检索的效率，还使得数据处理和分析变得更加容易。

数据高度互联：互联网的普及使得世界各地的人和设备能无缝连接。这种互联不仅改变了人们的沟通方式，还使得海量的数据得以互联、共享。

数据驱动业务创新：覆盖方方面面的数据资源，为企业业务创新奠定了坚实的基础，各种数据分析技术的不断进步，更是提高了企业开发新业务的能力。

随手可得的数据：智能手机和其他移动设备的普及极大地提高了数据资源的可得性。用户可以随时随地通过各类网络，访问相应的数据资源，并基于此进行沟通和交易，这极大地改变了人们的生活和工作方式。

1.4.3 数据资源化的发展现状

在数字时代，以大数据、5G 移动通信、人工智能、区块链等数字技术为代表的新一轮科技革命和产业变革加速推进，成为推动社会经济发展的主要动能，催生出了新的经济形态。2021 年发布的《"十四五"数字经济发展规划》中提出："数字经济是继农业经济、工业经济之后的主要经济形态，是以数据资源为关键要素，以现代信息网络为主要载体，以信息通信技术融合应用、全要素数字化转型为重要推动力，促进公平与效率更加统一的新经济形态。数字经济发展速度之快、辐射范围之广、影响程度之深前所未有，正推动生产方式、生活方式和治理方式深刻变革，成为重组全球要素资源、重塑全球经济结构、改变全球竞争格局的关键力量。"

2023 年，美国、中国、德国、日本、韩国等 5 个世界主要国家的数字经济总量为33 万亿美元，数字经济占 GDP 比重为 60%，数字经济规模同比增长 8%，高于 GDP 增速 5.4 个百分点。具体到中国，2023 年，我国数字经济规模达到 53.9 万亿元人民币，占GDP 比重超过四成，达到 42.8%；这一比重相当于第二产业占 GDP 的比重（2023 年，我国第二产业占 GDP 比重为 38.3%），数字经济在数字时代作为国民经济的重要支柱的地位更加凸显，数字经济已经影响并渗透到了各个传统产业。2023 年，我国服务业数字经济渗透率为 45.63%，在线消费、无接触配送、即时零售、网约车、网上外卖、远程医疗等服务业数字化新模式继续增长；工业数字经济渗透率为 25.03%，工业互联网驱动的制造业数字化转型进展尤为迅速；农业数字经济渗透率为 10.78%，农村电商、数字农业、数字乡村等成为发展亮点。

在这种形势下，我国政府将数据和土地、劳动力、资本、技术等传统要素并列，成为数字经济时代的第五大生产要素。数据资源作为基础资源正在加速推动我国数字经济的发展，其潜在价值得到了社会各界的充分肯定。

1.5 DRP 的提出和基本概念 >>

在数字时代，企业要顺应数字经济大潮就必须要以数字化的形式进行生产经营。数据资源作为数字时代最重要的生产要素，需要企业运用先进的数字化生产工具进行管理、利用及运营。如果说支持信息化的重要管理理论体系是 ERP，那么支撑数字化的管理理论体系就应该是 DRP。所以，DRP 是在 ERP 的基础上，充分利用新质生产力，站在数据要素市场的角度，以产业链为单位，考察链上数据资源的一体化运营，通过数据的产品化和产品的数据化，利用产业互联网等工具开发企业数据资源的潜在价值，实现整个产业链的数字化转型升级。

1.5.1 数据资源在企业中的作用

数据资源作为企业全新的生产资料，在企业中的作用正在从一个辅助角色向主导角色转变，尤其是在企业数字化转型过程中，数据资源成为调整企业发展战略方向的基础，基于面向产业链的数据资源整合以及人工智能等各类分析工具，企业的商业模式创新、产品服务创新、生产运营创新等都将发生革命性的转变。

1. 数字化转型的基础

企业数字化转型的一个重要内容就是发展新质生产力、激活数据要素，因而数据资源的整合与治理，就成为企业做好数字化转型的基础所在。与 MRP、ERP 不同，企业数据资源的规划是一个自下而上与自上而下相结合的过程，在对数据资源、分析算法、数据产品、数据资产全面梳理的基础上，探寻企业数字化经营的新业态、新模式、新方法。

2. 智能管理决策的根基

在数字时代，企业面临着越来越快速变化的市场环境和激烈的竞争态势。如何根据政策方向、技术进步、市场变化作出科学、合理的决策，成为企业生存和发展的关键。通过对政策、技术、市场等信息和用户行为数据的分析和挖掘，企业可以更加准确地把握市场趋势和用户需求，从而制定出更加精准的市场营销策略和产品创新方向。例如电商企业可以通过对用户购买记录、浏览行为等数据的分析，发现用户的购买偏好和消费习惯，进而为用户推荐更加精准的商品和服务。企业也可以通过对市场数据的监测和分析，及时发现新的市场机会和潜在风险，从而作出快速的市场反应和调整。

企业的数据资源还可以帮助企业进行业务预测和模拟。通过对历史数据的分析和建模，企业可以预测未来的市场趋势和业务发展情况，从而为企业进行战略规划和资源配置提供有力支持。

3. 改进业务流程提升运营效率

企业的运营效率是企业核心竞争力的重要组成部分。在数字时代，数据资源为企业提供了更加全面、准确的内外部信息，帮助企业及时发现并解决运营过程中的问题，从而提高运营效率。

首先，数据资源可以帮助企业实现精细化运营。通过对生产、销售、供应链等各环节的数据进行收集和分析，企业可以更加准确地了解各环节的运营情况和存在的问题。例如，生产企业可以通过对生产数据的分析，发现生产过程中的技术瓶颈和资源浪费，从而有针对性地对问题进行优化和改进。销售企业可以通过对销售数据的分析，了解各销售渠道的销售情况和用户反馈，从而优化销售策略、提升用户体验。

其次，数据资源可以帮助企业实现智能化运营。通过引入人工智能和机器学习等技术，企业可以对海量数据进行自动化处理和分析，实现运营过程的自动化和智能化。例如，智能客服系统可以通过对用户问题的自动识别和回答，提高客户服务的效率和质量。智能调度系统可以通过对物流数据的实时分析和处理，实现物流的自动化调度和过程优化。

4. 促进产品创新

产品创新是企业持续发展的重要驱动力。在数字时代，数据资源为企业提供了更加深入、全面、系统的内外部信息，从而为企业提供了更加有针对性的产品创新方向。

丰富、系统的数据资源可以帮助企业深入了解用户需求和行为习惯。通过对用户反馈和使用数据的收集和分析，企业可以发现用户需求的痛点和需求，从而提供更加符合用户需求的产品和服务。数据资源的积累还可以帮助企业进行产品迭代和优化。通过对用户使用数据的持续收集和分析，企业可以了解用户对产品的使用情况和反馈意见，从而及时发现产品存在的问题和不足，并进行有针对性的优化和改进。这不仅可以提高产品的质量和用户体验，还可以增强企业的市场竞争力提升品牌形象。

5. 降低运营风险

风险管理是企业稳健运营的重要保障。在数字时代，数据资源为企业提供了更加全面、准确的风险信息，帮助企业及时发现并应对潜在的风险和威胁。

首先，数据资源可以帮助企业进行风险预警和监测。通过对历史数据和实时数据的收集和分析，企业可以发现潜在的风险因素和异常情况，并及时采取相应的措施进行防范和应对。例如，金融企业可以运用人工智能算法对交易数据进行实时监测和分析，发现异常交易和欺诈行为，并及时进行拦截和处理。其次，数据资源还可以帮助企业进行风险评估和决策支持。通过对风险数据的深入分析和挖掘，企业可以更加准确地评估风险的大小和影响范围，并制定相应的风险应对策略和预案。同时，数据资源还可以为企业的风险决策提供有力支持，提高企业的风险应对能力和稳健性。

在数字经济中，数据本身就是一种产品。初级数据产品通常是指直接从数据源收集而来的原始数据或只经过基本处理的数据。它经过确权授权管理，可以直接供用户使用，也可以作为原材料通过更复杂的数据处理和分析进行再生产，形成高级别的数据产品或数据服务。企业的数据生产时，要针对社会上不同的数据需求供应不同级别的数据产品及服务。

企业的数据资源要有明确的管理制度，对数据的确权、授权、产品开发、定价、流通、交易、收益分配等给出相应规则。企业对数据资源的开发，可以是出让数据、加工数据、提供数据服务等形式，并获得相应收益。如果某些数据能被可靠计量其价值，这些数据就满足了成为资产的条件。数据资产是企业及组织拥有或控制，能给其带来经济利益且可被计量的数据资源。

1.5.2　DRP 的提出

正是因为企业数据资源的价值日益凸显，数据作为生产资料渗透到企业经营的方方面面，DRP 才应运而生。企业对 DRP 的需求是多方面的，这些需求的基础是企业对内外部数据资源的管理和利用，在此基础上，DRP 要重新思考和规划企业的整体战略目标，并重新塑造企业在数字时代的商业模式，创新相应的产品和服务。

1. 制定企业数字化战略目标

基于数据资源重新思考和建立企业的数字化战略是 DRP 的核心。企业的数字化战略是新质生产力时代，企业对自身市场和核心能力的重新定位。制定数字化战略必须要激活数据要素，把数据资源融入企业经营的每个方面。DRP 必须要帮助企业梳理数据资源，封装数据资产，建立数据要素的流通与交易机制，在数据平台基础上，重塑企业的商业模式，并据此制定数字化发展战略。

2. 全局视角重塑企业内部业务链

DRP 从数据流出发，以全局视角贯穿整个业务链的协同运营。在这种跨越企业内部各个部门和业务单元的规划中，数据不仅是单一部门的资产，而且是整个企业共享的资源。在企业内部通过打破数据孤岛，实现数据的整合和流通，可以帮助企业更好地理解和优化整个业务链的运作，从而提高运作效率和响应市场变化的能力。例如，营销部门提供的市场趋势数据可以帮助产品开发部门更好地理解市场需求，所以必须建立营销部门和产品开发部门的数据流通机制，明确数据资源开发的职责权利。

3. 支持敏捷开放创新

敏捷开放创新是当前企业在激烈的市场竞争中不可或缺的能力。在这方面，DRP 通过对企业数据资源的统一协调，能够让企业迅速响应客户需求、技术进步和市场变化。要让企业的创新变得更敏捷和开放，需要建立一个灵活的、支持创新的数据架构和高效的创新数据处理流程，通过建立一套奖惩机制，确保创新数据可以被迅速收集、安全使用、确保创新效果。

4. 支持以产业链为单位的可信协同

在企业所在的产业链上，DRP 要能支持链上数据的安全可信共享与协同，并基于此形成链上标准业务的智能化自动执行。DRP 通过建立安全可信的共享数据平台，使企业与供应商、分销商等生态合作伙伴建立固定资产、生产过程、订单、物流等方面的数据协同机制，通过可信的数据协同改变产业链的运营模式，创新产业链上的生产性服务业、金融服务业，创造产业链上更大的数据价值，为所有产业生态伙伴带来新的发展机遇。

5. 支持数据资产管理

DRP 的一个核心能力就是支持企业的数据资产管理。DRP 要从企业数据资产全生命周期的角度，完成对企业数据资产管理的支撑工作。这一过程包括企业数据资源的规划、收集、整理，数据资产的确权登记，数据产品的定义开发，数据资产的流通交易，数据收益的分配机制，数据安全和可信平台建设等。DRP 将能够支持企业未来各种形式的数据资产管理工作，让数据资产合理进入相应的财务报表。

1.5.3 DRP 的管理创新

DRP 是数字经济时代企业数字化转型的重要工具，它面向企业所在的产业链（产业生态）中的数据要素市场，解决企业内外部的数据资源规划、管理、开发、运营等问题，支持企业制定数字化发展战略、优化生产关系、运行新商业模式、进行开放式创新、开展敏捷高效生产、完成商业生态伙伴的智能自动协作，通过释放数据资产的价值，为产业生态内企业带来新的利润增长点。

DRP 是管理理论的创新，它不仅是一套信息系统、管理软件，还是面向数据要素市场，把数字技术、数据资产与实体经济深度融合，用数据流带动产业链和企业创新发展的数字化管理理论体系。

1. DRP 与数字化转型

企业的数字化转型需要数字技术与实体经济作深度融合，这一融合过程也是数据要素开发的过程。DRP 是支持企业数字化转型的管理软件系统，是支持企业进行数字化转型设计的工具。DRP 以数据资源的全生命周期管理为基础，通过产品数据化和数据产品化，让数据要素融入企业管理的全过程，支持企业产业互联网平台的开发与运作。

2. DRP 与战略管理

DRP 通过提供完善的数据、智能的分析工具来支撑企业的战略管理。DRP 应用人工智能工具对企业内外部相关数据进行分析，为管理决策者提供问答式智能分析，辅助决策者快速生成 SWOT 分析等战略分析报告，并给出企业发展的战略建议。

3. DRP 与生产关系变革

支持新质生产关系是 DRP 的重要功能。新质生产关系是与新质生产力相适应的生产关系，建立的基础就是数据的横向打通、纵向贯通。DRP 通过形成企业内数据的可信共享，打破原有的层级化、职能化组织模式，支持社交化、扁平化透明可信的企业组织方式。

4. DRP 与资产管理

数据已经成为数字经济时代企业的重要资产，DRP 的核心功能就是要对企业的数据资产作全生命周期的管理，通过数据产品化和产品数据化形成对企业数据资产价值的持续性开发。同时 DRP 通过把企业的不动产、动产数据化，为企业传统资产管理提供新的方法和工具。

5. DRP 与人力资源管理

DRP 支持基于可信数据的扁平化、智能化人力资源管理，在强调对实体人力资源进行优化管理的同时，也支持虚拟人力资源的管理，便于企业采用开放式人才管理模式，聚合各类人员为企业发展作贡献。

6. DRP 与创新管理

DRP 基于创新大数据为企业的创新管理提供支持，重点在创新管理和考评机制上面。DRP 提供一个企业开放创新（Open Innovation）平台，打破原有的学科界限、部门界限、地域界限，让各类人才都能参与到企业的创新之中。

7. DRP 与市场营销

DRP 关注客户的参与，通过准确可信的客户数据收集，重点支持客户参与的市场营销模式；DRP 同时也支持基于数据的多渠道整合营销模式。在尽可能准确分析既有营销模式效果的基础上，DRP 也要为"一对一"的精准营销提供支持。

8. DRP 与金融服务

与 ERP 时代以主体信用为核心的金融服务不同，DRP 在提供主体信用数据的同时，还具有对交易信用数据的穿透功能，从而为金融机构提供产业链上的动产金融数据，形成与传统金融机构的资产数据对接能力。

9. DRP 与生产运营

DRP 的生产运营管理是在 ERP 的基础上，强调全生产过程的数据管理，一方面对实体产品的生产过程进行可信记录、分析与优化；另一方面要对数据产品的生产过程进行追踪，并形成对数据产品的管理能力。

第 2 章 DRP 的理论基础

DRP 是数字经济时代企业数字化转型的重要工具，它面向企业所在产业链（产业生态）中的数据要素市场，解决企业内外部的 DRP、管理、开发、运营等问题，支持企业制定数字化发展战略、优化生产关系、创新商业模式，通过基于数据的开放创新、敏捷生产、客户参与等功能，实现产业生态内各伙伴之间的智能协同，进而释放生态内数据要素的价值，为企业带来新的利润增长点。DRP 是数据驱动下的企业经营管理理论的创新，从经济学角度来看，数据带来了不一样的价值产生模型，从而改变了供给与需求的内涵；从管理学的视角来看，数据治理制度会极大降低企业内的信息不对称，从而改变传统的企业管理方式。

2.1 从数据到数据资源再到数据资产 ▶▶

资源是一切可被人类开发和利用的物质、能量和信息的总称。正如第 1 章中所描述的，数据资源的大量产生是信息时代的显著特征，个体的每项日常活动和企业的商业运营、政府的运作都是数据的来源：政务活动产生了大量政府数据；科学研究过程产生了科学数据；经济社会运行过程中产生了金融、交通、医疗、工业、农业等数据；人们的日常生活产生了个人数据。海量数据的产生和积累为人类在数字时代对数据的大规模开发利用提供了基础。

数据是基于事实或观察的结果，是用于表示客观事物的未经加工的原始素材。数据可以是连续的值（如声音、图像），也可以是离散的（如符号、文字）。在计算机系统中，数据主要以二进制 0、1 的形式表示。零散存在的数据还不能被称作数据资源，数据资源是按照一定的规则组织起来的数据，是数据经过收集、整理、加工后形成的具有一定应用场景的数据集合。组织数据的规则是多维度的，可以是行业、地域、部门；也可以是某些特定问题，如气象数据资源、城市数据资源、车间数据资源、大模型训练数据资源等。

数据资源的价值转换要通过对人类各种生产活动的支持来实现，一旦数据资源在市场上具备了可被度量的价值，这些数据资源就具备了数据资产的特性。

2.1.1 DIKW 模型

DIKW 模型把常见的数划分为数据（Data）、信息（Information）、知识（Knowledge）和智慧（Wisdom）四个层次。这个模型从数据如何在人类生活中发挥作用的角度，清晰地展示了数据是如何一步步转换为信息、知识和智慧的。

数据是 DIKW 模型的底层，是事实、信号或符号的集合，直接来自事实，可以通过原始的观察或度量获得。数据可以是数字、文字、图像、符号等，可以是定量的或定性的。一般而言，数据本身并不包含任何潜在的意义，它仅是信息的原材料。所以，DIKW中零散的数据不是资源，但如果这些数据按照一定的规则加以组织，就有可能变成数据资源。

信息是DIKW模型中的关键一层，它是通过某种方式组织和处理数据，分析数据间的关系后得到的。信息比数据更高一层，它代表数据之间的关联和含义。信息能够消除原始数据的不确定性，帮助人们更好地理解世界。信息是从数据中提取出来的，它代表了数据的解释和含义，因此提炼信息是数据资源化的一个重要步骤，具有丰富信息内涵的数据集合是高品质的数据资源。

知识是在实际行动中深度应用信息而产生的。它是对信息的深入理解、总结和归纳，能够指导人们作决策和行动。知识具有可应用性和指导性，能够帮助人们解决问题和应对挑战。知识是从信息中提炼出来的，它代表了信息的实际应用和价值。知识是实现数据价值化的重要途径，大量提炼的知识具备了把数据变成数据资产的可能性。

智慧是DIKW模型中的最高层次，它进一步对知识加以提炼，关注的是未来可能的趋势和结果。智慧是知识的深入理解、系统组织和灵活运用，能够指导人们作出长远的决策和规划。智慧具有系统性、前瞻性、全局性和战略性，它能够帮助人们把握大局、预见未来。智慧是数据转换的最高形态，这个层次的数据转换成数据资产的概率最高。

总而言之，DIKW模型展示了将数据转换为信息、知识和智慧的过程。这个过程是一个逐步抽象和提炼的过程，每一层都赋予下一层一些特质和价值。DRP要对数据转换的全过程进行管理，也就是要支持DIKW每个层次的整合规划，把数据资源的概念细化到DIKW每个层次，充分开发数据资源、信息资源、知识资源、智慧资源。

2.1.2 数据如何走向资产化

我国《企业会计制度》对资产的定义为：由企业过去的交易、事项形成并由企业拥有或控制的、预期会给企业带来经济利益的资源。同时，按照我国的企业会计准则，符合上述条件的资源还必须满足以下两个条件，才能被认定为资产。

（1）与该资源有关的经济利益很可能流入企业；

（2）该资源的成本或者价值能够被可靠计量。

资产的类型可以按照不同的标准进行划分。按照资产的物理形态可以分为有形资产和无形资产，其中有形资产按照资产使用期限可以分为固定资产和流动资产；按照资产来源可分为自有资产和租入资产等。

1. 有形资产

有形资产指的是企业拥有或控制的、具有物质形态的资产。这些资产可以被看见、触及，通常用于生产货物或提供服务。有形资产的主要特点是它们具有实体形态。在会计制度上通常将有形资产分为固定资产和流动资产。

（1）固定资产

固定资产是企业为了生产货物、提供服务或进行经营管理而长期持有（超过一年或一个经营周期）的有形资产。这些资产通常不是为了销售而购买的，而是用于企业的日常运营，例如土地、厂房及设备等。

（2）流动资产

流动资产是企业在正常的业务周期内（通常一年内）可以转换成现金、用于支付流动负债或用于生产的资产。流动资产分为货币性流动资产（如现金、银行存单、汇票等）和非货币性流动资产（债券投资、股票投资、预付租金等）。

2. 无形资产

无形资产是指没有实体形态但对企业具有价值的资产。这些资产通常代表着某种法律权利或经济权益。无形资产的价值通常在于它们所包含的信息、权利或身份。我国《企业会计准则》中对无形资产的认定除了资产本身的要求外，还有三个条件：没有实体形态；非货币性；可辨认。

在了解资产定义及条件后，可以依据国家的会计规定来分析什么样的数据可以变成什么类型的资产。站在企业的角度，数据成为资产需要满足以下四个条件。

（1）数据由会计主体的交易或运作事项形成。

一般而言，企业所拥有的数据资源主要是通过信息化的事项形成的。企业通过使用ERP、客户关系管理（Customer Relationship Management，CRM）和供应链管理（Supply Chain Management，SCM）等信息系统，可以产生关于销售、库存、客户交互和供应链的详细数据；通过在线销售和服务，企业可以产生客户的购买历史、偏好和反馈数据。与此同时，企业也可以通过加工原始数据，产生大量新的数据产品。总之，企业内能够成为资产的数据必须是企业自己产生的。企业外部的数据，可以通过购买变成企业的数据，购买来的数据也可以成为企业的资产。

（2）数据权属明确、可以被会计主体拥有或控制。

企业在经营活动中可以通过采集、生产、加工、购买等方式拥有并控制数据资源，也可以通过合作、租赁等手段从外部获得使用权。因此，数据是可以被会计主体拥有或控制的。需要说明的是，数据权属是一个法律问题。在涉及个人隐私及国家秘密，以及数据由多方主体产生时，数据该如何归属需要未来法律作进一步的阐释。

（3）数据能够给会计主体带来收益。

在数字经济时代，企业可以通过对数据的加工、分析，然后提供数据服务来获得经营收益，也可以直接出售封装之后的数据产品获利。另外，数据资源可以为企业的管理和决策提供科学依据，降低企业经营过程中的风险，间接为企业带来经济利益。

（4）数据价值可被有效计量。

无论是个人还是企业，用货币购买数据服务都不是新鲜事，数据可被货币计价已被证明。然而需要看到，如何用货币有效计量数据，是数据资产化过程中的重点与难点。目前阶段，数据的多样性和复杂性决定了难以用统一的计量方法对各类数据进行可靠计量。

能满足以上四个条件的数据资源，可以称为数据资产。那按照现行的会计制度，数据资产是一种什么类型的资产呢？显而易见，它满足无形资产无实体形态、非货币性、可辨认的特征，因而现阶段数据主要还以无形资产的形态而存在。在数据资产成为财务核算一级科目之前，需要依据对传统无形资产的处理方式按照成本进行初始计量，如预期不能带来经济收益则转销其财务账目价值。自 2024 年 1 月 1 日起，中国财政部制定的《企业数据资源相关会计处理暂行规定》开始实施，具体实施方法如表 2-1 所示。

表 2-1　《企业数据资源相关会计处理暂行规定》中数据资产入表的业务模型

	外　　购	自 行 加 工
使用	确认为外购的数据资源无形资产	确认为自行开发的数据资源无形资产
利用确认为无形资产的数据资源对外提供服务	将无形资产的摊销金额计入当期损益或相关资产成本，同时确认相关收入	
利用未被确认为无形资产的数据资源对外提供服务	按照收入准则等规定确认相关收入，符合有关条件的应当确认合同履约成本	
日常持有以备出售	确认为外购的数据资源存货	确认为自行加工的数据资源存货
出售确认为存货的数据资源	按照存货准则将其成本结转为当期损益；同时，企业应当按照收入准则等规定确认相关收入	
出售未确认为资产的数据资源	按照收入准则等规定确认相关收入	

2.2 数字信用 >>

信用是市场经济发展的基石，良好的信用体系能够有效地促进政府、企业、个人之间的高效合作。随着数据资源化、资本化，信用体系的内涵与建设方式都发生了巨大转变。

2.2.1　社会信用体系的定义与构成

在市场经济中，无论是宏观层面的经济增长、价格变动、商品均衡和国际收支平衡，还是微观层面的各类经济主体的交易、收入、支出、盈亏、储蓄和投资，都与信用机制紧密相连。完善的社会信用体系是现代化经济体系和社会治理体系的重要组成部分，是供需有效衔接的重要保障，是资源优化配置的坚实基础，是良好营商环境的重要组成部分，是促进国民经济循环高效畅通、实现经济社会高质量发展的重要保障。为推进社会信用体系高质量发展，促进形成新发展格局，中共中央办公厅、国务院办公厅于 2022 年 3 月专门印发了《关于推进社会信用体系建设高质量发展促进形成新发展格局的意见》，提出要健全信用基础设施，统筹推进公共信用信息系统建设，中国的信用体系已经进入数字化发展阶段。

2014 年 6 月国务院发布的《社会信用体系建设规划纲要（2014—2020 年）》提出，社会信用体系是社会主义市场经济体制和社会治理体制的重要组成部分。它以法律、法规、标准和契约为依据，以健全覆盖社会成员的信用记录和信用基础设施网络为基础，以信用信息合规应用和信用服务体系为支撑，以树立诚信文化理念、弘扬诚信传统美德为内在要求，以守信激励和失信约束为奖惩机制，目的是提高全社会的诚信意识和信用水平。社会信用体系建设的主要目标是：到 2020 年，社会信用基础性法律法规和标准体系基本建立，以信用信息资源共享为基础的覆盖全社会的征信系统基本建成，信用监管体制基本健全，信用服务市场体系比较完善，守信激励和失信惩戒机制全面发挥作用。政务诚信、商务诚信、社会诚信和司法公信建设取得明显进展，市场和社会满意度大幅提高，全社会诚信意识普遍增强，经济社会发展信用环境明显改善，经济社会秩序显著好转。

根据社会信用体系建设目标，社会信用体系由以下四方面组成。

（1）社会信用制度：主要包括建立完善的信用法律体系、行政规章和行业自律规则等。

（2）信用管理和服务系统：各社会主体单位，包括行政机关、企业、事业单位内部的信用管理系统；以及社会专业机构承担的资信调查、联合征信、信用评级、信用担保、信用管理咨询和商账催收等社会专业服务系统。

（3）社会信用活动：主要包括消费者信用活动、企业信用活动、商业信用活动、政府信用活动和司法信用活动等。

（4）监督与惩戒机制：主要包括信用监管制度和失信惩戒制度，运用行政、经济、道德等多种手段，依法对信用活动行为进行监管和失信惩戒，将有严重失信行为的企业单位和个人从市场经济的主流中剔除，同时激励守信企业、单位和个人。

2.2.2 国内外社会信用体系的不同

我国社会信用体系包括四个重点领域：政务诚信、商务诚信、社会诚信和司法公信。我国的社会信用体系，不是西方国家"主要围绕着经济交易和金融活动展开的信用交易风险管理体系"，而是"一个包含经济交易信用体系和社会诚信体系在内的广义的社会信用体系"。

西方国家社会信用体系偏重消费信用领域，主要以解决商业失信、金融失信为目的，围绕市场经济展开。以美国为例，个人信用信息范围较为狭窄，主要包括四方面：一是消费者的身份识别信息；二是信用行为方面的信息，主要包括贷款、信用卡使用等信息；三是公共信息记录，包括欠税记录、被追账记录、判决记录、破产记录等；四是消费者信用报告的查询记录，包括消费者自己的主动查询和授信机构的查询。信用报告机构是以营利为目的的企业，它以市场需求为导向，在合法使用目的之下收集、出售信用信息，不必经过信息主体的同意。政府只是从隐私保护和公平竞争的角度出发，在《隐私权法》《平等信用机会法》等法律中规定不能进入信用信息范围的原则。在此条件下，美国逐渐形成了以消费为中心的信用信息范围。我国市场经济和法治建设的时间还不长，且处于社会转型时期，经济信用风险和社会诚信缺失问题同时存在，因此必须统筹解决经济信用和社会诚信问题，建立更广泛的社会信用体系。

2.2.3 我国信用体系的发展方向

信用数据体系体量大，但数据分散、不完备。信用数据具有非常重要的地位，征信、评信和用信都依赖信用数据，高质量的信用数据是信用要素有效参与资源精准对接和优化配置的必要条件。因此，完备的信用数据体系是社会信用体系建设高质量发展的重要基础。

首先，我国公共信用数据平台存在着标准不统一、与政府各职能部门应用软件不对接、监督管理部门不明确、安全隐患和异议处理得不到重视等问题。而且，我国尚未形成全国互联互通的信用数据体系，信用数据资源基本上分散在工商、税务、海关、司法、证券监管、质检、环保等政府部门以及银行、电商、通信等行业中，成为众多的信息孤岛，公共信用数据的归集工作与共享开放之间一直存在着依据存疑、动力匮乏和标准不一等制度衔接问题，以及政府数据公开制度不足问题。当前信用数据体系中还存在正面数据偏少、负面数据偏多等问题。

其次，信用价值的实现离不开应用场景，让守信主体获得更多信任、实现更多价值，需要政府和市场在政务领域、金融领域和商业领域有效结合，打造各类应用场景。"十三五"时期，政务领域、金融领域和商业领域都已构建起相应的信用服务场景，但第三方信用服务和公共服务领域的信用服务场景还较为缺乏，政府应用的模式还不够成熟稳定，市场应用对实体经济的支撑有待加强，社会服务应用的惠民力度不足。

再次，我国信用监管体系仍待完善。当前，信用监管已经应用到各个领域，信用监管体系逐渐成形，信用监管信息平台建设日趋成熟，重点领域信用监管效果显著，营商环境得到优化。但信用相关的法律法规、标准化建设尚未完成，多元化监管和部门协同机制尚不完善，信用信息共享壁垒亟待打破，市场主体权益保护机制仍待完善。全国市场主体信用监管还存在制度机制建设与信用监管法治化要求不相适应、信息共享开发与信用监管智慧化趋势不相适应、社会治理力量与信用监管共治化需求不相适应的问题。

最后，信用扶助覆盖面依然过窄。在金融创新方面，各部门信用信息共享困难、供应链核心企业数据开放不足、个人信息应用面临法律障碍等问题，导致对小微企业的融资覆盖面过窄。社会层面的风险补偿机制欠缺和社会信用基础薄弱、银行层面的操作方式局限和信息不对称以及农牧民的道德风险和思想观念落后等问题，导致了对农牧民信用循环贷支持的效用难以发挥。另外，国家尚未出台相关政策措施主导开展针对中小微企业的信用救助工作，帮助中小微企业重建信用的途径主要是公共管理领域的信用修复与金融领域的异议信息处理，但仍存在信用修复认定机构不统一、信用修复的法律文书不规范和信用修复事项不明确等问题。

2.2.4 数字信用的内涵

数字信用的提出最初发生在信贷领域。互联网、大数据、人工智能等数字技术的进步，催生了一批数字平台企业，在这些平台上衍生出信贷业务。目前基于数字平台的信贷业务大致可以分为三类：第一类是新型互联网银行的信贷业务，如网商银行、微众银行和新网银行；第二类是平台提供的小额贷款或消费金融业务，如蚂蚁花呗和京东白条；第三类是数字平台提供的助贷业务或者联合贷款，目前已经成立了百行征信和朴道征信两家大数据征信公司。

数字信用是数字时代的重要创新，它是指利用包括大数据和机器学习方法等的数字技术积累信用数据、识别信用信息的创新性信用体系。数字技术本身并不创造信用，它只是帮助辨识、发现信用，这种信用本来就存在，只是用传统的手段无法很好地辨识出来。

数字信用是把基于静态数据的信用和基于动态数据的信用融合的产物。静态数据主要是指传统的主体信用评级所需要的数据，适用于传统的金融服务；动态数据主要是指揭示企业日常运营和交易活动的数据，适用于支持建立数字金融服务体系。前者可以简称为主体信用，后者可以简称为交易信用。

交易信用与主体信用的区别在于，交易信用是指企业在交易过程中因预收账款或延期付款而产生借贷关系，将交易本身产生的现金流作为偿还债务的第一来源，实现自我清偿的能力。数字经济时代，数字技术手段能够捕捉各交易环节真实可信、多维动态、可追踪、可控制的"四流"数据，并形成交易闭环和资金闭环后，交易信用才得以揭示。这一概念强调交易项下的自我清偿性，以该笔交易项下的应收账款、货物、权益等作为押品和权利，更加适用于主体信用数据不充分、难验真，且缺乏传统抵质押物的中小企业。交易环节承载的是产业链上下游的价值创造，价值的如期创造是中小企业自我清偿能力的来源与根基。信用通过对以往被淹没的、企业在生产经营交易过程中价值创造的揭示和释放，为产业金融的普惠化发展带来可能。

交易信用的构建基于从不同渠道获取的交易相关数据。一是交易结果数据，如应收账款、应付账款、存货等数据，可以从企业的三张报表中获得；二是交易过程数据，如交易合同、销售和采购的订单、付款信息（发票等）、物流信息（提货、仓储入库等），以及物联网（资产入库状态）等数据，从不同统计口径侧面反映的交易信息；三是其他反映企业运营情况的数据，如企业行政（企业缴纳的税收、水电费、社保信息等）、舆情信息（工商舆情信息、司法舆情信息等），以及中国人民银行的企业征信等数据。同时，对这些交易数据还要从商流、物流、资金流、信息流的角度，对其交易背景进行交叉验证，以确保其真实性。

2.3 新质生产力与数字生产力 ＞＞

任何一个时代，推动社会经济系统发展的都是不断进步的生产力。生产力是人类利用自然、改造自然的能力，因而随着"自然"概念内涵的变化，生产力的范畴也在不断变化。尤其是进入数字时代以后，人类"自然"的概念已经从物理空间延展到数字空间，因而生产力的内涵也从经典政治经济学中改造物理世界的工具，变成了改造物理和数字两个世界的工具。

2023 年 9 月 7 日，习近平总书记在新时代推动东北全面振兴座谈会上首次提出"新质生产力"的概念:"积极培育新能源、新材料、先进制造、电子信息等战略性新兴产业,积极培育未来产业,加快形成新质生产力,增强发展新动能。"

2023年12月11—12日,中央经济工作会议召开,习近平总书记在会上进一步强调,"要以科技创新推动产业创新,特别是以颠覆性技术和前沿技术催生新产业、新模式、新动能,发展新质生产力"。

2024年1月31日,中共中央政治局就扎实推进高质量发展进行第十一次集体学习,习近平总书记在主持学习时全面阐释了新质生产力的基本内涵:"新质生产力是创新起主导作用,摆脱传统经济增长方式、生产力发展路径,具有高科技、高效能、高质量特征,符合新发展理念的先进生产力质态。它由技术革命性突破、生产要素创新性配置、产业深度转型升级而催生,以劳动者、劳动资料、劳动对象及其优化组合的跃升为基本内涵,以全要素生产率大幅提升为核心标志,特点是创新,关键在质优,本质是先进生产力。"

2.3.1 新质生产力的核心要素

科技创新能够催生新产业、新模式、新动能,是发展新质生产力的核心要素。必须加强科技创新特别是原创性、颠覆性科技创新,加快实现高水平科技自立自强,打好关键核心技术攻坚战,使原创性、颠覆性科技创新成果竞相涌现,才能培育发展新质生产力的新动能。

新质生产力作为生产力发展到高级阶段的产物,是由技术革命性突破、生产要素创新性配置、产业深度转型升级而催生的先进生产力。新质生产力既是对马克思主义生产力理论的创新和发展,又进一步丰富了习近平经济思想的内涵,具有重要的理论意义和深刻的实践意义。

新质生产力中的"新",指的是新技术、新要素、新产业,主要强调以高新技术研发应用为主要特征、以新经济新产业新业态为主要支撑、以科技创新发挥主导作用的生产力;"质"指的是高质量、多质性、双质效,体现的是生产力在信息化、数字化、智能化生产条件下因科技突破创新与产业转型升级衍生的新形式、新质态。

2.3.2 与传统生产力的差异

新质生产力有别于传统生产力,关键在于技术创新驱动劳动者、劳动资料和劳动对象发生"质"的变革。

一是代表新质生产力的新劳动者必须具备数字素养。随着数智时代的到来,劳动者的基本劳动技能也走向数字化、智能化,劳动者基本素质必须包括基本数字技能。新质劳动者要能够充分利用现代数字技术、操作现代高端先进设备、具有知识快速迭代能力。

二是代表新质生产力的新劳动资料呈现智能化趋势。传统劳动资料与科学技术相融合,出现了无人机、生成式人工智能等一批具有颠覆性的生产工具,这在很大程度上促使整个社会的物质生产体系发生质的飞跃。

三是代表新质生产力的新劳动对象往往具备数据属性。数据作为生产要素,是人类社会全新的劳动对象；与此同时，这一劳动对象正在与传统劳动对象深度融合，让传统劳动对象具有了数据属性。

2.3.3 新质生产力与数字生产力的关系

数字生产力是指在数字经济时代，人类在创造财富过程中所用到的数字化工具、数字对象和数字生产者。如果说人类在农业经济时代的生产力构成要素是牲畜、土地、农民，在工业经济时代的生产力构成要素是机器、工厂、工人，那么相应地，在数字经济时代的数字生产力构成要素可以概括为算法、链接、分析师。数字生产力以数字技术为劳动资料、以数据要素为劳动对象、以数据劳动力为劳动者，重构了数字经济时代生产力三要素，为高质量发展提供新要素动能、新技术动力、新产业支撑。

新质生产力是数字时代更具融合性、更体现新内涵的生产力，数字生产力是新质生产力的一种具体表现形式。当数据成为新生产要素后，要素变革推动了劳动者、劳动资料和劳动对象的改变，数字技术也就成为推动新质生产力发展的主要技术。因此，从某种程度上说，数字经济时代的新质生产力就是以数字技术创新应用为主驱动力的"数字生产力"。

2.3.4 数字生产力的内涵

生产力是社会发展的内在动力基础，也是人类运用各种科学技术创造物质和精神产品、满足自身生存和生活需要的能力。一般意义上，构成生产力的基本要素包括劳动资料（生产工具）、劳动对象、劳动者，而科学技术是生产力中最为活跃和最具创造性的一部分。1988 年邓小平同志提出"科学技术是第一生产力"。科学技术渗透在生产力的各个基本要素之中，并能够直接转换为实际生产能力。科学技术领域的发明创造，会引起劳动资料、劳动对象和劳动者素质的深刻变革和巨大进步；科学应用于各类生产的组织管理，能够大幅度提高管理效率；科学技术也在不断改变劳动者，提高他们的劳动生产率和改进价值创造的方式。数字生产力是指在数字经济时代，人类在创造财富过程中所用到的数字化工具（硬件、软件、算法等）、数字对象（数据、链接、信用等）和数字生产者（分析师、程序员、设计师等）。如果说在农业经济时代生产力的主要构成要素是牲畜、土地、农民，在工业经济时代生产力的构成要素是机器、工厂、工人，那相对应地，在数字经济时代的数字生产力的构成要素可以概括为算法、链接、分析师。

一是以算法为代表的数字技术（劳动资料）。数字技术是一种全面影响人类社会进程的科学技术，是先进生产力中最为突出的代表。数字技术包括通信网络基础设施、数字产品、算法等内容，其中算法在数据要素的开发过程中至关重要，因此它也是数字经济时代最主要的生产工具。

二是以连接为代表的数据要素（劳动对象）。数字经济的劳动对象不再只是实体空间中的农田、机器，而是数字空间中基于可信数据要素建立起来的各种连接。万物互联、人物互联，使得世界在数字空间中成为一个整体，并为劳动者提供了完全不同的劳动对象。

三是以分析师为代表的数字劳动者（劳动者）。数字空间的劳动者可以是数据分析师、程序员、算法工程师、虚拟产品设计师等。他们运用新生产工具，不断激活数据要素的潜在价值，满足人类日益增长的数字消费，创造实体和数字两个空间的人类财富。

2.3.5 数字生产力的特点

为什么"数字化"基础平台会有如此强大的颠覆性？近些年的研究表明，"数字化"基础平台实际存在"五全特征"：全空域、全流程、全场景、全解析和全价值，并给全社会带来了"五全信息"。

（1）"全空域"是指打破区域和空间障碍，从天到地、从地面到水下、从国内到国际可以泛在地连成一体。

（2）"全流程"是指关系到人类所有生产、生活流程中每一个点，每天 24 小时不停地积累信息。

（3）"全场景"是指跨越行业界别，把人类所有生活、工作中的行为场景全部打通。

（4）"全解析"是指通过人工智能的收集、分析和判断，预测人类所有行为信息，产生异于传统的全新认知、全新行为和全新价值。

（5）"全价值"是指打破单个价值体系的封闭性，穿透所有价值体系，并整合与创建出前所未有的、巨大的价值链。

现代产业链是通过数据存储、数据计算、数据通信与全世界发生各种各样的联系，正是这种"五全特征"的基因，当它们跟产业链结合时形成了全产业链的信息、全流程的信息、全价值链的信息、全场景的信息，成为十分具有价值的数据资源。可以说，任何一个传统产业链一旦能够利用"五全信息"，就会立即形成新的经济组织方式，从而对传统产业构成颠覆性的冲击。

信息是认识世界的钥匙，不同的信息形态和内涵对应的现实世界也是不一样的。农业时代对应的是自然信息，工业时代对应的是市场信息，互联网时代对应的是流量信息，而数字时代对应的则是"五全信息"。

"五全信息"具有以下五个特征。

（1）"五全信息"是结构型的信息。数字时代所采集的"五全信息"，是全样本的结构型信息，这些信息必须包含社会经济系统的各种结构性特征：产业系统要有关于产业的各种特征描述，社会系统要有社会运营的各方面数据。"五全信息"的结构性体现了"数字孪生"的概念，是企业运营、产业生态和社会系统的全样本刻画。

（2）"五全信息"是动态型的信息。具有"五全特性"的信息，是一个经济系统或社会系统运营的动态信息，每一条"五全信息"都有时间戳，体现事物某一时刻的状态，"五全信息"积累起来可以揭晓事物的历史规律和预测未来的发展趋势。

（3）"五全信息"是秩序型的信息。某一个系统的"五全信息"，体现了这一系统的秩序。"五全信息"既包含社会经济系统的基本制度，也包含其运营规则。也就是说，"五全信息"来自系统现有的秩序，也会帮助系统构建新的秩序。

（4）"五全信息"是信用型的信息。在以往的社会系统中，始终无法彻底解决全社会、全产业领域的信用问题。而进入"五全信息"社会，这些信息因为区块链等新技术的广泛应用，具有高度的可信性。基于新的信用体系，无论是金融还是其他社会经济系统都将发生更加彻底的革命。

（5）"五全信息"是生态型的信息。"五全信息"不是孤立存在的，而是存在于特定的社会生态、产业生态之中，是在描述特定生态里面的特定状态。各类信息之间往往存在大量关联，并以一个整体的形式展现出来。

总之，在云计算、大数据、人工智能、区块链等技术的驱动下，随着中国的数字生产关系日趋成熟，数字社会将拥有越来越多的"五全信息"。任何一个传统产业链一旦能够利用"五全信息"，就会立即形成新的经济组织方式，从而对传统产业构成颠覆性的冲击。在 5G 背景下，数字化平台还会进一步形成万物万联体系，数字社会将拥有越来越多的"五全信息"。"五全信息"与制造业结合就形成智能制造、工业 4.0，与物流行业相结合就形成智能物流体系，与城市管理相结合就形成智慧城市，与金融结合就形成金融科技或科技金融。

2.4 数字生产关系 >>

在我国政府 2022 年发布的《关于构建数据基础制度更好发挥数据要素作用的意见》（"数据二十条"）中，明确提出："充分认识和把握数据产权、流通、交易、使用、分配、治理、安全等基本规律，探索有利于数据安全保护、有效利用、合规流通的产权制度和市场体系，完善数据要素市场体制机制，在实践中完善，在探索中发展，促进形成与数字生产力相适应的新型生产关系。"新的时代必然有新的生产关系，DRP 必须要能支持新型生产关系的形成与运作。

2.4.1 生产关系的概念及其三要素

生产关系是指人们在物质资料的生产过程中形成的社会关系，是生产方式的社会形式。生产关系是社会关系中最基本的关系，政治关系、家庭关系、宗教关系等其他社会关系，都受生产关系的支配和制约。生产关系包括三个主要元素。

1. 生产资料的所有制形式

这是生产关系的基础，决定了生产关系的性质。人类历史上产生了两种不同的生产关系类型，即公有制社会生产方式和私有制社会生产方式。生产资料所有制关系也因此成为区分社会经济结构或经济形态的基本标志。

2. 人们在生产中的地位和相互关系

在生产过程中，人们扮演着不同的角色，拥有不同的地位和相互关系。当一部分人为别人提供自己的劳动而不能换取等量劳动产品时，他们之间就形成了支配与被支配、剥削与被剥削的关系。如果等量劳动能够换取等量报酬，他们之间就形成了平等的关系。

3. 产品的分配方式

产品分配是指生产出来的产品是如何被分配的。在不同的社会中，产品分配的形式也不同，它反映出人们之间是剥削与被剥削的关系，还是平均主义、按劳分配以及按需要分配的关系。产品的分配方式直接由生产资料所有制决定，体现了生产资料和劳动者之间的关系，是整个社会关系的直接表现。

生产力决定生产关系，生产关系要适应生产力的发展，生产关系是生产力发展的形式，生产关系会反作用于生产力。这是"历史唯物论"的基本原理。生产力的发展往往是领先于生产关系的，人类需要不断创新生产关系，以适应生产力的发展。从农耕时代到工业时代，再到如今的数字时代，生产力与生产关系这对矛盾也在不断地发展和演进。目前人类主流的生产关系是在工业时代所奠定的层级化、职能化的架构，这种架构是为了适应大规模生产分工协作的需要而建立的。进入数字时代，以区块链、物联网、大数据、人工智能、云计算等技术为代表的先进数字生产力相继出现，使得工业时代的生产关系已经不足以适应新的需要，甚至在某种程度上还阻碍了数字生产力的发展。

2.4.2 数字生产关系的三个特征

创造数字生产关系可以从传统生产关系中生产、交换、分配、消费等方面入手。用数字技术改变生产的组织方式，创造新的交换模式，创新社会成员参与分配的方式、方法，释放适应数字生产力的大量新消费。无论是劳动者、企业，还是政府部门，都需要重新思考自身在新生产关系中的定位，共同创造一个能够为每个人带来美好生活的公平、可信、价值最大化的生产关系。这种数字生产关系具有如下三个基本特征。

1. 数据透明

作为数字经济的关键生产要素，数据能够将劳动力从简单的体力劳动中解放出来，通过不断激发人类的智力潜能促进经济高质量发展。数据驱动的生产力让各经济主体越发注重数据的价值属性，数据只有在共享、流动之中才能创造价值，但现有的生产关系限制了数据流动。所以，数字生产关系必须要能够促进数据的共享与流动。

大数据时代，各个企业或机构一方面拥有了海量数据，另一方面却难以实现产业生态内的信息透明。而信息不透明必然会带来不同程度的权力寻租，或者当权者的不作为，从而极大影响社会的公平性。公平性的缺失，会导致"劣币驱逐良币"的现象，从而进一步导致落后产能的大量存在。

数据透明所带来的公平性是构建新型生产关系的基础特性，也就是哪个国家能率先利用新技术构建一个促进社会公平性的生产关系，哪个国家就具备了释放和发展新生产力的更大的空间。中国的新经济布局，必须要以促进互联网环境下的数据透明为基础，才能夯实向数字经济转型的基础。

2. 全员可信

全员可信的信用体系是建立新型生产关系的另一个基础。如果缺少信任机制，就会导致市场分配资源失去公正性，社会经济的健康运行、产业转型升级就难以进行。以中小微民营企业贷款难、贷款贵为例，导致这一现象的原因并不只是商业银行的问题，还有中国的信用体系缺失问题。银行要控制业务风险，因此选择主体信用高的国企（有国家信用背书）放贷是风险最小的。而中小微民企往往主体信用没有国企高，所以商业银行不做这样的贷款也就无可厚非了。如果能够利用数字化手段，建立一套连接国企、民企的全国信用体系，保证民企建立可信的交易信用，也就满足了银行风险控制的需要，进而就可以解决中小微企业融资贷款难和贵的问题。

全员可信是指参与社会经济活动的每一个主体（政府部门、企业、个人）都是可信的。过去二十多年消费互联网在我国经济发展中发挥了很大作用，但消费互联网的发展核心是流量，缺少的是信用；而未来中国数字经济的发展，尤其是产业互联网的布局，其核心应该是信用，而不再只是流量。抓住机遇，在各个行业生态之中建立数字信用体系，是建立"良币驱逐劣币"生产关系的基础。

3. 身份对等

不同于工业时代的层级化、职能化生产关系，数字生产关系中的所有成员都是对等的。从社会发展的角度来看，人类经过几千年的进化，逐渐形成尊重每个个体的文明社会。数字技术促进了个体在网络空间的身份对等性，从而让人类社会走向了基于透明和可信的充分释放个体创造性的公平社会。

从经济视角来看，利用区块链等先进数字技术保证每个参与方的对等性，有助于最大限度地释放每个参与方的创造力，从而为整个经济生态创造最大化的价值。以个人为例，一旦能够让每个个体都能对等地参与到经济生活中，个体的创造力将不会受传统岗位的限制，从而能够贡献更大价值，释放"智慧人口红利"。在此基础上共享经济等模式的出现，证明了对等性是数字生产关系的重要组成。

2.4.3 创造数字生产关系的关键

国家数据局于 2024 年 11 月发布了《可信数据空间发展行动计划（2024—2028 年）》，提出要建设可信可管、互联互通、价值共创的企业、行业、城市、个人、跨境等五类可信数据空间，这是国家推动创造数字生产关系的重要举措，体现出以下关键意涵。

首先，要用区块链等先进数字技术推动建立全社会信息透明的体制与机制，加快建设分行业的信用体系，尤其是针对中小微企业的交易信用体系。充分利用区块链技术信息分布式存储、不可篡改等特性，通过设计相应的奖惩机制，保障产业生态中的信息公开透明，从而促进交易的公平性。针对产业转型升级的需要，建立政府或行业协会主导、龙头国有企业参与的基于区块链的产业生态。通过产业联盟链构建可信的产业生态，从而解决国企与民企之间交易的两难问题，形成良性的国企、民企融合发展模式。民企上链保证了交易的公平性、提升了自身的交易信用，商业银行也就可以为民企提供更好的金融服务。

其次，还需要加大数字经济发展力度，明确数据资产在社会经济中的地位，积极推动以信用为核心的产业互联网的快速发展。中国在过去三十年中已经构建了数字空间的基础设施，形成了庞大的数字基础设施产业，但如何在数字空间中全面发展经济还是全新的领域。打开数字经济大门很重要的一条，就是要明确数据资产作为资产的客观性，从政策层面建立数据资产确权、定价、交易等模式，从而为企业进军数字空间提供资产认可上的保障。在此基础上，企业需要在数字空间中进行生产、流通、消费方式的大胆创新，释放数字空间的价值红利。

传统产业全面进军数字经济是中国经济转型的目标，而大力发展产业互联网是实现这一目标的重要途径。产业互联网以信用为核心，是形成新型生产关系的重要平台。各级政府应通过适度政策引导，从而建立基于区块链的产业信用体系，布局具有地方特色的产业互联网，推动当地经济的全面转型和快速发展。

此外，符合数字生产关系特点的商业模式创新是企业转型升级的基本出发点。传统产业的数字化转型升级需要企业抓住数字生产关系的三个特点，从生产、交换、分配、消费等方面大胆进行商业模式创新。例如在疫情期间很多产业停摆，但同时也涌现出大量与数字技术紧密融合的新兴产业。比如线上问诊平台，借助疫情迅速发展，已经形成了足够大的体量，为建立医疗产业互联网新生态奠定了基础。教育产业也迎来了线上教育的发展良机，前些年不温不火的大规模开放在线课程（Massive Open Online Course，MOOC）模式迎来了转机，为教育产业的革命做好了铺垫。铁路运输虽然受到很大冲击，但也进一步加速了高铁货运产业的发展。制造业也有机会更好布局工业互联网，推动制造业价值创造方式的转变。中国经济通过构建数字生产关系走向"良币驱逐劣币"的产业生态是历史的必然，只要政策得当、措施有力，任何发展中的危机都会成为转型发展的拐点。

总之，在解决生产力与生产关系的矛盾上，中国与其他所有国家都在同一起跑线上。但是，因为马克思主义哲学的先进性，中国特色社会主义制度已经基本具备了数字生产关系的三个特征，我们需要充分利用数字技术，进一步创新生产关系，让中国社会经济系统尽快进入数据透明、全员可信、身份对等的数字生产关系阶段，从而让中国成为促进先进生产力发展的最佳社会环境。

未来如何把中国制度的优越性和哲学的领先性转换为经济发展的优势，依然是中国社会经济发展急需解决的大问题。为了解决这一问题，一方面需要大力发展以大数据、人工智能、物联网、云计算、区块链等为代表的各种数字生产力，另一方面还需要大胆创新数字生产关系，从全社会、全产业、全供应链的角度，系统改变中国的产业生态，通过建设产业互联网释放企业活力、实现产业转型升级，让中国经济插上数字生产力与数字生产关系的翅膀，引领全球经济的发展。

2.5 DRP 的分析对象：数据的资源整合 »

经济学研究的起点就是资源的稀缺性。企业是市场经济中最为活跃的细胞，是市场经济的基础。对于企业来讲，资源的重要意义是尤为突出的。因此，企业资源整合的实践是经济学中整合理论的重要源头。

一般而言，企业的不断发展是一个内部扩张和外部扩张的过程。内部扩张主要通过企业内部自身的积累、变革和重组来实现；外部扩张主要通过兼并收购、外部重组、合资合作、战略联盟等手段实现。无论是内部扩张还是外部扩张，在某种程度上都是对企业资源的整合，是把企业各生产要素重新配置。在企业内部扩张中，企业资源整合是企业根据自身发展战略和市场变化自觉进行的，包括企业的业务重构、资产重构、财务重构和组织重构等方面。在以兼并收购为主要特征的外部扩张中，资源整合是由外部因素引起的，其整合的动机随着外界因素的影响而不同，这种整合企业有时是主动的，有时是被动但企业必须面对的，因为任何外部要素资产与企业自身的内部要素资产结合，必须要在移植、融合后才能实现企业价值的最大化。

2.5.1 资源整合的经济学意义

企业资源整合就是基于构建企业核心能力的目的，将相关的企业资源有机组合并重新配置以超过原有生产力水平的过程。企业资源整合包括对企业的有形资源、无形资源及组织能力等的整合。企业资源整合的目的是增强企业的核心能力，也就是企业依据自己独特的要素资源，培育创建本企业不同于其他企业的关键优势与竞争能力。这种核心能力一般由五大要素构成。

（1）研究开发的能力：企业为增加知识总量以及用知识去创造新的应用而进行的系统性创造活动。包括基础研究、应用研究和技术开发等。

（2）不断创新的能力：企业根据市场和社会变化，在原来的基础上重新整合人才和资本要素，进行新产品研发和有效组织生产，不断创造和适应市场，实现企业既定目标的过程。包括技术创新、产品及工艺创新和管理创新等。

（3）将科技成果转化为生产力的能力：企业将创新意识或技术成果转化为可行的工作方案或产品，提高效率和效益。转化能力在实际应用中表现为综合、移植、重组，把各种技术、方法等综合起来并系统化，形成一个可实施的综合方案。通过转化，还可以将其他领域中的一些可行的方法移植到本企业的技术创新和管理中，对现有的技术和管理方法进行重新组合，形成新的方法和途径，达到更好的效果。

（4）组织协调的能力：企业在新方案、新产品、新工艺及生产目标形成之后，要及时调动、组织企业所有资源，进行有效、有序运作以达成目标。这种组织协调能力涉及企业的组织结构、运行机制和企业文化等多方面。

（5）应变的能力：企业的快速反应能力，包括对客观变化的敏锐感应和针对客观变化作出的应对策略。特别是数字时代，新技术发展使得竞争资源经常出现无法预料的变化，企业必须迅速、准确地拿出应变的措施和办法，才能在变化中把握方向和机遇，实现快速发展。

"价值链"这一术语首先是由"竞争战略之父"、哈佛大学商学院迈克尔·波特（Michael E. Porter）教授提出的，他认为企业是一个综合设计、生产、销售、运送和管理等活动的集合体，其创造价值的过程可分解为一系列互不相同但又相互关联的增值活动，这些活动的总和即构成企业的"价值系统"。其中每一项经营管理活动就是这一价值系统中的一个价值链。企业的价值系统具体包括供应商价值链、生产单位价值链、销售渠道价值链和买方价值链等。价值链的各个环节相互关联、相互影响，特别是一个环节对下一个环节有着直接的影响。上游环节的经济活动围绕着产品进行，产品技术特性在价值增值中起决定作用；下游环节的活动围绕着顾客进行，营销管理技能在价值增值中起决定作用。在某些价值增值环节上，本企业拥有优势；在另外一些环节上，其他企业可能拥有优势。为达到"双赢"的协同效应，相互在各自价值链的核心环节上展开合作，可促使彼此的核心优势得到互补，在整个价值链上创造更大价值。实现企业价值链的优化，是企业资源整合的原动力所在。

整合经济学就是将资源整合行为作为研究对象的一个经济学分支，研究个体（个人、单个法人经济实体、单个市场经济活动、单个社会组织）在资源稀缺性的基础上，如何运用整合思维、整合策略实现资源价值的最大化，形成具有创新性的成果。

个人与企业、产业（区域、集团等）、政府（国家）、世界存在关系，其中个人有自由的经济选择权，这是企业进行重组的基本前提。正是这样，才能使千差万别的个人所有的资源禀赋得以通过合理配置来使得个人能力集合趋于最优化。在经济学视角下资源整合呈现以下特点。

（1）资源整合以资源的稀缺性为基础，以资源的现实性存在为依托，通过对已有资源的整合，创造新的资源价值。现代经济学的研究要旨就是认识资源的稀缺性及如何对其进行最节约、最有效的配置。社会是一个庞大的经济体，社会的发展需要解决资源的稀缺性和有效配置问题。每个企业是一个小经济体，同样需要解决发展中面临的各种资源稀缺的问题。不同的是，社会总体资源的稀缺是客观存在的、硬性的稀缺，而企业面临的资源稀缺则是有弹性的，可以通过灵活的认知和创新的方法去解决的资源稀缺，问题的关键在于树立正确的价值观和掌握配置资源的核心能力与方法。

（2）资源整合以资源的融合为核心，要摒弃"非甲即乙"的简单选择思维模式，追求各资源要素的融合发展。整合经济学研究资源的选择和配置，最大的特点是摒弃"二选一"的思路，追求各类资源的优势互补或是取长补短。从一定意义上说，资源整合是通过"选择—整合—融合—创新"的步骤，来实现预期目标的科学。

（3）资源整合以实现系统化为目标，通过创新模式、研发平台、搭建系统等步骤，实现企业资源要素配置的系统化。随着市场经济的快速发展，企业可以利用的各种资源越来越丰富；尤其是随着人工智能、大数据、互联网等技术不断优化升级，资源整合的技术手段已经有很多选择。企业要善于利用这些资源整合工具，以数据要素为引领把企业要素资源进行系统化优化配置。

企业是市场的有机组成部分，企业各类资源的整合配置必须要服务于构建企业核心竞争能力。资源的优化配置不应受制于企业内部或外部边界，企业的资源整合既包括内部资源整合，也包括外部资源整合。

2.5.2 企业内部的数据资源整合

数字化转型能使企业的运作建立在更高效、更科学、更精确的平台上，从而提升企业的竞争力。但是在企业数字化建设工作中，如果各个业务系统各自为政，互为数据孤岛，那么即使收集到了这些数据，也会因为不能充分地汇总分析，难以成为有价值的资源，不能为决策者、管理者提供有效参考。因此，当前企业数字化转型的关键之一就是把分散的数据孤岛整合起来，形成互联互通的统一数据资源。

实现数据资源整合，关键要做到数据共享，特别是重要数据共享。数据孤岛无法实现数据系统的价值，还会造成数据的不一致和重复劳动，使同一目标任务在不同的数据库中有不同的数据描述，最终让使用者无法对数据进行准确的处理。造成数据不能共享的原因是多方面的，如安全问题、技术问题、业务权限问题等。如何建设一个开放可信的数据资源管理系统，实现数据通信、数据计算、数据存储整合管理与优化就成了解决数据孤岛问题的关键。一个数据资源整合较好的系统具有以下鲜明的特征。

1. 数字"杠杆效应"明显

在一个数据资源整合较好的系统内，数字化项目要与企业的业务总体规划相一致，形成一个数据、业务、技术和管理互相支持、互相促进的整体架构。并且持续的数字化建设和数据资源积累会提升——至少不能破坏——该架构的内在关联，在新的水平上形成一个更和谐的整体。这个过程就是数据资源不断有序化的过程。

在一个整合良好的数据资源环境中，数字化建设会呈现出一种"加速"和"减速"的趋势，即在数据资源有序积累达到一定水平后，数字化项目的开发难度会越来越小，建设速度会越来越快，"消耗"会越来越少，而数字化投入的杠杆作用会越来越明显。

2. 数据可信度高，避免重复采集

企业数据资产化趋势，要求数据可信度必须要不断提升，一个好的数据资源管理系统必须要保证高数据可信度。同时，数据的重复采集实际上也从一个层面反映了数字化应用背后的数据资源整合程度不高。数据采集的原则是一项数据在所描述对象发生变更之前只进行一次采集，然后各业务部门按需共享。DRP 支持的数据资源整合需要包含一整套数据采集、共享和管理的规则，帮助企业杜绝信息的重复采集，提高数据的可信度。

3. 业务协同顺畅高效

数据资源整合不是静态数据对象的集中存储和管理，也不是简单的数据应用系统之间的集成，而是包含着更广范围的业务集成和优化。从更高层面上来考查数字化所支撑的业

务，如果在业务条块间有"断层"，或者效率上有明显的瓶颈，则说明数据资源整合的程度还不够，还没有把数据处理过程与它所支撑的业务进行紧密的综合。

4. 支持开放动态的系统整合

数据资源整合与单纯的"建大平台、大系统"的最大区别，在于后者可以是相对封闭的，而数据资源整合应该具有一定的开放性。整合数据资源是一个长期的过程。良好的数据资源整合环境应该是开放包容的：只要符合一定的技术标准，就允许根据业务的需要，动态、快速、方便地建立数据系统之间的联系，而不需要专门搭建一个新的系统。

5. 数据资源利益最大化

目前企业数字化建设面临的瓶颈问题并不是硬件搭建、设备和应用软件选型，而是如何将分散、孤立的各类数据变成有效资源加以充分利用，将分散的数字化系统进行整合，消除数据孤岛，实现数据资源共享，并实现以数据要素为牵引的多要素市场优化配置。数据共享的重点是打破旧的管理权限壁垒，通过流程再造，使各部门之间高度合作，实现对资源的动态管理，达到数据资源利益最大化。这是数据资源管理成功的关键。

2.5.3 产业生态中的数据资源整合

数字技术将实体经济内各部门与外部所有客户的数据聚合在一起，使各种数据成为相互协调的有机整体，从而为企业的数字化发展提供系统化解决方案，以更好地满足企业利益相关者的需要，提升市场竞争力。

在内部数据资源整合的基础上，企业要同整个价值链上的合作伙伴建立符合统一标准的数据共享和交流渠道，使跨企业、跨行业的业务流程创新变成可能。单一企业的数字化并不是数字经济的主体，数字化必须要以产业链或产业生态为单位进行，供应链管理、客户关系管理、电子商务环境等都是企业外部数据资源整合必不可少的工具。当企业的数据资源与整个社会的数据联动起来时，企业才能基于数据要素，完成生产要素的综合优化配置。

2.6 DRP 的管理基础：平台化管理 >>

对于数据驱动型企业，传统的层级化、职能化的管理模式已经无法满足数据高效、可信流转的需要。因此，打破企业传统组织模式的平台化管理模式应运而生。平台化管理是一种全新的组织运作和商业思维方式，它利用数字技术把企业数据资源统一到一个平台之上，通过精细化数据分析对企业创新、资产和运营管理进行全面监督和优化，改变平台参与者的互动和协作方式，实现平台的不断增值。

2.6.1 企业数字化与平台化管理

消费互联网发展的三十年里各行各业出现了大量互联网平台，它们通过打造信息互联的网络平台，实现更低成本和更便捷的供需匹配关系，从而实现平台服务的衍生价值。例如，淘宝通过连接农民与城镇居民，减少了流通环节，给买家提供便利性的同时，通过发展数字化服务工具（如手机 App 与 SaaS 软件），为所有卖家提供深度数据分析服务。滴滴出行平台能够调度数百万辆网约车和出租车，服务全国用户。平台借助人工智能等数字技术将人、资产和数据汇集到一起，通过数据的大规模实时匹配带来社会整体效益的增加。

随着数字经济与实体经济的不断融合，产业互联网平台大量涌现。与以流量为核心的消费互联网平台不同，产业互联网平台必须要以信用为核心来建立。产业互联网平台是数字经济发展的新趋势，是互联网与产业融合的产物。产业互联网平台实现产业生态内的高效率、低成本供需匹配，并通过平台化服务为产业带来商业模式、运营模式、服务模式的创新。产业互联网平台以数据的可信流动为基础，结合企业 DRP 做好内外部的数据管理，从而形成新型的产业生态。

按照产业互联网平台的思维模式，数字化平台型企业成功的关键因素包括构建基于 DRP 的可信数据管理能力、采用适用于平台的生产关系结构、基于 DRP 的开放创新能力等。

企业构建产业互联网平台需要建立平台化管理模式，从商业模式、组织结构、组织关系、企业文化、绩效管理等方面对传统企业进行平台化改造。平台化管理需要借助数字技术、通过打通平台数据来打破传统的组织边界，建立平台内各企业的新型合作关系。忻榕等学者在《平台化管理》一书中将平台化管理定义为：顺应数字变革，人和组织需要共同升维（认知）与微粒化（手段）的一种新型管理理念和实践，其宗旨是实现关系多样化、能力数字化、绩效颗粒化、结构柔性化和文化利他化。其基本要素是基于数字技术进行流程重构，基于个体自我驱动开展组织变革以及基于互相成就的心态集体升级。DRP 就是支持产业互联网平台型企业运作的管理模式、软件系统、数据管理架构。

2.6.2 平台化管理的五化模型

平台化管理为企业提供了全新的思考维度和思想体系，指出传统企业在发展过程中实现平台化转型和升级过程必须进行全面统筹与考量，包括关系、能力、绩效、结构和文化等方面，形成平台化管理五化模型（图 2-1）：关系多样化、能力数字化、绩效颗粒化、结

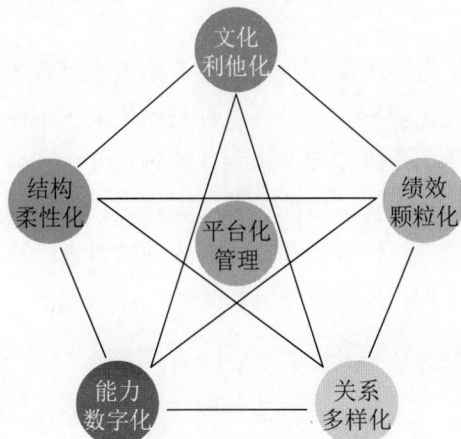

图 2-1 平台化管理五化模型

构柔性化与文化利他化。传统企业要想走向平台化运作，这五个因素需要互相配合，互相作用。企业的数字技术是基础，绩效和能力是骨架，关系和文化是血肉。平台化管理五化模型中的关系、能力、绩效、结构和文化这五个要素并非是孤立割裂的，而是紧密关联、牵一发而动全身的。平台化管理的五化模型是在系统原理和组织生态学理论的基础上建立起来的。共同进化是企业生态系统理论的核心内容之一，企业的竞争优势来源于在成功的企业生态系统中取得领导地位，并引导整个商业生态系统共同进化。

平台化管理表现出如下典型特征。

1. 关系多样化

企业的发展终归是以人的创新为主要驱动力的，因此在某种程度上人的边界就是组织的边界。平台化管理将帮助企业努力建设一个无边界的组织，打造可以无限拓展的商业模式。DRP 强调的平台化管理，要通过构建透明可信的数据管理体系，最大化释放平台上每个个体的创新能力，让平台上的大量合约可以自动化执行，让每个成员企业专注于自身的技术特长不断进步，同时也要让平台具有自适应技术进步、时代发展的新陈代谢能力。所以，平台化管理必须支持多样化关系，通过数据联通优化企业内部关系、企业与外部用户的关系以及企业与企业间的关系，构建起一个相互信任、互利共赢的商业生态系统。在这个生态系统中，企业与各方的关系不再是简单的雇佣关系或上下级关系，而是平等、合作的关系。同时，平台化企业还注重与用户的深度互动，将用户纳入企业的价值创造过程中，实现产销者的角色转换，从而进一步提升企业的竞争力。

2. 能力数字化

数字化是企业走向平台化的基础，企业要通过搭建数字化业务运营管理系统，沉淀企业全方位的可信数据，为平台化运营奠定坚实的数据和技术基础。同时，平台化企业要利用数字技术建立服务和产品集市，进行应用和应用之间的连接、平台和平台之间的嵌套，从而实现对组织的微粒化分解。这种微粒化分解有助于企业更好地整合资源、提高效率、降低成本，创造更大的价值。

3. 绩效颗粒化

与传统绩效管理的量化方式不同，平台化企业绩效要以数字技术为核心，对组织中的各个元素进行全方位的颗粒化解析和评价。这种颗粒化解析不仅涵盖了整体，还深入组织的各个分子和原子层面，使工作维度和评价主体的颗粒度达到前所未有的精细程度。通过大量非经营性数据的引用，平台化绩效能够针对不同工作性质和不同运营主体进行精准考核，从而实现对绩效变量的系统性分析和优化。这种绩效管理模式有助于企业及时发现并解决问题，优化被考核者行为，最终改善组织绩效。

4. 结构柔性化

在平台化管理的推动下，企业逐渐将原本层级化、职能化、封闭的有限生产关系体系转变为扁平化、网络化、开放的无边界平台型生产关系系统。在这个生态系统中，每个参与者都成为平台上的资源整合单元，可以随时随地自由选择和组合合作伙伴及调用平台资源。这种柔性化的组织结构有助于激发所有参与者的积极性，提高平台的开放创新能力和市场响应能力。同时，柔性的结构有利于进一步拓展平台生态，实现"产融互动、产需互动、产人互动"、不断创新的平台型商业模式。

5. 文化利他化

在平台化企业中，文化不再是简单的口号或标语，而是固化在平台可信数据系统中的数据、流程、绩效。平台化企业注重培养透明、公平、互助的企业文化，这是一种利他的企业文化，强调企业与员工、用户、合作伙伴之间的共赢关系。这种利他文化有助于增强企业内部的凝聚力和向心力，释放每个参与者的潜力，从而实现平台价值的最大化。通过构建一种积极向上的企业文化氛围，平台化企业的品牌更容易被市场认可，也能够吸引更多优秀人才加入企业，共同推动平台的发展。

2.7 DRP 的经济基础：范围经济 ▶▶

范围经济（Economies of Scope）是指当企业同时生产多种不同的产品或提供多种服务时，其总成本低于分别生产或提供这些产品与服务的成本之和。这种效益的提高，主要源于资源和成本的共享和优化。

2.7.1 范围经济的概念与成因

范围经济又称范围经济效应，指的是由品种而非规模形成的效益（后者被称作"规模经济"）。这一概念是由经济学家约翰·C. 潘扎尔（John C. Panzar）和罗伯特·D. 威利格（Robert D. Willig）于 1977—1981 年提出并发展的。在经济学中，"经济"与成本节约同义，"范围"与通过多样化产品拓宽生产 / 服务同义。范围经济指随着生产的不同商品数量的增加，生产的总成本会下降。例如，加油站可以通过销售汽水、牛奶、烘焙食品等分摊加油站的总成本，实现范围经济效应。

在传统经济学理论中，范围经济与规模经济（Economies of Scale）紧密相连。规模经济强调的是生产同一产品或服务的单位成本随着生产量增加而下降。而范围经济则侧重于多样化：通过扩大产品线或服务范围，企业能更有效地利用资源。

范围经济的主要原因是生产多种产品过程中存在着一些共同成本。基于专有知识的重复利用，或不可分割的物理资产的共同使用，这些多样化产品的生产成本可以降低。例如，宽带网络的成本是宽带数据服务和 IPTV 有线电视的共同成本。运营航线的成本是搭载乘客和货物的共同成本，此时客运和货运服务之间就产生了范围经济效应。

研发也是范围经济效应的典型例子。企业的产品研发活动需要一定数量的科学家和研究人员，他们的劳动是不可分割的。因此，当实验室研发的品类增加时，各个项目积累的知识、技术和经验可以共享，单位研发成本就会降低。大量不可分割的研发投资也意味着由于产出和销售的增加，各产品所分摊的研发成本将迅速下降。

具体来说，产生范围经济的主要原因包括以下几方面。

（1）生产设备具有多种功能。

在科学技术快速发展的过程中，许多生产设备具有向标准化、通用化发展的趋势，这些具有通用性的生产技术设备，可用来生产不同产品，从而提高生产设备的利用率。

（2）零部件或中间产品具有多种组装性能。

许多零部件或中间产品具有多种组装性能，可以用来生产不同的产品，因而可以增加零部件或中间产品的生产批量，取得因规模经济而引起的范围经济。

（3）研究与开发的扩散效应。

企业一项研究开发的技术成果往往可以用于多种产品的生产，从而有利于扩散研究开发成果，大大降低单位产品所分摊的研究开发成本。

（4）企业无形资产的充分利用。

企业的经营管理知识和技术专利等无形资产在生产经营多种产品时同样可以使用，不会增加多少额外费用。比如，由于企业的声誉能转化为产品的声誉，企业良好的声誉能支持企业生产经营多种产品。

2.7.2 范围经济在企业经营中的常见应用

1. 一体化扩张与平台化经营

对于规模较小的企业来说，实现企业范围经济和规模经济的首要任务是要扩大企业规模。借鉴经济发达国家大型企业的发展经验，扩大企业规模可采取水平一体化、垂直一体化和混合一体化三种战略。

（1）**水平一体化**是企业在原有生产范围内，通过联合、兼并同类企业或投资兴建新的生产经营单位，形成多工厂来扩大企业规模。其经济效率主要来自扩大生产批量、降低生产成本而实现规模经济，以及复用各个工厂的设备、人员、技术，而产生的范围经济。

（2）**垂直一体化**是企业在供、产、销方面实行纵向渗透和扩张。其实质就是把原来由不同企业承担的供、产、销职能不断集中于单个企业的过程，也就是把供、产、销活动由原来的市场协调转化为企业内部管理协调的过程。其经济效率在于它能减少交易成本，实现规模经济与范围经济。

（3）**混合一体化**是指企业通过一定的方式控制多个产业中的若干生产经营单位，实行跨产业经营。通过充分利用共同资源，降低单位产出的成本，以实现范围经济。可见，混合一体化就是企业经营的多元化。

以上三种战略不仅存在各自的经济性，而且具有一定的层次性。通常，企业规模的扩张往往是从水平一体化开始的，由于企业可利用现有技术和管理经验，在原来的业务范围内扩大其规模，因此成功的可能性较大，但企业通过水平一体化达到一定规模后，要进一步发展就需要实行垂直一体化战略。而在经济波动幅度和频率日益增加的今天，企业要保持原有的市场地位并持续发展，就要求企业要分散经营风险，稳定企业收入，这就迫使企业必须要重视混合一体化战略。在全球产业数字化转型的趋势下，企业的一体化扩张内涵也在发生改变，由于产业互联网的数据透明性，平台上的企业将有机会专注于一个平台进行更专业化的经营，这种数字化经营模式一样可以保障企业的持续盈利能力。但同时，甲平台的企业也可以是乙平台的企业，所以不影响企业利用范围经济效益来扩张规模。

2. 多元化经营与专业化经营

传统企业实行的多元化战略可概括为两种基本形式：一种是关联性多元化，它是指企业新发展的业务与原有的业务具有战略上的关联性和适应性，它们在技术、市场、产品等方面具有共同的或是相近的特点，即企业利用核心竞争力跨产业拓展自己的经营领域。另一种是无关联多元化，它是指企业新发展的业务与原有业务之间没有战略上的关联性和适应性。无关联多元化往往是出于财务方面的考虑，如进入高投资回报的新产业、保障现金流、避税、防止恶意兼并等。

多元化的实质是为了取得范围经济效应，这意味着企业跨越了原有的生产经营范围，需要新技术、新市场和新的管理知识等新资源。这也决定了多元化的边界会受到范围经济性的制约。因此，从范围经济的成因看，企业实行多元化战略需要考虑以下条件。

（1）企业应具有进入新产业的技术和管理知识；

（2）企业应具有协调不同产业的业务的能力；

（3）实行多元化战略取得的长期收益应大于由此带来的总成本。

企业要成功地实行多元化战略，应以充分利用范围经济为原则，把握跨产业经营的范围和程度，优先考虑选择与原有经营产业相关联的新产业领域，防止过分追求多元化的倾向；否则，由于企业资源过度分散，反而会蒙受损失。

传统的多元化经营战略往往是基于资本等资源的多元化经营。而数字经济时代的多元化内涵在发生着改变，企业通过构建产业互联网平台，实现基于数据资源的多元化经营，从而能有效降低传统多元化经营的风险。在平台上，企业采用专业化经营战略，而在平台外，企业可以通过参与其他平台，实现基于数据资源的多元化经营。

2.7.3 DRP 背景下的范围经济

DRP 是对产业生态中数据资源的整体规划，它可以提高企业各部门内部、各部门之间及企业之间的协同能力，降低沟通与监管成本，确保数据在产业生态内的充分共享与高效流转。通过 DRP 可以极大改善由于地理位置、管理层级等造成的数据共享不足和传递失真问题，同时还能实现对各类业务的远程智能监督与实时反馈，通过数据的可复用性，实现更有效的范围经济和规模经济。

市场的个性化发展趋势使得企业必须要借助数字化平台来降低差异化服务成本、提高个性化服务能力。企业应用 DRP 打造数字化平台，能不断拓宽经营边界、提升跨界融合能力，这可以为企业带来更广泛的客户资源及更富弹性的合作方式，从而降低企业对传统大客户的依赖。该路径可以概括为范围经济的驱动效应，具体可表示为："数字化转型—经营边界拓展—更多客户资源与更富弹性合作方式—降低大客户依赖—激活个性化市场。"

人工智能、大数据等数字技术具有通用目的的属性，其广泛应用可以显著降低企业跨界经营的成本，提升跨界经营能力，通过不断地拓展企业的经营范围，更好地满足客户的个性化、集成式需求，给企业带来基于数据的全新的价值增长点。例如，为了更好地创造并满足客户的集成式需求，小米打造智能家居生态系统，通过智能化连接方式不断延伸产品与服务的边界，将经营范围扩展到家具、家电、厨卫等众多领域。在 DRP 支持下，企业对内外部数据资源的整合与重构能力显著提升，从而驱动企业不断拓展自身经营边界，提供具有集成和扩展功能的"数据—服务—产品包"。在此过程中，企业的经营边界日益模糊，也有更多机会与更广泛的客户开展合作，从而显著扩大了企业的客户资源和选择范围。

另外，市场需求日益呈现出动态化、个性化趋势。优胜劣汰的商业法则会驱动企业依托 DRP 来增强与各类客户的合作柔性，以更好地满足动态多样的市场需求。在智能合约、搜索引擎、算法推荐、大数据筛查等数字技术的支持下，企业能够快速整合市场的个性化需求，在驱动企业生产模式从传统的大规模生产转为个性化定制的同时，企业与客户的关系也从垂直"链式"结构转向更为灵活的"网式"结构，从而提升企业与客户合作的柔性化、精准化。因此，DRP 能够显著拓宽企业的经营范围，为企业带来更广泛的客户资源及更具弹性水平的合作方式。

2.8 基于数据全生命周期管理的 DRP >>

DRP 的落脚点是产业生态内的数据全生命周期管理，实现数据资源的可信与透明，让数据资源渗透到产业生态的每一个要素资源之中，并借此激发出数据要素和传统要素的巨大价值。

2.8.1 企业资源论与核心竞争力

企业资源论，又叫"企业资源观"，强调的是从企业资源角度来观察分析企业自身，得出企业竞争优势，并且能通过竞争优势去衡量盈利潜力以及未来市场前景。此理论是由丹麦学者沃纳费尔特（Wernerfelt）于 1984 年提出的，对于企业战略管理理论的发展产生了深远的影响。

企业资源论的主要观点就是，企业的资源不仅包括有形资产和无形资产，也包括使用资产的能力或者技能，而企业就是由资产和使用资产的能力组成的集合体。即使拥有相同的资源，但如果在使用资源的能力上有差距，那么两家企业的实力也会有天壤之别。不同的企业拥有不同的资产和使用资产能力的组合，因此所有企业在本质上各不相同，不存在两个各方面完全一样的企业，即便他们产出的是相同品类的产品。企业竞争优势之间的差异是由企业所拥有的资源和资源的特性决定的。

在 20 世纪 90 年代，由于竞争环境发生了巨大的变化，传统的竞争力结构化分析方式已经跟不上企业的需求，取而代之的是基于资源视角，把素质、能力、技能以及战略资产作为企业可以保持竞争优势的来源。其中影响最大的就是加里·哈梅尔（Gary Hamel）与普拉哈拉德（C.K.Prahalad）于 1990 年合著的《公司核心竞争力》一书。以普拉哈拉德和哈梅尔为代表的资源学派认为企业的核心竞争优势来源于企业内部的特有资源和能力，企业要想实施新的战略，开辟新的市场，会受到现有资源条件的约束。两位学者的观点强调了企业竞争战略的制定和实施需要建立在企业所掌握的资源和能力的基础上。

对于企业来说，能力是一组技术和技能的集合体，而不是分散的单一技能或者技术。因此，核心能力是指组织内部经过整合后的知识和技能，其不容易被某一个人或者某一个部门所完全掌握。如果企业管理者有能力把整个公司的技术和生产技能整合起来，形成核心能力，使各项业务能够及时与内外部市场环境相匹配，那么公司就会拥有真正的竞争优势。什么样的能力算是核心能力，而哪些能力又是比较次要的呢？普拉哈拉德和哈梅尔认为，与普通的企业能力相比，能真正成为一家企业的核心能力需要经过三项检验。

（1）用户价值。核心能力必须被外界所认可，能够为企业创造进入相关市场的机会，可以实现用户期望的价值。也就是说，只有能让公司为客户提供核心价值的技能，才能称之为核心能力。客户才是决定企业核心能力的最终裁判。

（2）独特性。从竞争的角度来看，核心能力必须是业内独特的资源和能力，不容易被其他竞争对手模仿或者复制，只有那些决定竞争对手之间差异的独特能力，才能算得上是"核心能力"。例如华为最新推出的带有卫星通话功能的手机，成为业内的唯一。海底捞的"服务"，也因为其独特性和可辨识传播性，成为这个企业的核心能力。

（3）延展性。如果有的能力在某一产品上看起来像是核心能力，可以创造用户价值或者是独特性检验，但是无法从该能力衍生出一系列新产品或者新服务，那么从公司层面上看，这个能力还不能算是核心能力。所以在考查核心能力时，必须从具体的产品中跳出来，判断这个能力是否可以用在新的产品领域。

2.8.2　基于企业资源论的 VRIO 模型

对于竞争优势从什么地方起源，或者如何进行分类这些具体问题，企业资源论奠基人之一杰伊·巴尼（Jay B. Barney）推出的 VRIO 模型获得了广泛的认可。杰伊·巴尼提出"相同领域中企业增长业绩的差异，来自对资源使用效率的差异"，由此延伸出了对资源的定义公式：

$$资源 = 有形资产 + 无形资产 + 能力$$

企业如果能将资源激活，就可以获得高增长，而核心资源就是最能驱动企业增长的资源。

在判别某种资源是不是企业核心能力时，杰伊·巴尼提出了四个判断标准：经济价值（Value）、稀缺性（Rarity）、模仿困难性（Imitability）、组织性（Organizational）。这四个描述资源属性的单词，首字母合起来就是"VRIO"模型。根据这个模型，企业保持长久竞争优势的必要条件就是围绕核心资源进行布局。

（1）**经济价值**：企业拥有资源的价值体现在能促使企业制定并实施提高其效率与效益的战略。例如，企业拥有海量的数据并不代表着价值，只有这些海量数据可以转化成对业务的促进、对用户的帮助才是有价值的资源。

（2）**稀缺性**：当一家企业依靠所掌握的资源实施的价值创造战略非常有效，同时市场上大量竞争者无法实施并超越该战略时，就会带来竞争优势，而这种价值创造战略的基础正是稀缺资源。对于数字化企业来说，很多数据是用户使用本企业产品时所产生，从而转化成企业的稀缺资源，其他竞争者难以得到同样丰富的数据资源。

（3）**不可模仿性**：很多企业之所以不可模仿，主要取决于企业曾经获取稀缺资源的能力，有着特殊的历史背景或者成因。社会或者产业的复杂性让其他企业虽然看得懂，但完全无法复制。例如一些核心垄断产业和技术专利产业等。

（4）**组织性**：指企业利用资源和能力然后创造竞争优势的管理框架。如果一个企业具备经济价值、稀缺性和不可模仿性的能力，可以说此企业在某些方面有独特竞争优势，有机会在市场中站稳脚跟。但如果真地想要充分利用好这个优势，就需要成为一家有组织性的企业，配合企业架构、管理控制体系、有竞争力的薪酬体系等来开展相关的活动。

2.8.3　资源论及 VRIO 模型视角下的 DRP

通过企业资源论观点及 VRIO 模型分析方法，在引入数据这一新的资源类型之后，企业的价值创造方式也必将会发生巨大改变。

1. DRP 帮助企业发掘数据价值

数字时代，数据资源已经成为企业重要的资产之一，对数据资源的规划和管理能力也成为企业的核心能力。数据不仅支持企业的交易和运营，还蕴含着模式创新、未来市场、客户需求等关键信息。此外，数据资源还可以帮助企业优化业务流程和提高运营效率。通过对业务流程中的数据进行分析和监控，企业可以发现流程中的瓶颈和问题，及时进行调整和优化，从而提高生产效率和降低成本。数据资源可以帮助企业实现精细化管理，提高资源利用效率，实现可持续发展。

通过 DRP 实施的数据全生命周期管理能够确保数据的准确性、完整性和及时性，从而使企业能够基于可靠的数据实现业务创新和制定管理决策。缺少有效的数据管理，即使拥有最先进的数据分析工具和技术，企业也难以从数据中获得真正的价值。

2. DRP 维护数据资源的稀缺性

尽管数据资源在数字时代似乎无处不在，但真正有用和高质量的数据资源却是稀缺的。这种稀缺性主要体现在以下几方面：

首先，数据的收集和处理需要大量的时间和资源投入。企业需要投入大量的人力和物力来收集、清洗、整合和转换数据，以便从中提取有价值的信息。这个过程不仅需要专业的技术和工具支持，还需要丰富的经验和专业知识。因此，具备这些条件的企业才能够获得高质量的数据资源。

其次，某些类型的数据资源具有独特的来源和获取方式。例如，专有数据、独特的市场研究数据等可能仅对特定企业可用。这些数据资源往往具有独特的价值和竞争优势，因为它们能够为企业提供独特的视角和见解，帮助企业发现新的市场机会和业务模式。

最后，某些数据资源的稀缺性还体现在它们的不可再生性上。一旦数据被删除或丢失，就无法再次获取。因此，企业需要珍惜和保护好现有的数据资源，确保它们的完整性和可用性。

管理和激发上述能力，既需要新的理念和理论，也需要新的方法和工具。因此，DRP应运而生，它为企业基于数据资源的创新发展服务，通过创新和开发数据资源，支持企业在产业互联网平台上的全面创新。

3. DRP 实现企业的数据资源管理模式难以被模仿

数据资源中蕴含着企业的独特知识和经验以及用户信息。这些数据是企业在长期运营过程中积累下来的宝贵财富，它们记录了企业的历史交易、客户行为、市场趋势等重要信息。数据的收集和处理过程也是企业特有的。DRP可以帮助企业根据自己独特的企业战略、文化、组织架构，配合业务流程、技术基础设施和专有知识，制定适合企业自己的数据治理体系，确保竞争对手无法模仿。

4. DRP 帮助企业组织数据资源及数字技术

DRP 提出的初衷就是支持企业以数据全生命周期管理为基础，有效组织优化各要素资源。DRP 需要企业建立完善的数据治理体系、培养专业的数据管理人才、搭建先进的数据管理平台，并营造支持数据驱动决策的组织文化。这些组织要素共同构成了企业的数据管理能力，确保了数据资源能够被有效地收集、存储、处理、分析和利用。没有强大的数据管理能力作为支撑，企业即使拥有再多的数据资源也难以发挥其应有的价值。

企业的数据治理结构包括数据所有权、数据质量、数据安全等方面的规定和流程，它们共同确保了数据资源的可信性、完整性、准确性和可用性。通过建立完善的数据治理结构，可以明确企业各部门和人员在数据资源管理中的职责和权限，避免数据资源的滥用和浪费。

2.8.4 DRP 支持的企业运营

数据是数字时代的石油，合理地规划数据资源是企业制定战略、创新模式、科学决策、有序运营的基础。企业的数据资源规划能力也是企业管理供应链、实现产业生态协同、提升产品价值和客户体验的关键，DRP 支持的企业基于数据资源全生命周期管理的运营模式，如图 2-2 所示。

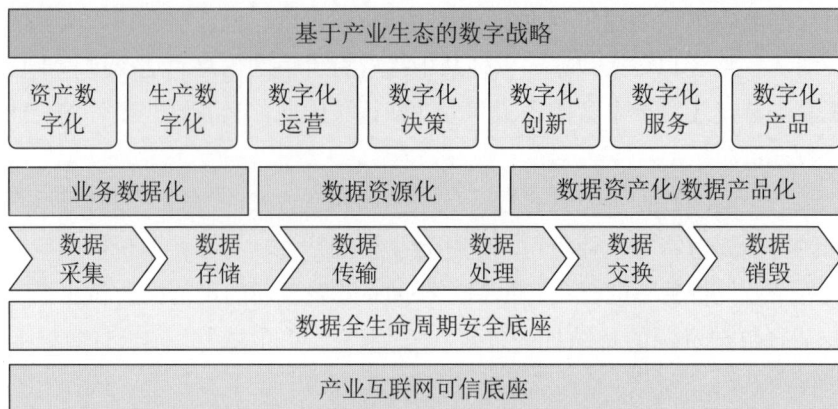

图 2-2　DRP 支持的全生命周期数据资源规划

在产业互联网可信底座和数据安全保障的基础上，DRP 支持企业对数据资源实现从采集到销毁的全生命周期管理，从而实现业务数据化、数据资源化、数据资产化及数据产品化过程，赋能企业提供数字化服务及产品。

数字经济时代的显著标志就是数据资产的确立和数据产品的出现。DRP 平台需要实现数据资产的确权、封装和估值，在产业生态内实现数据资产的有效流转。同时 DRP 也需要负责以不同方式交付不同类型的数据产品，满足客户需求。具体来说，DRP 可以从以下几个角度支持企业的运营。

1. 激活数据需求、创造数字机遇

企业的数字化是以产业生态为单位进行的，DRP 在产业生态内形成规范有效的数据流通与交易机制，可以激活大量的数据需求，为企业发展创造新的成长空间。

2. 提升企业运营效率

基于 DRP 对数据资源进行全生命周期规划首先要求对数据进行标准化处理，这有助于减少数据冗余，提高数据的一致性和准确性，进而提升企业内部各部门之间的数据共享效率。数据质量管理是 DRP 的一个重要环节，通过对数据进行清洗、验证和更新，保证数据的客观性、可信性、完整性、准确性和时效性。

3. 促进产业链协同

产业链各环节的数据共享和互联互通是实现产业链协同的关键。DRP 通过建立统一的数据流通交易机制，使得供应链上下游企业能够高效地进行数据交换和共享。这种数据互联互通可以显著提升产业链各环节的协同效率，缩短产品交付周期，提高生产效率。通过分析供应链各节点的数据，DRP 可以帮助企业及时了解供应链的运行状态，发现潜在风险和问题，采取相应措施，避免因物流或资金流问题导致的生产和交付延误。

4. 优化服务管理

DRP 力求支持全新的客户关系管理模式，通过让路给客户，支持客户深度参与的运

营模式，企业可以把客户发展成企业的一员，更好地了解客户需求和偏好，提供个性化的产品和服务。

5. 支持企业运营数据资产

DRP 的数据资产概念帮助企业建立系统化的数据采集、存储和处理机制，使得企业能够高效地管理和利用数据资产。数据资产不是孤立存在的，而是要把数据与无形资产、产品、服务等融合在一起，这种融合创新都需要 DRP 的方法和工具做支撑。

2.9 小结 >>

作为适应未来数字生产关系的新理念、新方法、新工具，DRP 是数字时代支持和管理产业互联网平台的基础理论和方法。本章首先分析了 DRP 的两种管理对象，即数据资源和数据资产之间的区别与联系，并阐述了数字时代生产关系变革给 DRP 带来的管理理念的冲击。接下来，分别从资源整合、平台化管理及范围经济等方面探讨了 DRP 如何在传统管理学和经济学理念下发展新的管理模式。随后，本章还介绍了企业资源论和 VRIO 模型，在此基础上，形成了 DRP 的资源观，以及 DRP 支持产业生态运营的基本理念，并给出了面向数据全生命周期的 DRP 基础架构。

本章案例

兴泰建设集团有限公司（简称兴泰集团）是内蒙古自治区首家拥有建筑工程施工总承包特级资质及建筑行业甲级设计资质，跨地区、多元化经营的综合性建设集团。然而随着公司发展，承接的工程项目遍布全国，管理地域跨度也越来越大，难度越来越高。面对点多、线长、面广的经营状况，传统的管理方式对公司产生了制约。

兴泰集团决心以数据为基础进行资源整合，向平台化管理企业转型。以"企业数据平台""BIM 系统平台"为核心，通过数字化信息技术集成融合了"智慧工地""电子签章""电子招采""业财税一体金"等系统。改变了企业信息数据传递、部门协同、不同企业之间的沟通协作方式，更改变了企业的生产方式和经营理念。

建筑企业 70% 左右的工作都发生在施工现场，施工阶段现场管理对工程成本、进度、质量及安全等至关重要。新中大 I8 系统与智慧工地平台的集成，实现了项目劳务工、物资、现场质量安全检查等现场情况的数字化采集，满足企业同时对跨地域多个项目现场实时情况监控的需求。与此同时，通过标准化管理制度和流程的数字化及自动化，实现对现场人、材、机等生产要素和行为的自主约束。

针对数字时代产业协同的需求，兴泰集团利用 DRP 理念，实现了 I8 系统与 BIM 协同平台集成，将项目信息、人员信息、进度、工程量、方案、设计变更、现场签证、图纸会审等数据互联互通。通过 BIM 协同平台整合企业内外部资源，提高了资源利用率，实现了各系统和软件的数据贯通，从而实现了企业集中、高效、便利的数字化管理。

第3章 DRP 总体框架

DRP 是关于如何激活产业生态内数据要素市场的理论，是在数据治理基础上，重构企业战略、创新企业产品和服务、提升企业管理能力的过程。DRP 的总体框架体现的就是如何对企业数据进行全生命周期管理，并建立支持企业战略管理、创新管理、生产管理、客户管理等全过程的一体化数据体系，同时支持企业进行数据产品开发和运营。DRP 的总体框架是数字时代的企业架构和支持企业运营的基础框架。

3.1 面向 DRP 的企业架构与数据模型 >>

企业架构是企业的结构，体现了企业的生产经营特征，也指导着企业相关部门间协同开展生产经营活动。随着数字技术的不断进步，IT 系统和数字化平台已成为现代企业获取竞争优势不可或缺的重要手段。数字经济时代，企业必须架构在对数据资源进行全生命周期管理的基础上，有效平衡数据资源开发与传统业务创新之间的关系。

3.1.1 企业架构

企业架构（Enterprise Architecture，EA）是企业的概念性蓝图，其用途在于持续对企业进行全面的分析、设计、规划，从而进一步制定和执行业务战略。目前，国际上影响力比较大的企业架构框架有 Zachman 框架、DoDAF 框架、FEAF 框架、TOGAF 框架等。一个完整有效的企业架构需要体现组织中不同的组成部分，通常被划分为业务架构、数据架构、应用架构和技术架构等，如图 3-1 所示。

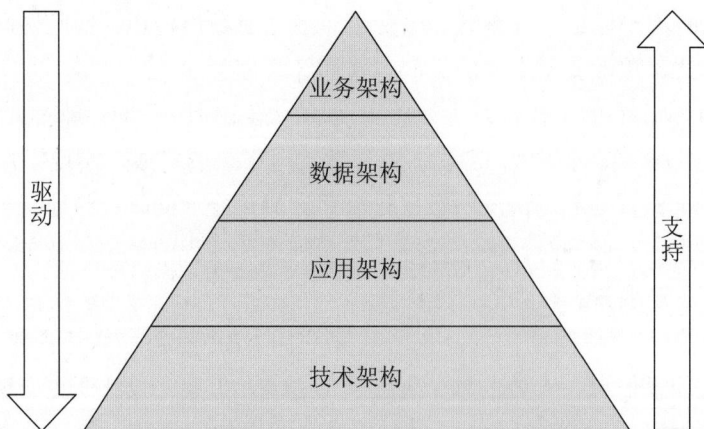

图 3-1　企业架构的划分

业务架构定义了企业的业务目标和功能框架（包括财务、制造、营销和销售功能）及它们之间的关系，是把企业的业务战略转化为日常运作的渠道。业务战略决定了业务架构，包括业务的运营模式、流程体系、组织结构、地域分布等内容。业务流程定义了企业的业务流和价值流，例如潜在客户、订单到现金、制造到分销，以及服务请求过程等。

数据架构用以识别和分类公司的数据资源，为数据的存储和流动方式设定了蓝图，是数据资源规划的基础。良好的数据架构可以确保数据易于管理且具有开发价值，从而支持数据资源全生命周期管理。更具体地说，它可以有效避免冗余数据存储，通过统一标准以及数据清洗来提高数据质量，并支持开发数据的新应用程序。数据架构还需提供跨企业业务部门、跨地理区域（含跨境）、跨不同企业的数据集成机制。

应用架构定义了企业所有应用场景的组合，其中包含支持企业业务能力和价值流所需的系统和应用程序。应用架构能够帮助企业构建出应用程序路线图并确定应用程序生命周期，从而预测这些程序何时需要替换或淘汰，以及何时需要更新、升级。

技术架构定义了支持企业业务架构、数据架构、应用架构的技术基础设施，包括硬件、操作系统、网络解决方案、可信计算方案、安全防护方案等，以及数据采集、传输、存储、流通的技术系统。

3.1.2 面向 DRP 的架构开发方法

开放组体系结构框架（The Open Group Architecture Framework，TOGAF）的架构开发方法（Architecture Development Method，ADM）是专为应对业务需求分析而设计的，是一个在全球已经被广泛使用的方法论，其特点是持续的迭代与循环。如图 3-2 所示，ADM 架构开发方法包括几个阶段。

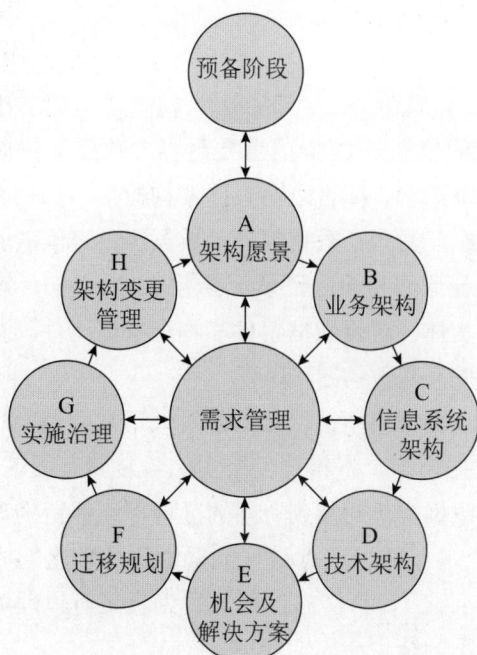

图 3-2 TOGAF 架构开发方法

预备阶段进行框架开发的准备工作，包括确定受影响的组织范围、明确架构工作需求，确认治理和支持框架、建立架构组织和架构原则，以及制订实施战略和计划。

阶段 A 到阶段 H 构成了完整的开发过程：

阶段 A——确定架构愿景；

阶段 B——设计业务架构；

阶段 C——信息系统架构设计，包括数据架构和应用架构，通常是先从数据架构开始，再进行应用架构的开发；

阶段 D——技术架构，支持完整企业架构开发的技术体系；

阶段 E——机会及解决方案，依据架构蓝图开发解决方案（架构实施项目）；

阶段 F——迁移规划，制订新老系统的内容迁移计划；

阶段 G——实施治理，对架构开发和解决方案的全过程建立治理方案；

阶段 H——架构变更管理，确定架构级别的变更，并对变更的影响进行评估。

在 ADM 的整个周期内，应当频繁地对照原始需求进行效果验证，这里的原始需求包括整个架构开发周期的原始需求，也包括流程中特定阶段的原始需求。当需求确认被满足后才能通过评审和验收。ADM 在不同级别均支持循环和迭代的理念。

ADM 整体循环：ADM 整体以一个循环的方式表示，即一个阶段的架构工作完成后，其成果直接输入架构工作的后续阶段中。

阶段之间的循环：TOGAF 描述了跨阶段迭代的概念，比如在技术架构完成之后返回业务架构阶段。

单个阶段的循环：作为一种细化架构内容的技术，TOGAF 支持单个 ADM 阶段内活动的重复执行。

3.1.3　数据架构

完善的企业数据架构的建立是 DRP 的重要内容。数据架构描述了一个组织内的数据结构和与之关联的数据处理活动。简言之，数据架构概括了如何存储、访问、管理和保护数据。数据架构的基本组织元素是：数据组件、数据组件之间的关系、数据组件和环境的关系，以及数据组件的设计原则和演进记录。参考 TOGAF 的标准，数据架构是使用三个元模型实体创建的：数据实体、逻辑数据组件和物理数据组件。数据模型是数据组件、数据组件之间的连接关系和关系基数的图形呈现。

数据实体用于创建概念数据模型，以帮助开发人员理解他们将要处理的概念。逻辑数据组件可用于创建逻辑数据模型，将相关数据实体封装到有限的区域以便保留逻辑位置。物理数据组件用于将相关数据实体封装到有限的区域以便保留物理位置。

数据架构是支持 DRP 的关键，重点是从数据资源的角度形成数据标准、数据模型和数据分布（包含数据资产目录），将实施过程分解为员工可以理解和执行的操作步骤与工作方法，才能实现企业数据的全生命周期管理。

（1）数据标准：企业内统一的业务对象的数据含义和业务规则。

（2）数据模型：通过实体 – 关系（Entity Relationship，E-R）建模描述数据结构及其关系。

（3）数据分布：数据在业务流、IT 系统、数据源的流转关系。

1. 数据标准

形成企业（组织）的数据标准需要综合考虑企业数据自身的战略转型、业务架构体系、数据战略、制度、组织规范、所属行业标准、所属国家标准、国际标准等方面的内容。建立数据标准是企业实施数据标准化的主要依据，构建一套完整的数据标准体系是开展数据标准管理工作的良好基础，有利于打通数据底层的互通性，提升数据的可用性。

数据标准体系包括数据管理制度、数据管控流程、数据标准管理工具等。通过数据标准体系在企业中的落地应用，可以应用统一的数据定义、数据分类、数据存储格式、数据转换方式、数据统一编码等实现数据标准化。统一、完善、明确的数据标准体系可以为组织在数据管理活动中提效增益，进而提升组织数据质量，支撑组织的数字化转型。

数据标准管理是指按照数据标准体系，通过各种管理活动，利用数据标准管理技术工具推动数据标准化的过程。同时，数据标准管理也是数据标准落地必不可少的过程。

企业需要定义一套关于数据的规范，以便统一数据的业务含义及应用情景，并且保障在企业内使用数据的一致性。例如，银行业的"客户编号"，在不同的业务系统中，往往存在与其业务含义一致且数据性质相同，但是中文定义及英文定义有差异的数据字段（如客户编码、客户号、客户 ID），这样不仅会给负责数据融合工作的人员增加沟通成本，而且在项目实施、交付、信息共享、数据集成、协同工作中也容易出现各种问题，很可能会引起相应的数据质量问题。

从适用范围来看，数据标准可以分为基础类数据标准和指标类数据标准。基础类数据标准又可以分为普通数据标准、参考数据标准、主数据标准等。

（1）普通数据标准用于更好地区分其他类数据标准，因为在目前的数据治理活动中，普通数据标准更多地关注结构化数据中（如字段或属性级别的数据元）的数据标准，因此也将它称为数据元标准。

（2）参考数据标准是指可用于描述或分类其他数据，或者将数据与组织外部的信息联系起来的任何数据。最基本的参考数据由代码和描述组成。由于参考数据在主数据中的重要性，需要对参考数据进行参考数据标准管理。

（3）主数据标准是组织中需要跨业务领域、跨流程和跨系统使用的主数据的数据标准。主数据标准不仅包括数据元标准、参考数据标准等关于数据元粒度的数据标准，也包括主数据主题域、主数据模型等数据架构层面的数据标准。

指标类数据标准通常也可以称为指标数据标准，与数据集市层数据、数据报表、BI/AI 数据指标、科学运算指标、数据挖掘指标有关的数据标准涵盖更广泛，它不仅具有与数据元标准相同的数据类型、数据长度、取值范围等技术指标，而且具有计算公式、计算方法、关联元数据等指标数据标准所特有的技术属性。

2. 数据模型

数据模型是一种抽象方法，用于组织、解释和管理数据元素以及这些元素之间的关系。在现代企业运营中，数据模型是信息系统和数字系统设计的关键组成部分，是对现实世界数据特征的抽象、表示和处理，按照不同的应用层次，可分为三种类型：概念模型、逻辑模型、物理模型。

1）概念模型

概念模型是数据模型设计的起点，它提供了对数据系统的高层次理解。这个阶段的目的是捕捉业务需求和规则，而不关注技术细节。它使用诸如实体关系图或统一建模语言（Unified Modeling Language，UML）等工具来描述业务实体及其相互关系的宏观视图。通过这些工具，概念模型可以帮助业务用户和技术团队建立对业务数据的共同理解。概念模型通过严格定义的概念来描述现实世界中的业务数据，这些概念必须能够精确地描述系统的静态特性、动态特性和完整的约束条件。

将现实世界的多样化客观对象转化为计算机中的数据可分为两个阶段：第一个阶段是把现实世界中的客观对象抽象为概念模型，第二个阶段是把概念模型转换为某一数据库管理系统支持的结构数据模型。

人的大脑对现实世界的事物有一个认识的过程，通过对事物进行选择、命名、分类等抽象工作后形成信息世界。信息世界中主要涉及以下概念。

（1）实体：一般认为，客观上可以相互区分的事物就是实体。实体可以是具体的人和物，例如一个职工、一个学生等；也可以是抽象的事件，例如一场篮球比赛、一次考试等。

（2）属性：实体所具有的某一特性为属性，一个实体可由若干属性来刻画。属性不能脱离实体，它是相对实体而言的，能够唯一表示实体的属性或属性集，称为"实体标识符"。一个实体只有一个标识符，实体标识符有时也会成为实体的主键。属性可以分为简单属性、复合属性、单值属性、多值属性等。简单属性是不可再分解的属性，复合属性是可再分解为其他属性的属性，单值属性是同一实体只能取一个值的属性，多值属性指同一实体可能取多个值的某些属性。

（3）域：每个属性有一个值域，值域的类型可以分为整数型、字符串型、枚举型等。例如，职工有职工号、姓名、年龄、性别等属性，相应值域的类型分别为字符串型、字符串型、整数型、枚举型。

（4）码：能唯一标识实体集中每个实体的属性或属性集称为实体的码，也可以称为标识符。例如，职工的职工号（不可以重复命名）可以作为职工实体的码。

（5）实体型：一组属性相同的实体必然具有共同的特征和性质。用实体名及其属性名的集合来抽象和刻画同类实体或区别于另一类实体，称为实体型。例如职工（姓名、年龄、性别、专业、职称）。

（6）实体集：性质相同的一类实体的集合，例如所有的职工、全国的学生等。

（7）联系：在现实世界中，事物内部及事物之间存在着联系，这些联系在信息世界中反映为实体（型）内部的联系和实体（型）之间的联系。实体内部的联系通常是指组成实体中的各属性之间的联系，而实体之间的联系通常是指不同实体集之间的联系。例如，职工与部门之间由岗位联系，职工与职工之间由领导联系等。

两个实体集之间的联系可以分类 3 类：一对一联系（1:1）、一对多联系（1:n）、多对多联系（m:n）。

（1）一对一联系（1:1）。

如果对于实体集 A 中的每一个实体，实体集 B 中至多有一个（也可以没有）实体与之联系，反之亦然，则称实体集 A 和实体集 B 具有一对一联系，即 1:1。例如，一种产品只有一个正式名称，一个品名只对应一种产品，则产品和品名之间存在一对一联系，如图 3-3 所示。

图 3-3　一对一联系

（2）一对多联系（1:n）。

对于实体集 A 中的每一个实体，如果实体集 B 中有 n（$n \geq 0$）个实体与之联系，反之，对于实体集 B 中的每一个实体，如果实体集 A 中至多只有一个实体与之联系，则称实体集 A 与实体集 B 有一对多联系，即 1:n。例如，一种产品包含有若干种非标定制零件，每种非标零件只能用于生产这一种产品，则产品与非标零件是一对多联系，如图 3-4 所示。

图 3-4　一对多联系

（3）多对多联系（m:n）。

对于实体集 A 中的每一个实体，如果实体集 B 中有 n（$n \geq 0$）个实体与之联系，反之，对于实体集 B 中的每一个实体，如果实体集 A 中也有 m（$m \geq 0$）个实体与之联系，则称实体集 A 与实体集 B 有多对多联系，即 m:n。例如，若干生产工序涉及同一种零件，有一个生产工序涉及多种零件，则生产工序与零件是多对多联系，如图 3-5 所示。

图 3-5　多对多联系

2）逻辑模型

逻辑模型在概念模型的基础上更详细地定义了数据元素和结构。这个阶段关注于如何组织数据，包括定义数据元素的属性、码和数据实体间的精确关系。逻辑模型的设计不依赖任何具体的技术平台，它通过数据规范化来确保数据的一致性，并避免冗余。逻辑数据建模不仅会影响数据库的设计方向，还会间接影响最终数据库的性能和管理。如果在实现逻辑数据模型时投入得足够多，那么在设计物理数据模型时就可以有多种可供选择的方法。在逻辑模型中，层次模型和网状模型是早期的数据模型，统称为非关系模型。非关系模型后来逐渐被关系模型的数据库系统取代。

关系模型是用二维表来表示实体和联系的数据模型。1970 年，IBM 公司的 Edgar F.Codd 首次提出关系模型。关系模型由关系数据结构、关系操作和完整性约束 3 部分组成。在关系模型中，实体及实体间的联系也是由关系表示的。关系需要具有以下 7 个性质。

（1）属性的不可分割性（原子性）。

（2）属性名的不可重复性（唯一性）。

（3）属性的次序无关性。

（4）元组的个数有限性。

（5）元组的不可重复性（唯一性）。

（6）元组的次序无关性。

（7）分量值域的统一性。

3）物理模型

物理模型在逻辑模型的基础上，综合考虑各种具体的技术实现因素，设计数据库体系结构，真正实现在数据库中存储数据。物理模型的内容包括确定所有的表和列，定义外键用于确定表之间的关系。外键是关系数据库中的一个概念，它用于建立两个表之间的关联关系。基于用户的需求可能需要进行范式化，考虑性能优化可能需要进行反范式化。从物理数据库的实现上来看，物理模型和逻辑模型可能会有较大的不同。物理模型的目标是指定用数据库模式来实现逻辑模型，以及真正存储数据。最常用的物理模型有统一模型、框架存储模型等。物理模型的主要功能如下。

（1）将数据库的物理设计结果从一种数据库移植到另一种数据库。

（2）通过反向工程将已经存在的数据库物理结构重新生成物理模型或概念模型。

（3）定制生成标准的模型报告。

（4）用面向对象方法（Object Oriented Method，OOM）进行代码设计与开发。

（5）完成多种数据库的详细物理设计，并生成数据库对象的脚本。

3.数据分布

企业在战略制定、采购、生产、销售、客户服务等经营过程中，无不伴随着数据的产生、流转和运用。通过有效的组织、存储、分发和管理数据，可实现在不同业务线之间的数据共享。狭义的数据架构特指数据分布，包括数据业务分布与数据应用（系统）分布。数据业务分布指数据在业务各环节的基本原子操作（Create，Read，Update，Delete，CRUD）关系；数据系统分布指单一系统中数据架构与系统各功能模块的引用关系，以及数据在多个系统间的引用关系。数据业务分布是数据系统分布的基础和驱动力。

对于拥有众多分支机构的大型企业集团，数据是集中存放还是分散存放是数据分布设计中重要的考虑内容。从地域角度看，数据分布包括数据集中存放和数据分布存放两种模式。这两种数据分布模式各有其优缺点，需要综合考虑自身需求确定具体的数据分布策略。

一般的数据分布常采用"操作型业务系统数据库+操作型数据存储库（+数据仓库）+数据集市"的方式。业界领先的实践（如数据中台）一般结合面向服务架构（Service Oriented Architecture，SOA）、商业智能（Business Intelligence，BI）技术和数据虚拟化技术，利用数据整合平台将数据仓库中的数据转变为能被其他系统所访问的数据服务，为那些需要满足 BI 需求、访问数据仓库数据的系统提供访问路径。

1）数据目录

数据目录作为数据共享交换的基础数据，对促进企业内部数据共享与交换、对外上报和公示相关信息非常重要。可以自动或者手动从不同信息资源中抽取数据并生成需要的数据目录。信息资源包括任何数据湖、数据仓库、数据集市、生产系统数据库，以及其他被确定为有价值、可共享的数据资产实体。数据目录是数据管理、数据管控和数据治理的核心。数据目录可以是一种图形化的数据资产管理工具，它提供了多层次的图形化展现，并具备各种力度的控制能力，满足业务使用、数据管理、开发运维等不同应用场景的图形查询和辅助分析需求。

2）数据资源全景图

数据资源全景图是企业全部数据资产的总体视图，既包括数据分布、流向和交互关系，又包括数据治理、数据服务和数据后期应用的完整视图，是企业数据资产管理和运营的重要基础。

3）数据地图分布应用

数据地图分布应用是指站在数据资产全景图的视角查看企业各数据域，在每一个数据域下，可以识别企业各项业务的核心数据主题，明确各个主题间的交互关系，将数据实体分类，形成企业数据地图。

构建企业数据地图的意义在于帮助企业盘点企业的数据资产，未来可在此基础上明晰数据在系统和业务中的分布和流向，保证企业内部信息系统之间共享数据的一致性，为企业开展数据建模、主数据管理、数据标准化等数据管控、治理等工作提供便利。

3.2 数字时代的数字企业模型：DRP>>

DRP 通过激活产业生态内数据要素，重构企业战略、创新企业产品和服务、提升企业管理能力，从而建立数字时代的数字企业模型。DRP 面向的是整个产业生态，体现的是对企业数据的全生命周期管理。DRP 的作用可以分为三个层次：打造数字企业、构建数字产业链、培育数字生态。这三个层次是 DRP 应用范围逐渐扩大、规划内容逐渐丰富的过程。数字企业的建设是 DRP 整体工作的出发点和落脚点。经过本书 2.2.4 节对数字经济五因素模型的讨论，企业在数字经济背景下的转型需求以及基于 DRP 的数字化建设需求已经清晰。如图 3-6 所示，企业的 DRP 就是要基于数字基础设施，利用各种数字技术支持企业生产运营，并产出数字化的产品以满足社会的数字需求，同时赋能企业进行内部的数据治理并对接产业生态及政府相关部门满足数字治理需求。

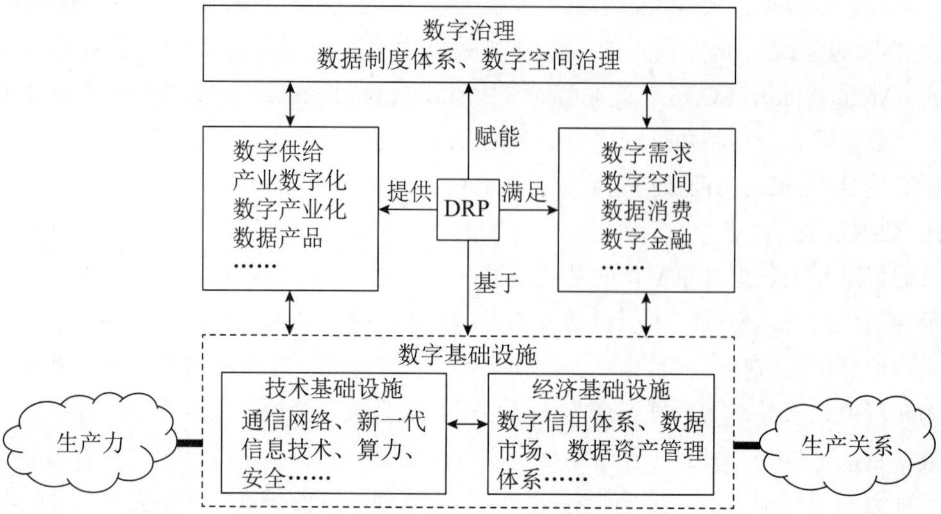

图 3-6　数字经济背景下的企业 DRP

根据数字化转型需求确立企业模型是企业进行 DRP 的基础，也是企业数字化建设的关键。业务系统数字化、数据的治理及数据资产运营是数字化转型的核心内容。实现这些内容需要企业通过数字化的战略管理方法、数字化组织，以及足够的领导力配置来推进。

3.2.1　数字时代企业要素分析

数字时代的企业需要通过将数字技术、先进工业技术和先进管理技术与企业生产经营全过程的深度融合，持续提升运营效率、优化业务结构、创造新兴业态，形成具有广泛互联、数据驱动、协同共享、精益敏捷和开放多元特征的，具有竞争力的创新型企业。其内涵是要以开放、共享的发展理念，打破企业业务的界限，聚合企业内外部数据资源，实现企业与上下游产业全流程、全环节的协同共享，推动企业转型升级和商业模式创新。

企业的数字化建设是滚动发展的，为了更加准确的描述数字化企业，表 3-1 列举了数字化企业应具备的一些基本条件。

（1）基础设施方面：应基于产业链可信底座和一体化数字平台，覆盖企业全部业务领域，与设备层实现互联互通，数据客观采集无死角，企业系统运行安全可靠。

（2）传统资源方面：企业组织管理要适应数字化企业的要求，全员凝聚数字共识。员工知识结构合理，积极向上，具有创新思维，适应数字化企业管理要求。

（3）数据方面：企业信息全部实现标准化数据管理，并有效利用大数据存储和分析工具，为企业业务运营和决策提供有效的支持，逐步实现人工智能技术的广泛运用，如大模型、深度学习等。

（4）管理方面：具备完善的标准规范引导企业的业务运营，并实现业务过程的数字化动态监控和优化，核心业务具备大数据分析和智能决策能力。

（5）业务支撑方面：企业生产流程自动化、智能化，数字驱动智能分析决策。非生产业务实现数字化管理，有效支撑企业业务运营。

（6）生态方面：以数据为纽带实现企业业务的产业链化，产业链高度协同。企业具备良好运行的数字化组织业态，实现人、机、资源要素和数据要素的和谐统一。

（7）数据资产方面：数据成为企业重要资产，实现企业产品数据化、数据产品化。企业有能力对数据资产进行确权、封装、估值、追踪，支持数据资产场内及场外多种交易、交换机制。

表 3-1 数字化企业应具备的基本条件

关键要素	要素内涵	数字化支持内容
基础设施	设备自动化、智能化	全流程数据采集
	数字化基础设施	硬件、软件、算法、算力、云平台、数据安全保障
传统资源	人力资源	数字化人才、数字化共识、数字化组织
	资金	资金管理、资金保障
	物料	全生命周期数字化监管（存放、交易、过程管理、物流）
数据资源	结构化数据	标准化、存储、开发
	半结构化数据	
	非结构化数据	
管理	标准规范	监督、优化
	业务过程管理	自主监控、数据驱动、智能决策
业务支撑	生产业务支撑	数据驱动业务流程、智能决策
	非生产业务支撑	数字化运营
生态	外部生态	以数据为纽带的产业链协同
	内部生态	组织内部数据共享、跨部门协同
数据资产	数据资产开发	确权、估值、封装
	数据资产运营	场内、场外交易

3.2.2 数字化企业模型

数据时代的企业模型要以战略创新驱动的数字化转型为核心内容，以数字化转型中的价值模型为重点，以数字化转型的实施路径为主体。如图 3-7 所示，数字化企业模型共由六个概念层级构成，分别为战略层、资源层、能力层、资产层、产品层和结果层。战略层是指企业的数字化战略，包含新产品、新服务、新模式、新生态和新资产等五方面；资源层以数据资源、数字化技术和数字化人才为主要内容；能力层包括数字化生产、数字化运营、数字化营销、数字化决策、数字化创新、数字化生态等；资产层是指企业可开发利用的数字化资产；产品层包含数字化产品和数字化服务等；结果层指的是数字化绩效等。这个模型的目的是从组织的不同维度，立体呈现企业数字化转型需要关注的问题。

DRP 支持的数字化企业是指企业决策层通过制定数字化战略，充分利用云计算、大数据、产业互联网、人工智能等新一代数字技术带来的商业创新机会，持续赋能和优化业务流程，连接消费者、员工、合作伙伴、产品设备和服务，积累和开发数据资产，打造动态、透明、高效、敏捷、精准、供需匹配的运营体系，创新商业模式和推动组织变革，进而获得在数字经济时代竞争优势的过程。数字化企业的建设内容包括业务数据化、数据资源化、数据资产化及数据产品化等。

数字化企业是一个动态概念，随着数字技术的持续创新迭代，并与企业业务体系深度融合，数字化企业不断以新的方式引领企业通过数据资产的积累与开发增加企业价值。数字化企业的发展方向是智力资本密集型的轻资产公司，它高度关注商业模式的创新、运营模式的精简、敏捷和灵活，重视研发在推动其增长中的关键作用。在当前全球市值最高的企业中，数字化企业占据的比例最大。根据麦肯锡的调查，数字化制造企业（如苹果、高通、华为、小米等）的收益率比固定资产密集型企业平均高 5 ～ 8 倍。

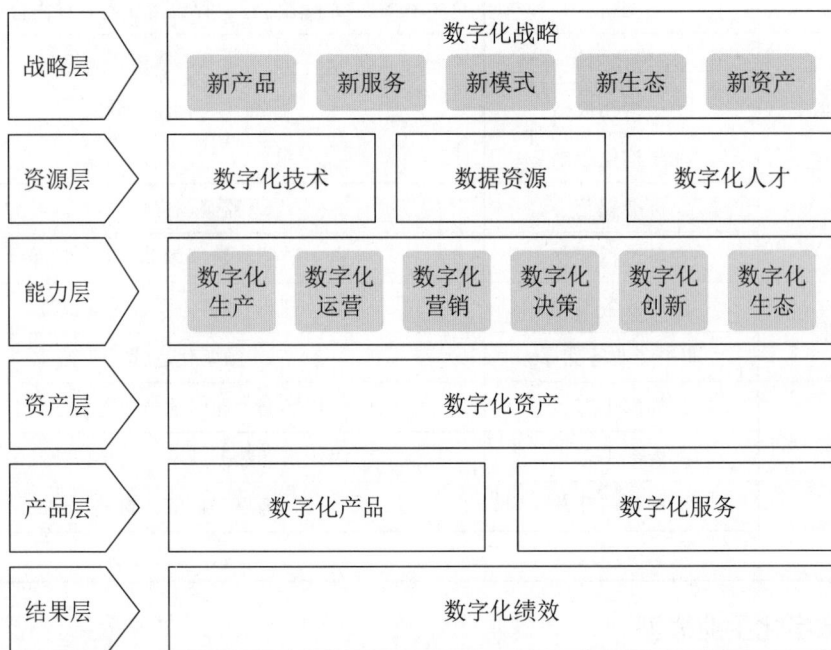

图 3-7　数字化企业模型

1. 数字化战略

数字化战略是指组织决策层对数据资源及数字技术对组织未来价值的评估和判断，这种判断决定了企业在数字化转型中的商业模式创新。在实践中，数字化战略是在利用新一代数字技术激活数据要素，实现组织内外部的流程、交互、结构和关系数字化的过程。企业的数字化战略特别重视用数字技术构建企业的新能力和新优势，帮助企业打造新产品、新服务、新模式、新生态和新资产，进而摆脱传统经济增长方式，提高全要素生产效率。

2. 数据资源

企业的数据资源是企业在生产经营中积累下来的来自内外部的各种各样的数据，包括公共数据、客户记录、销售记录、人事记录、采购记录、财务数据和库存数据等。广义的数据资源还包括数据的产生、处理、传播、交换的整个过程，包括数据本身、数据的管理工具（计算机与通信技术）和算法等。数据资源是数字化企业存在的基础，是企业开发运营数据资产的基本原料。

3. 数字化技术

数字化技术主要包括：

（1）云计算，即通过互联网提供各类数据基础设施服务（如存储空间、计算能力和应用软件等）；

（2）大数据，即从不同渠道搜集结构化和非结构化数据并对其进行分析、评估和利用，为优化公司战略和业务流程提供决策帮助；

（3）产业互联网，是指以信用体系为核心，将传统产业与互联网深度融合，实现产业链的数字化、网络化和智能化；

（4）人工智能，即有能力独立运算或自我改善的计算机系统和软件程序，如自学习软件、机器学习等；

（5）区块链，是指分布式、共享的数据库，内含不断增长的交易数据，这些数据无法被修改。应用区块链的主要目标是改善信用管理、提高预测能力、改善市场相关利益者交易的透明度。

4. 数字化人才

数字化人才需具备数字化思维和能力，拥有相应的专业和行业经验，并能交付特定成果。数字化企业需要消除边界，实现开放化、生态化、柔性化以及敏捷化的企业组织形态和架构；调整岗位角色和员工队伍结构，并重塑员工能力，培养大量数字人才。

5. 数字化生产

数字化生产是指将数字技术嵌入设计、生产、制造、服务的全过程。在组织内部，数字化生产与数字孪生、数字化工厂、智能制造等概念密切相关，生产设备、生产过程、各种资源、产品及中间件，都可以建立数字连接，进而对生产数据进行智能分析，让整个生产过程能够被协同控制、监管和优化。在组织外部，应用数字可信技术可以将供应商、合作伙伴和消费者紧密地联系在一起，形成产业互联网，增强了复杂生产系统之间的智能互联，进一步提高供应链韧性、产业链灵活性。

6. 数字化运营

传统的运营体系包括产品与服务的开发、采购、生产、制造、物流仓储、分销、交付、售后服务的所有环节。数字化运营则指利用数字系统和技术支持生产运营全过程。

7. 数字化营销

数字化营销可以看作由数字技术辅助的，为消费者及其他利益相关者创造沟通机会，进而为企业创造价值的线上线下营销活动的总称。

8. 数字化决策

数据已经成为支持企业客观衡量生产过程和消费者行为的关键资源。企业利用大数据及人工智能技术构建精细化的数据管理看板、全员数据赋能系统和全方位的数据决策支持，更好地理解和预测市场和客户行为，从而实现科学化决策。

9. 数字化创新

数字化创新是指由数字技术驱动的创新，涉及管理创新、产品和服务创新、业务流程创新与商业模式创新等。管理创新包括管理对象和管理方式的创新，其内涵是用新手段管理企业，在数字空间和实体空间中为企业创造新资产、新服务，实现新价值；产品和服务创新是指将数字技术嵌入和应用在产品和服务中，使产品和服务具有数字技术的属性；业务流程创新是指将数字技术嵌入和应用在组织运作流程中，改变组织的生产过程、决策过程、交易过程、客户交互过程等；商业模式创新是指数字技术的使用产生了新的价值创造方式。

10. 数字化生态

数字化生态是指基于产业互联网的跨组织系统，由不同组织共同推动可信数据生态环境建设，进而促进数据资产流通交易和数据价值实现，并将价值传递给产业链上各个参与者。数字化生态是产业生态的数字化呈现，产业生态超越了传统价值链、生产链、管理链、资金链，是供应商、经销商、外包服务公司、金融机构、关键技术提供商、互补和替代产品制造商、客户和监管机构与媒体等企业利益相关者共生、互信、互补、共赢的经济社会共同体。

11. 数字化资产

数字化资产包含数据资产，是指由企业拥有或控制的，任何以数字形式存在的或由数字方式生成的或当转化为数字形式时预期会给企业带来经济利益的资产。数据资产的开发、利用和运营是企业数字化建设的重要内容，也是数字企业的主要特征之一。这要求企业必须具备对数据资产进行确权、估值及定价的能力，并支持包括数据交易所等多种交易模式。

12. 数字化产品

数字化产品包含两方面，即数据产品化和产品数据化。数据产品化是指数据持有者以数据使用方的需求为导向，对数据资源进行实质性的劳动投入和创造，形成可服务于内外部用户的以数据为主要内容的可辨认产品。即把有一定规模、一定价值的数据资源，根据特定情况下的需求和目标进行产品化开发，形成的数据产品。产品数据化是指针对一个实体产品从原料的采购供应、生产加工、库存管理、质量检测、物流运输、经销管控，一直到最终用户的全过程，进行数据收集管理，并将这些数据与实体产品绑定，形成最终产品。

13. 数字化服务

数字化服务也可被视为数字产品的一种，只是交付内容不一定是数据本身，而是提供基于数据的查询、统计和决策等的服务。服务方式分两种：界面类和非界面类。界面类服务通常是一种软件，它包含了用于执行特定任务的指令或程序的集合。用户主动操作的界面主要有查询界面或软件、软件即服务（Software as a Service，SaaS）等应用。非界面类服务使用某个程序（比如操作系统）的功能，实现程序间交互方式，例如应用程序接口（Application Programming Interface，API）、文件配送、受控沙箱、联邦学习等。通过需求特征和服务方式可以把整个服务形态分为数据信息服务和数据应用服务。

14. 数字化绩效

数字化绩效包括"业绩"和"能力"两方面的指标达成情况，通过定义目标和适时衡量关键结果，引领团队朝着明确的方向前进。"业绩"即通过数字化转型获得组织期望的总体绩效结果，通常包括销售额、利润及数字化业务带来的销售及其增长率等财务绩效；"能力"包括客户层面，内部运营和学习、创新与成长等非财务的改善目标类的引领指标，用于监控和引领企业的数字化转型、运营和创新的过程及投资，确保企业数字化能力得到有效、持续的提升。其中，达到对外财务绩效目标，提升客户口碑，改善核心业务流程效率，以及创造数字化生产关系等四大目标，是确保企业达成数字化绩效的关键。

3.3 DRP 的总体框架 >>

根据对数字企业要素的分析以及数字企业模型架构，DRP 的总体架构就是面向企业的数字战略，为满足企业各方面的数字需求而设计的。其目的就是为企业实现以产业生态为单位的数字化转型，构建产业互联网平台，提供方法和工具。

3.3.1 DRP 总体框架概述

按照 DRP 的总体目标，DRP 总体框架如图 3-8 所示，可以分为三个主层级：战略级、应用级和基础设施级。其中应用级又可以根据对数据的利用程度和方式分为四个阶段：业务数据化、数据资源化、数据资产化和数据产品化。

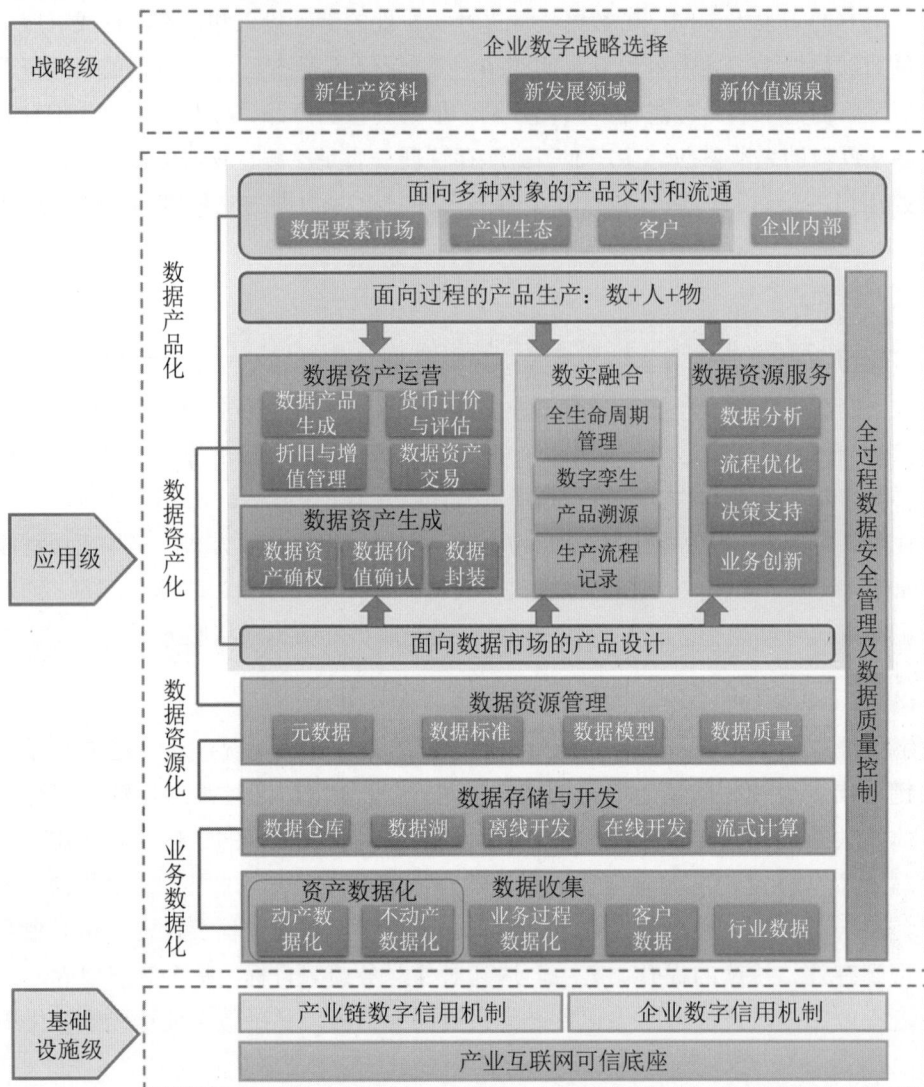

图 3-8　DRP 总体框架

战略级是指 DRP 要支持企业的数字战略选择，做持续性的战略效果评估和调整。DRP 支持企业实现以数据要素为新生产资源，以数字空间为新发展领域，以数据资产为新价值源泉。

应用级是指 DRP 要支持企业的数据资源管理、数据资产运营和数据服务提供等应用，该层级是 DRP 的核心内容，需围绕企业数据要素规划，针对企业发展战略、商业模式，来具体开发实施。

基础设施级是 DRP 支持产业生态、产业链数字化运营的技术底座，它保证数据在 DRP 系统中高效安全地流动。基础设施级可以分为三部分：产业互联网可信底座，以及在此基础上建立的产业链数字信用机制和企业数字信用机制。可信底座以可信计算技术为基础，对 DRP 中数据的全生命周期进行可信化管理，保障数据的客观可靠，同时为业务流程、人员管理、合作伙伴提供必要的信用支持。

业务数据化就是要将所有与业务相关的信息（资产、人员、供应链、研发、产品、管理、销售等）以数据的形式记录、收集、汇总、整理和加工，为以后的数据处理和数据利用奠定基础。业务数据化对应两个数据处理功能，分别是"数据收集"和"数据存储和开发"。数据收集就是要从企业内部和外部渠道尽可能客观、完整、丰富、详尽地收集各类业务及企业运营支撑的数据，包括结构化、非结构化及半结构化等各种类型的数据。收集清洗之后的数据会进行抽取—转换—加载（Extract Transform Load，ETL）或抽取—加载—转换（Extract Load Transform，ELT）操作，以数据仓库、数据湖、数据集市等方式执行存储处理。

数据资源化就是将收集存储的数据进行开发、管理，进而形成可重用、可应用、可获取的数据资源。数据资源化以提升数据质量、保障数据安全为工作目标，确保数据的客观性、准确性、一致性、时效性和完整性，推动数据内外部流通。数据资源化的主要工作包括数据模型管理、数据标准管理、数据质量管理、主数据管理、数据安全管理、元数据管理、数据开发管理等活动。

数据资产化是在数据资源化的基础上，将有价值的数据确权、封装、定价，形成可以交易、运营、增值的数据资产。数据资产化是数据要素价值实现的重要途径。数据资产的计价规范、管理办法、分配机制等问题是数据交易市场发展的基础。数据资产化涉及的功能模块包括数据确权、数据封装、数据定价、数据交易、数据折旧与增值管理等。（参见数据资产管理文件，财政部 141 号文）

数据产品化是指数据资源持有方以数据使用方需求为导向，对数据资源进行实质性的劳动投入和创造，形成以数据为主要内容可服务于内外部用户的可辨认服务形态的过程。即将有一定规模、一定价值的数据资源，根据特定情况下的一些需求和目标进行产品化开发，形成数据产品。DRP 要支撑两类数据产品的开发：一个是数据产品化，另一个是产品数据化。

3.3.2 业务数据化

业务数据化的目标是从企业内部和外部渠道尽可能客观、完整、丰富、详尽地收集各种类型的数据，并对收集来的数据进行分类归集和初步加工，简要来说就是多渠道收集数据和多数据结构收集数据。业务数据化包括资产数据化、业务过程数据化、合作模式数据化等方面，其中资产数据化对单一企业来说是 DRP 业务数据化的核心。

资产数据化是指对企业的动产和不动产相关的数据，进行客观地采集、管理和分析使用。DRP 在可信底座基础上，用数字形式展现企业各类资产的原生信息和全量信息，并对数据根据应用场景进行计算、存储、分析、利用，形成数据价值流。资产数据化过程通过分布式的共识系统来实现实物资产的电子化，并促成资产数据的安全、快捷、方便的流通。

1. 多渠道收集数据

获取数据的渠道分为内部渠道和外部渠道。根据具体企业的不同业务，这两个渠道所收集的数据占总数据量的比率不同，例如产品销售型企业主要收集内部数据，而服务平台型企业则会更多收集外部数据。

内部渠道包括但不限于以下几种。

（1）资产管理系统：企业所掌握的动产与不动产都可以通过区块链技术进行数字化，以完成资产数据化工作。

（2）生产运行系统：生产运行系统里面包含大量产品数据，包括各重要环节的埋点（Event Tracking）、运行日志、主动记录等，这些数据对把控产品的质量、与合作伙伴的协作都至关重要。

（3）支撑系统：支撑系统（例如财务系统、人力资源系统、OA 系统等）也会产生大量数据，这些数据同样具备大量的综合性价值。

（4）电子商务系统：包括在电子商务系统中获取的消费者数据等，应用这些数据可以直接分析消费者的偏好、产品的优劣等。

（5）门户论坛系统：门户论坛系统是企业进行信息展示与交流的平台，也是企业收集数据的重要渠道，客户主动发表的留言是直接展示原始诉求，直击产品和服务痛点的真实数据，需要引起特别的重视。

（6）员工论坛：员工论坛是获取企业内部运营数据的重要来源之一，一线员工有最直接的产品生产、使用体验；一线管理人员有最直接的内部运转效率感受，这些数据如果利用得当也可以成为企业降本增效的重要手段之一。

外部渠道包括但不限于以下几种。

（1）政府公共数据：各级政府都在大量提供公共数据共享清单，这些公共数据是企业重要的外部数据资源，是企业 DRP 数据的重要来源，也是企业开发数据产品的重要支撑。

（2）三方合作系统：为了进一步提升用户的体验度，在行业之间或者一些公共平台会提供互相登录的开放平台，这些平台基于 OAuth2 协议，可以获取一些基本的登录信息。

（3）爬虫系统：当企业需要访问一些公共信息的时候，建立自己的爬虫系统或者借助第三方爬虫工具是很有必要的。目前基于各语言的爬虫技术已经比较成熟，例如 Java 的 Apache Nutch2 和 WebMagic，Python 的 Scrapy 和 PySpider，PHP 的 PHPSpider 等。

（4）公共社交平台：公共社交平台是企业展示自身产品与服务，对外宣传的重要渠道。有时一个拥有百万粉丝的大号的营销能力甚至比整个企业的市场营销部门还要强。因此，在互联网新媒体经济浪潮下，企业应该重视微博、微信、抖音等平台的粉丝数据。

2. 多数据结构收集数据

从多个数据源获取的数据结构与形式经常是多样化的，有结构化的二维数据，也有半结构化的日志型数据，还有非结构化的数据（包括图片、音视频数据、压缩文件、加密文件、编码文件等）。这些数据应根据业务及系统需求分门别类、有序存储、合理利用。

（1）结构化数据。

这类数据在分析型的原始数据中占比会比较大，大部分经过业务对标的预处理之后会进入数据仓库用于进一步的多维分析和数据挖掘。常用的收集工具有：Apache Flume 适用于 Hadoop 大数据生态圈，可以传输文件和 Socket 数据流；Apache Sqoop 适用于传统 RDBMS 与 Hadoop 生态圈的二维表类数据。

（2）半结构化数据。

这类数据以文本的形式存在，没有严格的 Schema 信息，和传统关系数据库中二维表的结构不能完全对应，例如日志数据、富文本数据等。此类数据在整个数据中的占比会比较大，因此是重点分析处理的对象。常用的收集工具有 Logstash、ElasticSearch 以及 Kibana，Apache Flume 也可以用于此类数据的收集。

（3）非结构化数据。

在数字时代只关注结构化数据是远远不够的，非结构化数据在整个数据中占比越来越大，同时承载的价值也越来越高。常用的非结构化数据收集手段有阿里巴巴集团开发的 DataX 这类开源的异构数据处理工具等。

3.3.3 数据资源化

数据资源化过程是指将原始数据转化成数据资源，使数据具备一定的潜在价值，是数据资产化的必要前提。数据资源化以提升数据质量、保障数据安全为工作目标，确保数据的准确性、一致性、时效性和完整性。数据资源化主要包括数据模型管理、数据标准管理、数据质量管理、主数据管理、数据安全管理、元数据管理、数据开发管理等功能。

1. 数据模型管理

数据模型是指现实世界数据特征的抽象，用于描述一组数据的概念和定义。数据模型管理是指在进行企业架构管理和信息系统设计时，参考逻辑模型，使用标准化用语、单词等数据要素设计数据模型，并在企业架构管理、信息系统建设和运行维护过程中，严格按照数据模型管理制度，审核和管理新建和存量的数据模型。数据模型管理的关键活动包括：

（1）**数据模型计划**：确认数据模型管理的相关利益方；采集、定义和分析组织级数据模型的需求；确定遵循数据模型的标准与要求，设计企业数据模型（包括主题域数据模型、概念数据模型、逻辑数据模型）。

（2）**数据模型执行**：参考逻辑数据模型开发物理数据模型，保留开发过程记录；根据数据模型评审准则与测试结果，由数据模型管理的参与方进行模型评审，评审无异议后发布并上线模型。

（3）**数据模型检查**：确定数据模型检查标准，定期开展数据模型检查，以确保数据模型与组织级业务架构、数据架构、IT 架构的一致性；保留数据模型检查结果，建立数据模型检查基线。

（4）**数据模型改进**：根据数据模型检查结果，召集数据模型管理的相关利益方，明确数据模型优化方案；持续改进数据模型设计方法、模型架构、开发技术、管理流程、维护机制等。

2. 数据标准管理

为保障内外部使用及交换数据的一致性和准确性，需要有数据标准进行规范性约束。数据标准管理的目标是通过制定和发布由数据利益相关方确认的数据标准，结合制度约束、过程管控、技术工具等手段，推动数据的标准化，进一步提升数据质量。数据标准管理的关键活动包括：

（1）**数据标准管理计划**：确定数据标准管理相关负责人与参与人，开展数据标准需求采集与现状调研，构建组织级数据标准分类框架；制定并发布数据标准管理规划与实施路线。

（2）**数据标准管理执行**：在数据标准分类框架的基础上，定义数据标准；依据数据资产管理认责体系，组织相关人员进行数据标准评审并发布；依托平台工具，应用数据标准（包括数据模型设计与开发、数据质量稽核等）。

（3）**数据标准管理检查**：对数据标准的适用性、全面性及时进行检查；依托平台工具，检查并记录数据标准应用程度。

（4）**数据标准管理改进**：通过制定数据标准维护与优化的路线图，遵循数据标准管理工作的组织结构与策略流程，各参与方共同配合进行数据标准维护与管理过程优化。

3. 数据质量管理

数据质量指在特定的业务环境下，数据满足业务运行、管理与决策的程度，是保证数据应用效果的基础。数据质量管理是指运用相关技术来衡量、提高和确保数据质量的规划、实施与控制等一系列活动。衡量数据质量的指标包括完整性、规范性、一致性、准确性、唯一性、及时性等。

数据质量管理遵循源头治理、闭环管理的原则。源头治理方面，主要是指在新建业务或 IT 系统的过程中，明确数据标准或质量规则，采用"一数一源"原则，与数据生产方和数据使用方确认，常见于对于数据时效性要求不高或核心业务增量数据等场景。闭环管理方面，主要是指形成覆盖数据质量需求、问题发现、问题检查、问题整改的良性闭环，对数据采集、流转、加工、使用全流程进行质量校验管控，根据业务部门数据质量需求持续优化质量管理方案、调整质量规则库，构建数据质量和管理过程的度量指标体系，不断改进数据质量管理策略。

4. 主数据管理

主数据（Master Data）是指描述企业核心业务实体的数据，是跨越各个业务部门和系统的、高价值的基础数据。主数据管理（Master Data Management，MDM）是一系列规则、应用和技术，用以协调和管理与企业的核心业务实体相关的系统记录数据。由于主数据具有数据价值高、稳定性强、数量少但影响范围广等特点，有"黄金数据"之称。随着参与业务活动的核心业务实体的种类逐步增多，主数据的管理范围将逐步扩大，主数据从"跨部门"拓宽至"跨组织"。

5. 数据安全管理

数据安全是指通过采取必要措施，确保数据处于有效保护和合法利用的状态，以及具备保障持续安全状态的能力。数据安全管理是指在组织数据安全战略的指导下，为确保数据处于有效保护和合法利用的状态，多个部门协作实施的一系列活动集合。包括建立组织数据安全治理团队，制定数据安全相关制度规范，构建数据安全技术体系，建设数据安全人才梯队等。数据安全分类分级是数据安全管理的基础性、关键性工作。国家互联网信息办公室在《网络数据安全管理条例（征求意见稿）》中要求将数据分为一般数据、重要数据、核心数据，国家对个人信息和重要数据进行重点保护，对核心数据实行严格保护；各地区、各部门按照国家要求，对本地区、本部门以及相关行业、领域的数据进行分类分级管理。

6. 元数据管理

元数据（Meta Data）是指描述数据的数据。元数据管理是数据资产管理的重要基础，是为获得高质量的、整合的元数据而进行的规划、实施与控制行为。

元数据贯穿数据资产管理的全流程，是支撑数据资源化和数据资产化的基础。首先，元数据从业务视角和管理视角出发，通过定义业务元数据和管理元数据，增强了业务人员和管理人员对于数据的理解与认识。其次，技术元数据通过自动从数据仓库、大数据平台、ETL 中解析存储和流转过程，追踪和记录数据血缘关系，及时发现数据模型变更的影响，有效识别变更的潜在风险。最后，元数据可作为自动化维护数据资产目录、数据服务目录的有效工具。

7. 数据开发管理

数据开发是指将原始数据加工为数据资产的各类处理过程。数据开发管理是指通过建立开发管理规范与管理机制，面向数据、程序、任务等处理对象，对开发过程和质量进行监控与管控，使数据资产管理的开发逻辑清晰化、开发过程标准化，增强开发任务的复用性，提升数据开发的效率。

3.3.4 数据资产化

数据资产化是实现数据价值的重要步骤，其本质是用资产管理的方法对数据进行加工管理，形成数据的交换价值，数据资产化以数据资产的范围界定、数据资产的成本与收益分析、数据资产的流通交易机制为工作重点，让企业数据以无形资产或存货的方式进入财务报表。DRP 的数据资产化过程主要包括数据资产封装、确权、估值定价、流通、交易、运营等功能。

1. 数据资产封装

数据资产封装是以区块链为底层技术，依托加密算法和智能合约，实现对目标数据的唯一性识别，并确保封装后的数据不可篡改，但可以通过智能合约与其他调用对象进行连接。数据资产封装的核心是算法体系，比如非同质化通证（Non-Fungible Token，NFT）技术，可以用来表示数字世界中的一个独特的数据集，如艺术品、音乐、视频片段、电子游戏内物品、虚拟地产等。用 NFT 封装过的数据集具有唯一性和不可替代性，即每一个数据 NFT 都是独一无二的，无法被复制或替换。

2. 数据资产确权

数据资产确权是对数据的权属进行明确界定，确保数据的持有权、数据加工使用权、数据产品经营权等得到清晰划分，促进数据的合规交易流通和有效使用。数据的权属标志可以在资产封装过程中写进封装算法里，以便按照规则对其操作进行授权。确权好的数据资产需要进行登记管理，数据资产登记分为企业级的数据资产登记管理和国家级的数据资产登记管理，DRP 主要支持企业级的数据资产登记管理。

3. 数据资产估值定价

由于数据资产的特殊性，数据资产估值定价是一个复杂且多维度的过程，涉及多个因素和多种评估方法。到目前为止，数据资产的定价还没有一个统一的标准，常见的估值定价方法包括以下几种。

（1）**成本法**。

评估价值＝重置成本 × 贬值系数 × 期望收益系数

重置成本包括存储成本、加工成本和运维成本。贬值系数考虑数据的时效性和生命期。期望收益系数是数据在内部核算和外部交易时希望获得的额外收益。

（2）**收益法**。

评估价值＝业务超额收益

业务超额收益根据数据资产的应用类型（如建模分析类应用、报表类应用、取数类应用）分类计算。

（3）**市场法**。

评估价值＝可比数据资产成交额 × 修正系数

这种方法需要存在公开活跃的市场作为基础，目前由于数据交易所的交易量还不充足，所以市场法也尚不成熟。

4. 数据资产流通与交易

数据资产流通与交易是指通过数据买卖、数据租赁和数据交换等形式完成数据所有权、开发权、经营权等转移的过程。数据资产的流通交易分为场内交易和场外交易，在全国各数据交易所中进行的交易是场内交易，在交易所以外往往是围绕产业场景进行的交易被称作场外交易。

5. 数据资产运营

数据资产运营是一个全面、复杂且持续的过程，需要企业借助 DRP 工具从战略、技术、文化等多个层面进行综合考虑和规划。通过有效的数据资产运营，企业可以更好地利用数据资源，提高数据相关的业务绩效和数字竞争力。数据资产运营通过对企业数据资产情况进行持续跟踪和分析，全面评价企业数据资产应用效果及收益水平，建立科学的正向反馈和闭环管理机制，促进数据资产的增值和完善，不断适应和满足数据资产的应用和创新需求。

3.3.5 数据产品化

基于 DRP 的数据产品的设计、生产和交付与传统产品相比有显著不同。首先，在设计阶段，数据产品是面向数据市场的需求进行设计的，要考虑数据产品流通交易环节的各项技术要求。其次，数据产品的生产是面向数据流通过程的生产，要实现数据、物品、人员的一一对应，满足数实融合产品的溯源及全生命周期管理要求。最后，数据产品的交付是针对企业内外部不同的交付对象及交付需求，提供多元化的数据产品封装方式，以满足不同的数据产品使用场景的需要。

（1）数据产品的内容：数据产品需要包含被开发的数据资源，并且这些资源与内容是真实可用、权属明晰的。

（2）数据产品的交付：如其他种类的产品一样，数据作为产品出售就一定需要针对不同用户的不同需求提供相应的服务终端或接口，产品交付代码具有唯一性。

（3）数据产品的需求：数据产品被生产出来要具有明确的应用场景，可满足用户的某方面需求。

（4）数据产品的供给：数据产品的目的是供给数据或基于数据的算法、知识，和传统产品不同，数据产品的交易可以不是一次性买卖行为。数据产品售卖的可以是数据的使用权，并为消费者提供源源不断的可持续性服务。

1. 数据产品的形态

数据产品的形态可以按照需求特征和服务特征进行划分。需求特征包括模型化需求和非模型化需求：利用数据产品来提升自身的模型和算法，被称为模型化需求；直接使用数据产品中的信息，得出结论、辅助决策类的需求，被称为非模型需求。

产品提供方的服务方式也分两种：界面类和非界面类。界面类方式通常是一种软件，它包含了用于执行特定任务的指令、数据或程序的集合。用户主动操作的界面主要有查询界面或软件、SaaS 等应用界面。非界面类方式是指使用某个程序（比如操作系统，库）的功能或者程序间的交互方式约定，例如 API、文件配送、受控沙箱、联邦学习等。

通过需求特征和服务方式就可以把整个产品形态分成数据集、数据信息服务、数据应用。

除此之外，DRP 还支持数实融合的产品创新，对"人—数—物"进行一体化映射和绑定，实现产品数据的全生命周期管理，提升产品价值。

2. 数据产品流通交易

对于组织而言，数据产品流通交易是指通过数据共享、数据开放或数据交易等流通模式，推动数据产品在组织内外部的价值实现。数据共享是指打通组织各部门间的数据壁垒，建立统一的数据共享机制，加速数据资源在组织内部的流动。数据开放是指向社会公众及产业生态提供易于获取和理解的数据。数据交易是指交易双方通过合同约定，在安全合规的前提下，开展以数据或其衍生形态为主要标的的交易行为。并非所有的数据产品交易均以货币进行结算，在遵循等价交换的前提下，无论是传统的点对点交易模式，还是数据交易所的中介交易模式，由"以物易物"延伸的"以数易数"或"以数易物"同样可以存在。

3.4 不同企业的 DRP 策略 >>

和其他资源要素一样，不同的企业对数据要素的开发策略、开发范围及开发方式会根据其自身行业的发展趋势，以及企业规模大小、业务类型等条件的不同而有所区别。数据要素具有明显的规模效应，不同规模的企业都要从开放共享的角度出发，努力构建以产业生态为单位的数据要素流通与交易市场。

3.4.1 大型跨国企业

大型跨国企业作为产业链的龙头，在数字经济时代引领着全球数字产业链构建，推动着全球产业生态的创新和价值重构。跨国企业在全球范围内运营，数据量巨大且类型复杂，因此建立统一、高效的数据资源管理体系至关重要。在管理和利用数据资源上这类企业通常采取全面、系统化和高度技术化的策略。

在数据利用方面，大型跨国企业更加注重数据挖掘和分析的深度和广度。企业通常会配备专业的数据科学家和分析师团队，运用先进的数据分析工具和算法，对海量数据进行深入挖掘，以发现隐藏在数据中的价值，为企业的战略调整提供依据。此外，考虑到数据安全和隐私的重要性，企业还会投入大量资源建立完善的数据安全防护体系。

在数据规划策略上，大型跨国企业倾向于搭建全球化的数据平台。该平台不仅用于实现数据的集中管理，更重要的是能够整合不同地域、不同业务部门的数据，确保数据在全球范围内的流动和共享。同时，为了保障数据质量和一致性，企业会制定严格的数据管理标准和规范，确保各部门和地区遵循统一的数据格式和定义。

1. 跨国企业涉及的数据跨境场景

跨国企业的相关数据需要在不同区域之间进行转移流动，由于不同国家和地区的数据监管要求存在差异，跨境数据流动过程中可能面临双重或者多重的管辖与监管。引起跨国企业开展跨境 DRP 的动因可以归为业务模式、集中经营和合规监管等三类。

1）跨区域业务模式引发的数据跨境流动

随着互联网和数字技术的发展，越来越多的企业采用跨区域经营模式，如跨境电商、跨境金融等。这些业务模式的本质要求数据能够自由地在不同国家和地区之间流动。例如，汽车制造需要将研发、销售、生产等环节分布在全球不同的地点，这就必然涉及大量数据的跨境流动。智能设备、工业装备及数量庞大的物联网终端都可能存在数据回传问题，相关设备的跨境使用会引起数据跨境流动。

2）集中经营引发的数据跨境流动

集中经营模式也是促使数据跨境流动的重要因素之一。很多跨国企业将研发、分析等高端业务集中在总部或全球多个中心，而将制造、销售等前端业务分布在全球各地。这种模式要求企业将全球各地的数据集中传输和处理，以降低管理运营成本，输出统一标准的产品或服务。

3）合规监管引发的数据跨境流动

虽然一些企业的业务、人员和客户等都不涉及数据跨境，但由于海外上市融资、审计要求等，企业可能需要将数据传输至境外，满足特定国家或地区的监管要求。例如，在美国上市的很多中国概念股，应美国证券交易委员会（United States Securities and Exchange Commission，SEC）等机构的政策要求，需提供审计底稿数据，乃至部分业务数据。

2. 跨国企业面临的数据治理挑战

随着世界各国和地区开始关注并对跨境数据流动进行规制，跨国企业基于跨境数据流动开展全球性业务开始面临各类挑战，必须要应用 DRP 理念统一进行管理。

1）数据治理规则碎片化

虽然世界各国普遍认识到跨境数据流动对经济贸易的发展具有重要意义，但不同国家和地区对于跨境数据流动的监管政策各不相同，从极端自由到严格限制都有。这些差异化的规则使得跨国企业在进行跨境数据流动时必须面对复杂的法律环境，增加了企业的数据合规成本。例如，美国支持自由流动的跨境数据治理规则，而欧盟支持区域内数据自由流动与区域外高水平保护要求。欧盟和美国之间关于跨境数据流动问题的谈判也一直存在共识与分歧。各个国家和地区都在通过制定数据治理规则争夺数字经济的控制权和发展权，这加剧了国家间数据治理规则的碎片化，给跨国企业开展数据合规带来了挑战。

2）模糊不定的安全例外

安全例外是各国支持跨境数据流动的基本前提，但是，模糊不定的安全例外对跨国企业会造成较大影响。事实上，美国提倡的自由流动，中国主张的安全、有序流动，以及日本提出的基于信任流动，都含有安全例外内容。世界贸易组织（World Trade Organization，WTO）已经启动的"与贸易有关的电子商务"的规则谈判，也涉及安全例外规则；在《跨太平洋伙伴关系全面进步协定》（CPTPP）和《数字经济伙伴关系协定》（DEPA）等多边协定中，既有跨境数据治理的共识规则，也有基于安全的例外规定。但是，不同国家和地区对安全的范围和边界的界定存在差异，特别是在数字经济领域，安全例外以模糊处理的情况较多。

3）制度设计与实践不一致

在很多情况下，数据治理的顶层设计很难与企业的实际操作完美对接。例如，欧盟的通用数据保护法案（General Data Protection Regulation，GDPR）规定了数据的"被遗忘权"和"数据可携权"，但在实际操作中却面临着技术和实施的难题。欧盟、中国、巴西、印度等国家和地区均由政府主导制定数据治理规则的顶层设计，而作为当事主体的企业，需要及时适应并调整自己的数据治理制度设计。

4）全球化与本地化选择

跨国企业需要利用全球资源服务全球市场，实现业务、人员和数据的全球化。然而，不同国家和地区的数据本地化要求与跨国企业的全球化策略存在一定矛盾，使得企业在追求全球一体化的同时，也不得不应对各种本地化的约束。例如美国《澄清境外数据的合法使用法案》的规定或将与多个国家和地区的本土数据规则产生冲突。TikTok 目前在美国遭受的打压就是跨国企业这一困境的例证。

3. 跨国企业的 DRP 策略

全球经济形态正在逐渐转向数字经济，对数据要素的利用能力和开发程度将成为跨国企业的核心竞争力。因此，大型跨国企业是 DRP 的主要推动者，通过建立 DRP 系统应对全球数据资源一体化开发的挑战。

1）带头构建数据产业链，培育产业数据生态

大型跨国企业作为产业链的龙头，承担着引领和推动数字产业链建设的重要责任。通过搭建产业数据基础设施、构筑产业互联网可信底座及构建产业链信用机制等，企业可以有效带领生态企业协同完成数字化转型发展。

构建数据产业链的一项重要工作是数据标准化，通过制定统一的数据标准，以确保产业链上各环节的数据能够精准对接和高效流通。

大型跨国企业可以组织生态伙伴共同构建可信计算环境，提升产业互联网的安全性和可信度。推动产业区块链应用是建设产业互联网可信底座的重要手段。大型跨国企业可以带头推动区块链技术在信用管理、供应链管理、生产流程优化、物流追踪等领域的应用，以实现数据的高效共享和可信存储，提升产业链各环节的协同效率和透明度。

在构建产业链信用机制方面，大型跨国企业可以通过带头构建数字信用评估系统，对产业链上下游企业的信用状况进行评估和管理，尤其是利用交易数据进行交易信用管理。企业可组织相关力量利用大数据分析和人工智能技术，对链上企业的交易记录、履约能力、财务状况等数据进行客观收集，并根据金融企业的需要提供相应的数据支持方案。

2）建设跨国企业全球化数据合规体系

如前所述，不同国家和地区的数据跨境规则关注的重点存在差异，例如欧盟注重个人对数据的控制、美国注重数据给企业带来的利益、中国注重安全与发展的统一。跨国企业需要打破传统的数据合规思维模式，建设弹性的全球化数据合规体系，以适应所在国家数据相关的法律法规。

DRP 要针对全球各地的数据治理体系，为跨国企业的跨境数据治理提供支持。针对不同的市场和业务范围，DRP 应支持企业配置相应的资源，确保数据处理活动满足当地的法律法规要求。

3）加强对 DRP 的研发投入和应用

DRP 是跨国企业基于数据要素的企业管理支持系统，如何针对技术发展趋势、产业创新方向，做好 DRP 系统的开发实施，是一个全新的课题。跨国企业需要加强 DRP 应用研究和相关技术研发，推动 DRP 研究人员和开发企业进行更深入的理论研究、推出更适用于跨国企业的 DRP 系统。

3.4.2 非跨国型大企业

非跨国型大企业作为各个产业链的中坚力量，对数据资源开发利用的程度将决定数字产业链及数字生态构建的成败。这类企业的数据治理虽不及跨国企业复杂，但面对日益增长的数据量和业务需求，建立完善的 DRP 也是必不可少的。

这类企业在数据管理策略上，通常会把重点放在构建跨部门的数据共享机制上面。通过打破数据孤岛，实现数据的跨部门流动和共享，以提高数据的利用效率和业务响应速度。同时，为了集中管理数据和提供统一的数据服务，企业通常会建立数据中台，实现数据的统一存储、处理和服务化输出。

在数据利用方面，这类企业侧重于通过数据分析来优化业务流程和提升运营效率。同时，通过对市场和客户数据的分析，企业可以实现更精准的产品推广和客户关系管理，提高客户满意度。

1. 问题与困难

目前我国的非跨国型大企业的数字化工作还存在一些问题和困难，主要表现为以下几方面。

1）数据治理与业务战略脱节

很多大企业没有将数据要素开发纳入整体战略规划，缺乏明确的数据治理目标和计划，更多关注技术投入的短期收益而非企业经营模式的颠覆性创新。

2）数字生产关系尚未建立

造成数据孤岛的关键因素是旧的、条块分割的生产关系，所以企业必须要借助 DRP 通过技术创新来变革生产关系，以实现数据横向打通、纵向贯通。

3）数字化规划不是以激活数据要素为目标

许多企业特别是大中企业数字化转型早已起步，但往往还停留在信息化阶段，没有把激活数据要素、释放数据价值作为数字化规划的主要目标，对数字化的理解还局限在优化传统业务流程、降本增效，没有针对市场的数字需求，创新商业模式。

4）缺少数据资源规划 DRP 系统的支撑

目前市面上缺少支持 DRP 的软件系统，DRP 理念尚处于形成初期，相应的工具方法还未系统开发，企业自己摸索搭建相应软件系统的成本过高。

5）对数据资产的重视程度不够

大企业普遍已经开始重视数据，但对数据如何改变企业战略、商业模式、运营方式的思考还不够。尤其是对数据资产的开发方式，往往停留在"入表"这样的层面，还缺少用数据资产化驱动业务创新的方式方法。

2. 非跨国型大企业的 DRP 策略

非跨国型大企业的 DRP 工作需要从顶层出发，把企业发展战略与数据战略统一起来，建立基于 DRP 的企业整体数字化发展规划。同时，DRP 必须要考虑各业务板块、分支机构的特殊性，结合二级单位及业务部门的自身特性进行必要的内部差异化数据治理，从而设计一条切实可行的企业化 DRP 机制。

1）积极构建数字产业链

作为产业链的中坚，各个大企业要从行业数据标准制定、产业数字基础设施建设，到产业互联网可信底座搭建及信用机制建立等方面，积极构建数字产业链。从产业链价值提升的角度，把蛋糕做大，为企业的数字化转型奠定基础。

2）遵循集团化 DRP 原则

在满足数据安全合规要求的前提下，统筹管理全集团的数据资源与信息共享；统筹公共管理类系统及底层支撑型系统（如集团层面财务系统、OA 系统、邮件系统等）的数据收集，实现跨机构共享；在企业层面落实前瞻性的数字化发展策略，如以客户为中心、在线经营等，并统筹相关业务需求；随着企业化运作发展及企业机构自身发展阶段的变化，动态调整企业机构所适用的企业化数据治理模式。

根据企业化 DRP 原则，重新调整组织架构，设计数据规划部门的服务职能的责任配置，明确其与下属机构的权责分工；另外结合企业化 DRP 模型，从不同治理领域，分析总公司与下属单位的数字化运作机制和工作界面。

3）自主研发 DRP 的策略

大企业要从企业各业务领域的特点与战略重要性以及数字系统生命周期等多维度出发，制定相应数据平台实施策略，并根据不同业务板块和不同数字化系统生命周期阶段区分自主研发投入程度。

针对不同业务领域可采用如下自主研发策略。

专业特色业务领域 DRP 的研发：尽量采用完全自主研发方式，做到开发实施全过程的完全掌控；对具体的技术系统，可与数字科技公司合作，解决企业数字技术能力不足的问题。

核心业务领域 DRP 的研发：对于这类系统的规划设计工作要尽量自主研发，技术开发工作可以与数字科技公司合作，在系统实施和产品运维过程中要做好知识转移。

外围业务等非关键领域 DRP 的研发：可以考虑适度引入外部资源；采用合作研发或成品引入与定制化的方式，将有限的开发资源运用在对企业更具战略价值的产品和应用上。

3.4.3 中小企业

近年来，国家连续发布《中小企业数字化赋能专项行动方案》《"十四五"促进中小企业发展规划》和《中小企业数字化转型指南》等政策文件，对中小企业数字化转型作出了战略部署。国际数据公司（International Data Corporation，IDC）定义未来发展较好的中小企业一定是数据驱动、以客户为中心、高度自动化并通过不断实践和快速迭代提供创新解决方案的新型组织。企业 DRP 是指从数据采集、汇聚存储、数据开发、资产管理到数据服务的工作过程，它促进了数据开放、共享和交易，支撑企业创新和精细化运营，是实现数据驱动的前提、基础和保障，助力中小企业走"专精特新"发展之路，推动中小企业数字化转型，巩固和增强其在国民经济和社会发展中的重要作用。

现阶段广大中小企业对数据资源的开发利用往往还不系统，未能有效实现数据赋能。造成这一现象的一个重要因素，就是还缺少为中小企业开发数据要素价值的产业数据生态环境。中小企业是产业数据生态的重要构成、积极参与者，但往往不是产业数据生态的主导力量。针对中小企业自身，其在数据管理和利用上需要更加灵活和成本效益高的数据管理策略。

在数据资源规划策略上，中小企业注重灵活性和成本效益。它们通常会根据业务需求灵活调整数据开发策略，避免过度复杂化和不必要的投资。同时，为了弥补自身在数据利用和管理能力方面的不足，中小企业可能会寻求与专业的数据服务提供商合作，共同构建适合自己的数据解决方案。

如前所述，平台企业以产业链或产业生态为单位建设一体化 SaaS 数据资源规划体系，打造数字产业生态圈，可以为本行业中小企业提供 SaaS 数据平台运营服务，从而能有效破解中小企业"缺资金、缺人才、缺技术、缺工具、缺经验"等问题，推动数据要素在中小企业的快速流通和应用。

1. 中小企业数据治理存在的问题

（1）中小企业数据治理水平相对较低。

全国信息技术标准化技术委员会 2020 年 9 月发布的《数据治理发展情况调研分析报告》显示，受访企业中仅有 38.2% 有专门的数据治理规划，较少部分数据得到开发利用或没有开发利用的单位占比大于 80%，有独立部门开展数据治理工作的单位仅占 23.6%，建立了数据标准相关考核机制和考核指标并纳入日常工作绩效考核的单位占 23.6%，采用数据清洗工具的单位仅占 50.9%。

（2）缺乏适合中小企业的数据治理模式和工具。

目前市场上的数据资源管理工具，往往需要企业建设一套包括组织、制度、流程、标准、技术、工具在内的数据治理综合保障体系，工作复杂度高、技术难度大、投资成本高。对于数据治理平台的建设和运营，虽然企业通常是采购第三方产品，但自身的管理团队也需要掌握云计算、大数据、人工智能、区块链或物联网等新技术，这带来了建设成本、人力成本、存储成本、运行成本和风控成本的上升，因此不适合广大中小企业。

中小企业已意识到数据价值，愿以数据驱动业务发展和创新，但存在缺乏资金、数字化人才、技术工具和运营经验等痛点，无法按照"自主模式"推进数据治理。省钱、省心、省力、省时、安全的"运营服务模式"应是中小企业数据治理的最佳模式。

2. 中小企业的 DRP 策略

跨行业的不同企业在同一通用应用（财务／人力等），或同一行业的不同企业在同一专业应用上通常具有相同的数据格式和属性，可以共享数据治理标准、模型和算法等，这为开展平台型数据治理运营服务提供了契机。中小企业规模小，对数据治理服务商议价能力弱，而且担心数据外泄对业务发展造成不利影响，故可以在政府或核心企业统一组织下，以平台运营收入和政府补贴等形式激发行业龙头企业或数据服务提供商建设数据治理公共平台和数据即服务（Data as a Services，DaaS）平台，为中小企业提供优质高效、安全可靠、便捷廉价的数据治理运营服务，这是快速提高中小企业数据资源利用水平、建设产业数据生态的有效方案。

中小企业的数据平台系统建设模式通常包括三种：全 SaaS 应用、全自主建设、SaaS 与自建结合。

（1）模式一："分布式 SaaS"与"集中式 DaaS"相结合。

这种模式适用于"全 SaaS 应用"型的中小企业。可以以产业为单位建设一个全国集中的 DaaS 平台，与本产业所有的通用应用和专业应用 SaaS 平台对接，打造"SaaS 数据治理运营商 +DaaS 数据服务商 + 企业"生态圈，为本行业"全 SaaS 应用"的中小企业提供数据治理运营服务，如图 3-9 所示。

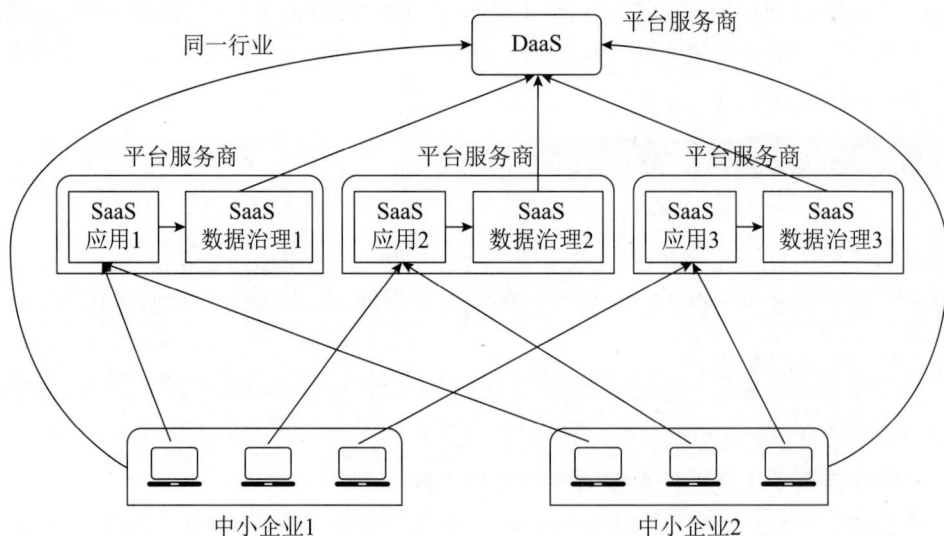

图 3-9 "分布式 SaaS"与"集中式 DaaS"结合模式

SaaS 数据治理运营商：负责平台投资、研发、建设、运行维护和数据治理，并将数据服务能力在 DaaS 平台上商品化，保障全程数据安全。

DaaS 数据服务商：由中小企业主管部门确定，负责平台投资、研发、建设、运行维护并牵头组织 SaaS 数据治理运营商实现平台对接。

企业：在 DaaS 平台上订购自身或所在行业的 DRP 服务，获得本企业或行业数据报告或可视化展示，支撑企业创新和精细化运营。

（2）模式二：集中式数据治理运营服务。

这种模式适用于"全自建应用"型的中小企业。以产业为单位建设"一个全国集中 + 多个区域集中"的 SaaS 数据治理平台体系，打造"平台开发商 + 平台运营商 + 专业化服务商 + 企业"的数据治理生态圈，为本行业"全自建应用系统"的中小企业提供数据治理运营服务，也适用于无条件自主开展数据治理的大企业，如图 3-10 所示。

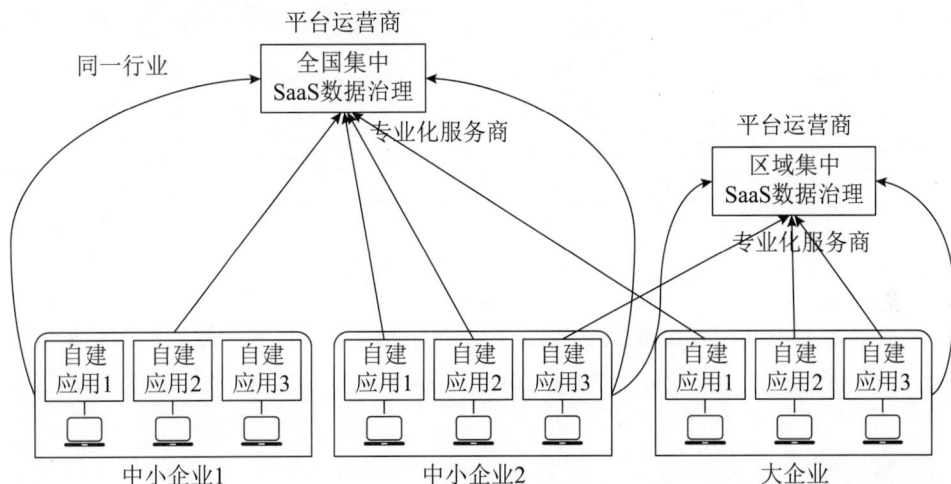

图 3-10　集中式数据治理运营服务模式

平台开发商：负责平台的研发、安装和技术支持。保障平台具有完备的数据治理能力和全程数据安全机制。

平台运营商：负责平台的投资建设、运行维护、资源整合、商业模式设计和业务拓展等。该角色是生态圈的核心，须拥有完备的数字化人才、技术、经验和雄厚的资金，由行业龙头企业或电信运营商等大型的数据服务提供商担任。

专业化服务商：负责数据标准制定、数据治理能力产品生产及电商化和定制化服务等。制定细分行业和专业的数据标准，设计并实现数据模型和算法，生成公共数据治理能力。

企业：针对市场需求负责完成具体的数据治理操作。完成自有原始数据采集配置，创建不同数据权限用户账号，订购数据治理产品，生成数据资产并管理，形成数据服务能力。

（3）模式三：混合式数据治理 +DaaS 数据聚合。

对于"兼有 SaaS 应用和自建应用"的企业，可以分别采用数据治理模式一和模式二进行数据治理，再在 DaaS 平台实现数据聚合。将模式二的 SaaS 数据治理平台与 DaaS 平台对接，形成"DaaS 平台 +SaaS 应用型数据治理平台 + 自建应用型数据治理平台"一体化 SaaS 数据治理运营服务体系，如图 3-11 所示。

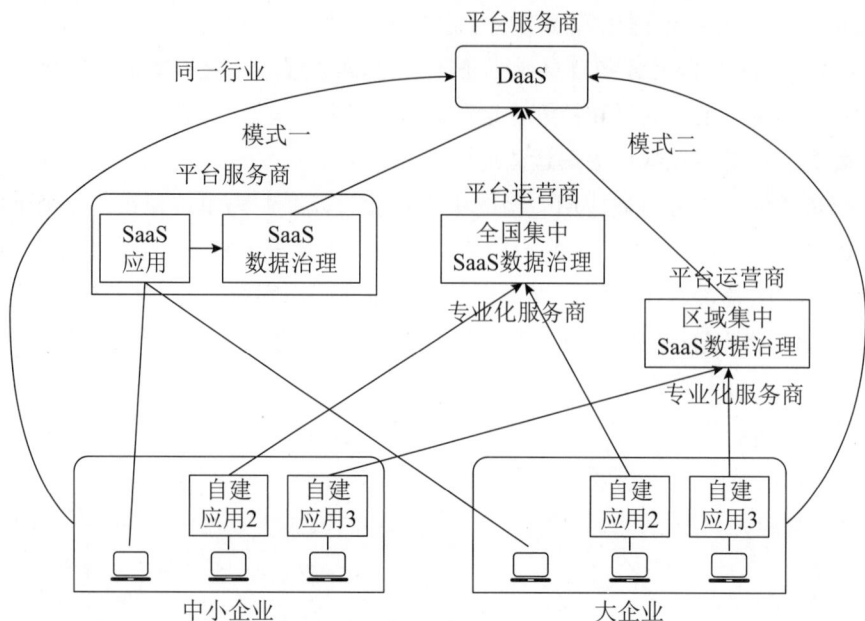

图 3-11　混合式数据治理 +DaaS 数据聚合模式

上述数据治理模式需在产业数据生态高水平发展以及相对完善的数据体制机制保障下才能全面快速推进。

3.5 小结 >>

本章首先介绍了企业架构及数据模型的基本概念，在此基础上通过分析数字时代的特点与需求，提出了数字化企业模型。然后详细描述了 DRP 的总体框架，并从业务数据化、数据资源化、数据资产化及数据产品化四个层次具体分析了框架中的各个功能模块。最后从三种不同规模的企业角度，分别分析了它们对 DRP 的不同需求及各自的实现策略。

本章案例 //////

中电建建筑集团从 2007 年开始进行项目管理信息化 1.0 建设，通过 17 年的积累，沉淀大量预算、成本、采购、生产等数据，从 2019 年开始，该集团提出向数字化企业转型，要求集团管理以数字化为手段向下延伸到项目现场。同年该集团搭建了企项融合智能建造数字化平台，将原来离散在各个项目端的数据和系统统一规划、统一建设。

企项融合的本质是从企业到项目的"数据—流程—业务"贯通，达到"集中风控，业务溯源"的目的，而企项融合最好的手段是数字化、智能化，从而减少融合的人工成本，降低难度。集团通过建立企业模型，确立了三大中心建设来落地企项融合。

生产指挥调度中心：面向生产部门及岗位，以进度管理为核心，进行"人、设、物、环"的溯源分析，如通过将企业端进度资源联动关系模板库下发继承到项目，通过人员的实名制信息采集分析劳动力投入与实际的偏差；通过北斗定位分析施工作业面劳动力分布问题；通过智能地磅、移动 AI 等方式结合智能仓储分析物资消耗及结存；通过物流跟踪分析在途车辆及物资运输影响进度的风险；通过气象及环境监测分析进度延期预警风险；通过视频监控。AI 算法来监测实景进度情况；通过对进度的影响要素分析，找到根因并及时纠偏。

数字综合控制中心：面向技术部门及岗位，以 BIM 为核心，将企业端项目管理数据加载在 BIM 模型中，包括预算、成本、合同、产值等数据，并结合智能建造现场端的"IOT、AI、GIS"数据，通过数字孪生可视化手段展示数据，并将风险预警信息加载，在模型上直观反映出来，结合视频喊话、指挥型安全帽等手段来进行现场调度控制。

安全环保监控中心：面向安全部门及岗位，以双防为核心，将企业端 HSE 管理平台的风险及隐患清单数据同步到项目，并且在项目部完成风险分级管控、隐患排查治理过程，结合智能建造现场端深基坑、高支模监测数据，临边及脚手架监测技术实现安全隐患的自动识别预警；利用安全教育手段实现劳务工"线上 + 线下"一体化安全教育；并且利用 AI 智能视频巡检来预警现场人员不安全施工行为数据；通过水电监测数据来反映项目部能耗情况，利用节能终端来降低能耗。

第二篇 DRP的技术基础

第4章 DRP 的技术框架

DRP 面向企业所在产业链（产业生态）中的数据要素市场，解决企业内外部的数据资源规划、管理、开发、运营等问题，因此需要建立完善系统的数字技术框架。DRP 的技术框架是基于算力网等数字基础设施，集成了大数据、人工智能、区块链、产业互联网等先进数字技术的系统平台。

4.1 新质生产力是 DRP 的根本推动力 >>

2023 年 9 月，习近平总书记在黑龙江考察期间提出"新质生产力"概念，他指出：要整合科技创新资源，引领发展战略性新兴产业和未来产业，加快形成新质生产力。中央提出要以科技创新推动产业创新，特别是以颠覆性技术和前沿技术催生新产业、新模式、新动能，发展新质生产力。新兴数字科技是新质生产力的重要代表，是数字经济产生和发展的基石。DRP 的使命就是要充分利用新质生产力，站在数据要素市场的角度，以产业链为单位，考察链上数据资源的一体化运营，通过数据产品化和产品数据化，利用产业互联网等工具开发企业数据资源的潜在价值，实现整个产业链的数字化转型升级。

4.1.1 新质生产力

2024 年 1 月，习近平总书记在中共中央政治局第十一次集体学习时首次对新质生产力作出系统阐释："概括地说，新质生产力是创新起主导作用，摆脱传统经济增长方式生产力发展路径，具有高科技、高效能、高质量特征，符合新发展理念的先进生产力质态。"实践表明，数字经济时代涌现的大数据、人工智能、云计算等深刻改变了生产要素的构成，空前拓展了国民经济的业态结构，强力重塑了生产的动力结构，必然催生出新质生产力。习近平总书记提出的新质生产力是一个全新的概念，是对马克思主义生产关系理论认识的全新突破，不仅意味着新时代高质量发展实践需要以科技创新推动产业升级，而且极具前瞻性地指明了未来我国产业发展的方向和经济发展的新动能，更进一步适应时代要求，把握新的发展大势，为中国高质量发展提供了理论框架，明确了发展内容，厘清了发展路径。

新质生产力的提出，深刻阐释了高质量发展范式的内涵、路径和结果，高质量发展就是依托新质生产力的发展。在新质生产力驱动下，经济社会发展的基本要素发生了改变，数据要素化和要素数据化使得各行业在需求侧要重新定义社会需求，在供给侧要重新定义产品、重构价值模型，进而形成社会经济系统的高质量发展模式。总之，新质生产力对我国高质量发展既具有理论指导意义，也具有实践拓展意义。有了新质生产力理论，高质量发展就有了明确的方向和清晰的实现路径。

随着新质生产力带来数据生产要素日益普及，新质产品具备了数据属性，数据应用可以贯穿传统的一、二、三产业进行流通和交易，使得农业、工业（建筑）、服务业在数字空间中的界限变得日趋模糊，各产业生态对于数据产品的需求具有一定的共性，进而使得数据产品交易逐渐成为一种新型产业，交易规模也在迅速扩大。在新质生产力发展进程中，所有的传统产品都需要具有数据属性，这就是"产品数据化"的过程。"新质产品"是实物产品（服务）与数据产品（服务）的叠加，也就是"新质产品＝实物产品＋数据产品"。新质产品的设计、生产、流通、服务都必须基于产业生态的内在需求展开，尤其是各参与方对数据属性的需求，需要在产业生态内，根据数据要素交易的特点重新进行规划设计，并与实物产品（服务）的全生命周期相配套。当然，新质产品也可以是单独的数据产品，这是企业的"数据产品化"过程。产品化了的数据才能在产业生态市场中流通和交易。具备数据属性的新质产品的生产需要 DRP 从设计到交付的全过程支持，包括面向数据市场的产品设计，面向过程实现数、物、人映射绑定的产品生产，面向多类对象的产品流通和交易。

新质生产力代表着科技进步和效率提升，具有创新性、高效性和前瞻性等特点，能够为企业带来新的商业模式和发展机遇。而传统企业往往具有丰富的行业经验和稳定、可靠的传统业务。传统产业需要在既有产业优势基础上，应用新质生产力，摆脱传统经济增长方式，实现数字化转型升级。企业实施 DRP 的目的就是建设新质生产力的运营系统，助力企业的数字化转型升级。

4.1.2 数字科技是新质生产力的重要构成

数字科技是指与数字技术相关的科学技术，它是新质生产力的重要构成，也是数字经济发展的主要技术领域。数字科技涵盖的内容很丰富，包括云计算、大数据、移动互联、物联网、人工智能、区块链、量子计算、脑机接口等。

从全球主要国家和龙头企业的数字科技创新实践来看，数字科技已成为各国经济发展竞争的角逐热点。一方面，各大科技巨头公司大多聚焦在数字科技的前沿领域，如谷歌公司的 AI、量子计算、知识自动化引擎技术；微软公司的云计算和大模型等。另一方面，这些科技巨头公司的创新又离不开数据科学，比如谷歌公司的 Waymo 无人驾驶，需要不断将数字科技与汽车的相关学科、技术、产业进行融合，实现无人驾驶领域从数据到领域知识的价值实现。

从政治经济学的角度来看，数字科技改变了劳动者的工作方式，与工业时代释放劳动力潜力不同，数字工具将极大释放劳动者的智慧潜能，劳动者的创造力会成为劳动价值的主体。数字科技也在改变传统的劳动资料，尤其是创造了大量模型和算法类的劳动工具，这些数字生产工具正在成为社会价值创造的主要工具。数字科技同时还改变了劳动对象，为传统劳动对象增加了数据属性的同时，也让数据成为新的劳动对象。

4.2 算力网是 DRP 的算力基础 >>

DRP 是以处理产业生态内的数据为基础建立起来的，没有强大的算力支持是无法实现的，而算力网是未来提供算力的重要途径。

4.2.1 算力

算力是通过对信息数据进行处理，实现目标结果输出的计算能力，其中包含五方面的内涵：一是计算速度，芯片、服务器、超算系统都反映这方面能力；二是算法，由大量数学家、程序员等进行开发和优化；三是大数据存储量，包含经过人类大脑和计算机处理、计算后产生的静态数据和动态数据；四是通信能力，体现在 5G 基站的数量、通信的速度、迟延、带宽、可靠性和能耗；五是云计算服务能力，包括数据处理中心的规模、服务器的数量等。

工业和信息化部的数据显示，近年来我国算力产业保持近 30% 的年增长率，算力规模仅次于美国，位居全球第二。截至 2024 年底，我国算力总规模达到 280 百亿亿次浮点运算 / 秒，存力总规模超过 1580EB（1 万亿 GB）。国家枢纽节点间的网络单向时延降低到 20 毫秒以内，算力核心产业规模达到 1.8 万亿元。

算力正在成为改变经济增长模式的一种重要方式，算力的规模也正在成为衡量一个国家经济增长幅度的重要指标。根据清华大学与互联网数据中心（Internet Data Center，IDC）共同编制的《2021—2022 全球计算力指数评估报告》，算力和经济增长具有很强的正相关性。算力指数每增长 1 个点，就可以带来约 1.8‰的 GDP 增长和 3.5‰的数字经济增长。截至目前，算力指数最高的国家是美国，第二是中国，随后依次是日本、德国、英国、法国等。

近年来，从国家到地方再到各类市场主体，都在大力推进算力资源布局建设，智算中心发展呈现算力的规模需求快速增加、围绕算法的服务模式持续完善、普适朴实普惠的服务生态逐步构建、绿色低碳的发展格局加速形成新趋势。全国目前有超过 29 个省市的近 100 个地级市正在建设或提出建设智算中心。智算中心的创新发展，有望成为带动人工智能及相关产业快速发展的新引擎。2024 年，我国智能算力规模达到 725.3 百亿亿次 / 秒（EFLOPS），超过通用算力规模；预计至 2028 年将达到 2781.9 百亿亿次 / 秒（EFLOPS）。

未来社会，信息化、数字化和智能化将会进一步加快。万物智联时代的到来，大量智能物联网终端的引入，人工智能场景的落地，将产生难以想象的海量数据。这些数据，将进一步刺激对算力的需求。根据罗兰贝格的预测，从 2018 年到 2030 年，自动驾驶对算力的需求将增加 390 倍，智慧工厂需求将增长 110 倍，主要国家人均算力需求将从不足 500 GFLOPS，增加 20 倍，变成 2035 年的 10 000 GFLOPS。

4.2.2 算力网

算力网（China Computing NET，C²NET）是利用新一代通信、网络技术，实现国家大型算力高速互联，构建资源方便接入、任务统一调度且具有可持续发展运营模式和机制的数字经济基础设施。

为满足国家级战略性重大计算任务与经济社会发展对算力的需求，我国启动了"中国算力网"研究计划。该计划目标是构建自主可控的国家算力网络体系，打造覆盖国家级智算中心、超算中心、数据中心等大型异构算力互联互通、协同调度与高效计算的算力基础设施。通过实施该计划，未来可以像建设电网一样建设国家算力网，像运营互联网一样运营算力网，让用户像用电一样使用算力服务。

我国的智算网络已于 2022 年 6 月正式上线，以"鹏城云脑"为枢纽节点，跨域纳管了 20 余个异构算力中心，汇聚算力规模超 3E FLOPS。初步满足粤港澳大湾区数字经济与智能产业发展急剧增长的超大规模算力需求。2023 年 12 月 16 日，中国算力网（西部）调度平台发布，西部运营中心正式成立。2024 年 6 月，中国算力网粤港澳大湾区算力服务平台正式上线。

算力网建设的技术难点还有很多，以下列举几方面。

算力统筹与调度：实现全网算力统筹、统一任务编排与资源调度，提高算力资源的利用效率。

数据与生态协同：促进数据与生态的协同共享，形成绿色集约的算力布局。

泛在算力协同：未来汇聚多种社会算力，形成更加泛在的算力协同，并通过全网的算力交易流通，弹性满足全网范围内的算力需求。

算力网作为新基建的核心资源，将成为支撑数字经济、数字社会和数字政府发展的技术底座。算力网从科研创新、应用孵化、产业汇聚、人才发展等多方面助力产业的数字化转型。同时，通过"东数西算"工程，实现算力资源的优化配置，降低能耗，提高我国算力领域能源的综合利用效率。

当前，各大运营商、通信厂商和学术机构均对算力网开展了一系列研究。中国电信研究院认为，算力网络是一种通过网络分发服务节点的算力、存储、算法等资源信息，并可结合网络信息（如带宽、时延），针对客户的不同类型需求，提供最佳的资源分配及网络连接方案，从而实现整网资源的最优化使用。

中国联通认为算力网络是云化网络发展的下一个阶段，应具备联网、云网与算网三方面的技术元素。图 4-1 是《中国联通算力网络实践案例》中所展示的算力网络架构，中国联通将算力网络按照功能区分为四个域，分别为接入网络域、算网网关域、算网承载域和数据中心域。

中国移动提出的算力网络是以算为中心、网为根基，网、云、数、智、安、边、端、链等深度融合、提供一体化服务的新型基础设施。算力网络未来将实现"算力泛在、算网共生、智能编排、一体服务"，逐步推动算力成为与水电一样，可以"一点接入、即取即用"的社会服务，达成"网络无所不达、算力无所不在、智能无所不及"的愿景。根据中国移动研究院《算力网络白皮书》，中国移动将算力网络体系架构从逻辑功能上分为算网基础设施层、编排管理层和运营服务层，如图 4-2 所示。

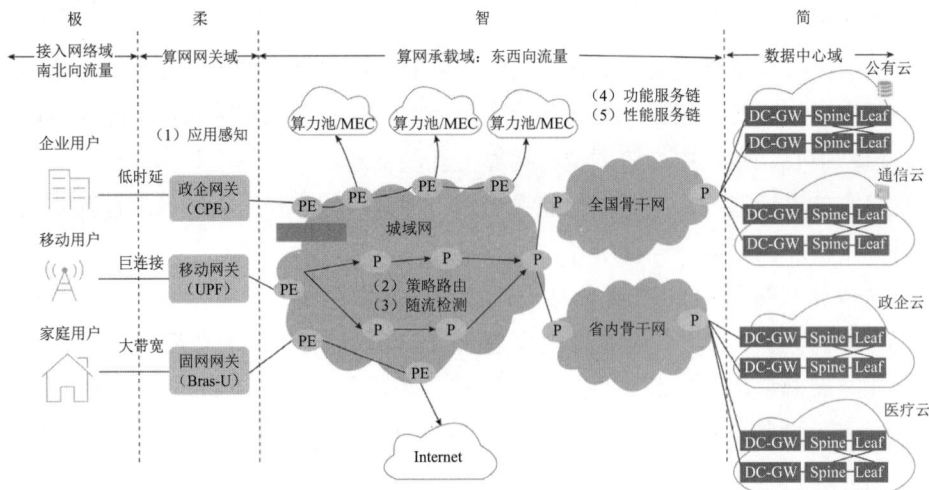

图 4-1　中国联通算力网络架构

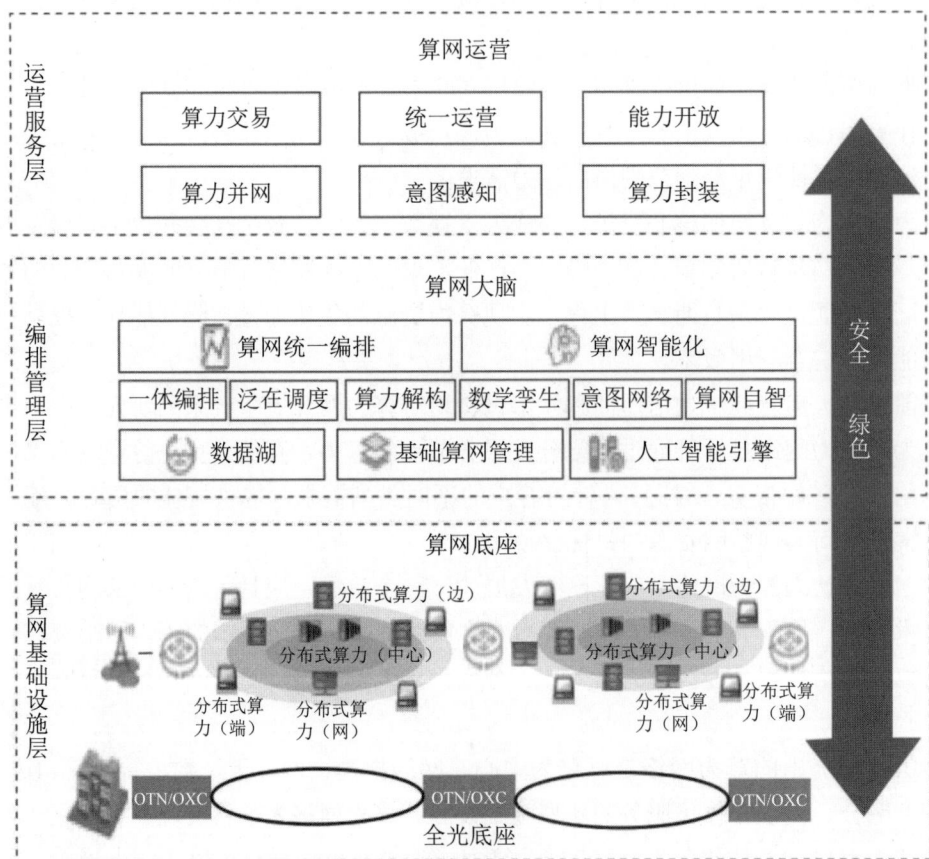

图 4-2　中国移动算力网络架构

2022 年我国"东数西算"工程正式全面启动，宏观上看，"东数西算"工程就是算力在全国网络的统筹和调度过程。微观上，算力网络需要确认各个用户的算力需求，灵活整合"云＋边＋端"等各处算力资源，实现全网算力实时调度匹配。

4.2.3　DRP 与算力网

DRP 应用算力网来充分发挥数据要素的价值，以推动企业的数字化转型。

弹性计算资源：算力网提供了弹性计算资源的能力，DRP 可以根据需要动态调整计算能力。这使得 DRP 能够根据不同的项目和需求，灵活地扩展或缩减计算资源，从而更好地应对市场变化和客户需求。

大规模数据处理：人工智能大模型需要大规模的计算能力来进行训练和推理。算力网可以提供 DRP 所需要的高性能计算资源，帮助 DRP 进行快速而高效的数据处理，加速人工智能模型的训练和推理过程，从而提高生产效率和产品质量。

成本优化：算力网通常采用按需付费的模式，DRP 可以根据实际需求使用计算资源，并根据使用量支付费用。这种按需付费的模式可以帮助企业优化成本，避免过度投入计算资源，同时确保所需的计算能力可用。

4.3　DRP 技术框架

DRP 涉及数据采集、传输、存储、加工、流动、分析、应用的整个生命周期，技术领域包括了计算、存储、网络、软件工程和网络安全等方面。此外，5G 通信、云计算、大数据、人工智能、区块链等各种新兴技术的发展，都对 DRP 的发展起到了重要的推动作用。

可以将支持 DRP 的数字技术划分为三类：承载支撑技术、融合创新技术和核心应用技术，如图 4-3 所示。

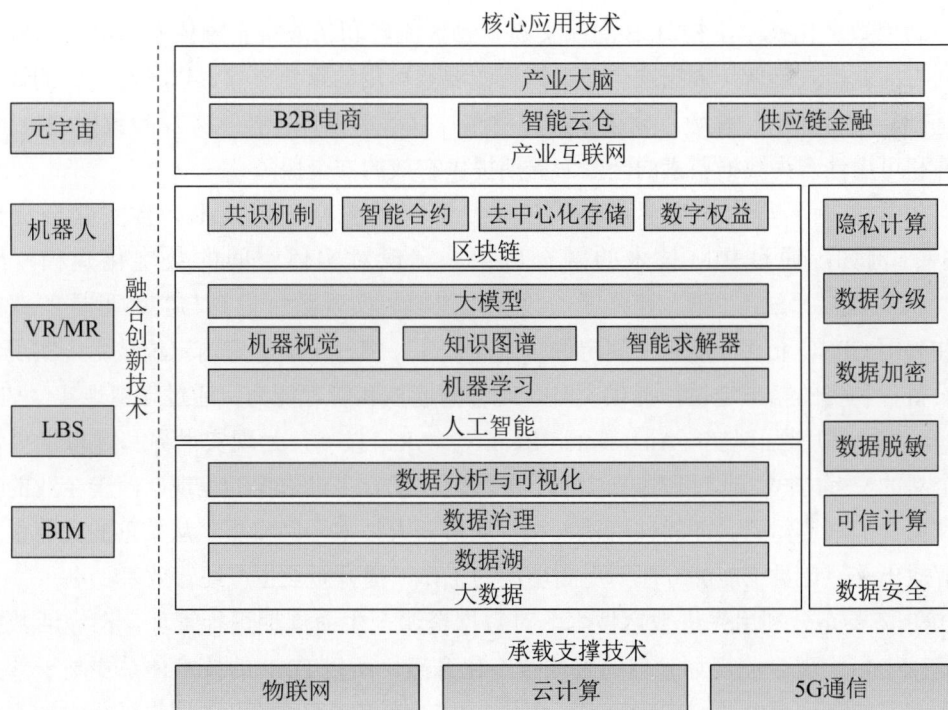

图 4-3　数字技术分类

物联网、云计算、5G 通信等作为重要的承载支撑技术为 DRP 提供底层的连接能力和计算能力。其中，物联网技术实现了网络通信从对人的连接向万物互联跨越，通过对设备、物资、环境的泛在、低成本的数据采集，帮助企业能够获得海量数据，并在数据中洞察新的价值。云计算改变了企业获得计算和存储能力的方式，降低了 IT 硬件和软件的投资和维护成本。通过公有云、混合云或者私有云的建设，企业能够根据实际业务需求来调节计算和存储资源，为 DRP 提供了数据存储、计算的强大平台，也提供了更多灵活的开发工具和应用服务，降低了数据开发利用的成本。而 5G 通信技术以超高速、低时延、大连接为主要特点，这些特性使 DRP 更快速地收集、传输和处理数据。5G 网络在工厂、园区、港口、矿山的部署与应用，可以更好地监测现场设备的机器运行状态，感知现场环境的变化情况，通过远程协助、虚拟现实等交互手段改变工作人员的工作方式。

大数据、人工智能、区块链、产业互联网和数据安全技术，贯穿 DRP 的方方面面，支撑了企业数字化转型发展。大数据为企业提供了数据"汇""存""管""算""用"的各种能力，通过对海量的、多样化的、价值密度低的数据进行入湖存储，精细化治理和价值分析，提炼数据的有效价值。人工智能技术以机器学习为核心，通过机器视觉技术来获取外部图像视频中的信息，通过知识图谱来沉淀领域知识，通过求解器来支撑智能决策，目前人工智能已经来到了多模态大模型的时代，结合行业领域数据，赋能垂直应用场景。而区块链是实现数据确权和数据交易的重要支撑手段，是构建可信数据空间的关键底层技术。区块链以去中心化的共识机制为基础，通过智能合约实现公开、透明的业务处理，通过数字权益凭证来支撑数据资产的确权与交易。产业互联网则通过数据流贯穿商流、物流和资金流，利用数字化技术重构 B2B 商品交易、物资流转和供应链金融体系，实现高效的产业协同与商业模式创新。数据安全是数据资源要素可用的重要支撑，以参与实体的计算可信为基础，结合加密、脱敏、分级分类和隐私计算等数据保护技术来保障数据的机密性、完整性和可用性，为数据要素的全生命周期提供有效的安全保障。

作为数字世界与实体世界的重要纽带，新兴的融合创新技术为数实融合提供有力支撑。例如，通过 BIM 技术的融合应用，实现对实体空间的数字化建模，结合"人""机""料""法""环"等要素的数字化建模，实现数字世界与实体世界的双向映射，并利用 GPS、北斗导航等空间定位技术和蓝牙、惯性导航等室内定位技术，实现对人员、设备、物资的精准定位，提供实时、动态的监控和管理能力。通过虚拟现实（Virtual Reality，VR）和增强现实（Augmented Reality，AR）技术，为现实世界和虚拟世界访问提供全新的交互方式，通过还原真实的业务环境，配合多维数据的呈现，改善企业的生产活动和用户的消费体验。而软件机器人和工业机器人技术，则将员工从繁重的底层重复劳动中解放出来，让员工能够专注于更高层次的工作，提升企业生产经营效率。

DRP 需要充分利用先进数字技术，对数据资源全生命周期进行管理，在激活数据要素的基础上，实现企业规划管理的整体数字化升级。所以 DRP 的技术体系要基于数据从收集到销毁的全生命周期，按照数据资源化、资产化和产品化的业务逻辑进行设计。大数据、人工智能、区块链、产业互联网和数据安全技术等都是 DRP 的关键技术，如图 4-4 所示。

以数据分级分类、数据脱敏与加密、零信任及隐私计算等为代表的数据安全技术为 DRP 提供了数据全生命周期安全底座；可信计算、去中心化身份验证、分布式存储等数据安全技术及以产业大脑为代表的产业互联网技术为 DRP 提供了产业互联网可信底座。

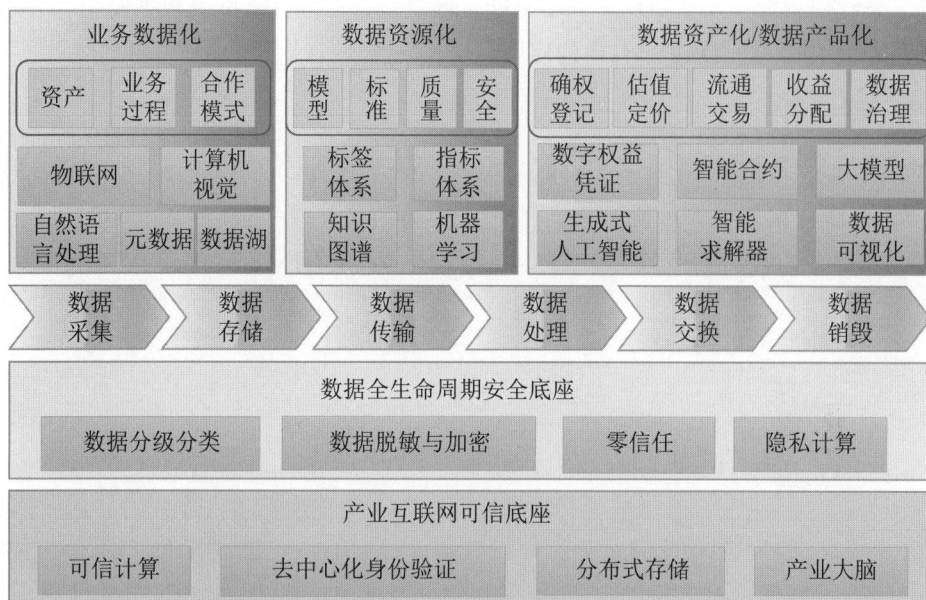

图 4-4　DRP 技术框架

业务数据化阶段包括资产数据化、业务过程数据化、合作模式数据化等方面，涉及企业数据的客观采集和数据的安全存储等过程。资产数据化需要利用产业互联网可信底座提供的去中心化身份验证技术、分布式存储技术等分布式共识系统来实现实物资产的电子化，用数字形式展现企业各类资产的原生信息和全量信息。业务过程及合作模式的数据化需要依托物联网及产业互联网等技术，对企业内部业务流程及企业间业务流程各环节的数据进行采集、整理，形成供进一步分析利用的数据资料，同时利用自然语言处理及计算机视觉等人工智能技术将企业业务中的语言及图像等信息转换为数据，并通过元数据、数据湖等大数据工具进行整合和存储。

数据资源化阶段包括从数据存储到数据处理的过程，是将数据加工成为可用资源的主要环节。DRP 对数据模型、数据标准、数据质量和数据安全的管理是数据资源化阶段的重要工作内容，以确保数据的准确性、一致性、时效性和完整性。包括标签体系、指标体系在内的大数据技术，以及数据分级分类和数据脱敏与加密等数据安全技术，是数据资源化的重要支撑。DRP 通过机器学习、知识图谱等人工智能技术洞察规律、沉淀领域知识，形成企业可用的数据资源。

数据资产化及数据产品化是实现数据价值的关键阶段，涵盖了从数据处理到数据销毁的过程。DRP 需要在此阶段基于产业互联网可信底座，利用区块链技术实现数据资产的确权登记、估值定价、流通交易、收益分配和数据治理。面向数据要素市场的数据资产和数据产品需要利用智能合约、数字权益凭证来匹配建立在可信底座之上，利用可信计算、IPFS 分布式存储和去中心化身份验证等技术实现的数据交易机制，并通过智能求解器、数据可视化、生成式人工智能及大模型等人工智能技术，为交易对象提供可靠易用的数据产品和服务。DRP 支持的数据资产确权、定价、交易机制在第 11 章会进行详细介绍。

接下来我们将分别从大数据、人工智能、区块链、产业互联网及数据安全等方面，具体讨论各种数字技术在 DRP 平台中的应用。

第5章 DRP 与大数据

最早将一系列数据处理技术用"大数据"这一概念进行整合的是全球知名咨询公司麦肯锡。在其 2011 年的报告《大数据：创新、竞争和生产力的下一个前沿》之中，麦肯锡宣称："数据，已经渗透到当今每一个行业和业务职能领域，成为重要的生产因素。人们对于海量数据的挖掘和运用，预示着新一波生产率增长和消费者盈余浪潮的到来。"

5.1 大数据——在数据世界里淘金 >>

在维克托·迈尔-舍恩伯格（Viktor Mayer-Schönberger）和肯尼斯·库克耶（Kenneth Cukier）所著的《大数据时代》一书中，利用 4V 对大数据的特征进行了表述：Volume（规模性）、Velocity（高速性）、Variety（多样性）和 Value（价值性）。

规模性指大数据的数据量特别巨大。通常认为数据规模达到 TB 级就可以称作大数据，而目前常见的大数据起始计量单位至少是 PB（1000TB）、EB（100 万 TB），甚至到了 ZB（10 亿 TB）的级别，已经远远超过了传统数据库和应用软件的处理范围。

高速性是指大数据规模的增长速度非常快，对时效性要求也非常高。例如，在流程工业的生产线上，会有数万个传感器进行毫秒级别的数据采集，而专家系统需要实时感知数据的变化情况，从而对设备进行精准的控制与分析。

多样性是指大数据包括的数据类型复杂多样。一般人们将大数据处理的数据类型划分为结构化、半结构化和非结构化数据三类。结构化数据是指具有明确的预定义的数据模型，每一行数据都有明确的含义，具有严格、一致的字段顺序，并遵循特定的数据格式和长度规范，结构化数据易于被应用程序解析和处理，关系数据库是最常见的结构化数据；半结构化数据是具有预定义的结构但也包含非结构化元素的数据，例如常见的 HTML 文档、JSON、XML 都是采用特定的标记来分隔语义元素，实现记录和字段的分层，都属于半结构化数据，相较结构化数据，半结构化数据具有较强的灵活性，并能够在一定的交互规范下实现互联互通，在互联网时代得到了普及和广泛应用；非结构化数据是没有预定义数据模型，一般直接存储为二进制文件的数据，常见的图片、视频文件、音频文件、文档文件等往往都属于非结构化数据。针对结构化、半结构化和非结构化数据，需要不同的存储方式和处理方式，也给大数据分析应用带来了更高的要求。

价值性是指大数据的价值密度相对较低，需要不断地挖掘和"提纯"才能真正获取到有价值的数据。但是，从大数据里获得的价值也并非一成不变，针对不同的业务方向，在同一份数据中可能获得不同的价值，利用不同的算法和模型、增加额外的数据集，也可能发现新的应用场景。

大数据之大有三个要点：静态之大、动态之大和运算之后叠加之大。一是数据量大，例如，大英博物馆的藏书能全部以数字化的形式存储。二是实时动态变量大。每一秒、每一分钟、每一小时、每一天，数据都在产生变化。全球 70 亿人有六七十亿部手机，这些手机每天都在打电话，每天都在计算，每天都在付款，每天都在搜索。所有的动态数据每天不断叠加、不断丰富、不断增长。"量变会引起质变"，就像累积 60 张静态照片可以形成一秒的实时电影，大量静态数据的存放也会不断更新、累积，形成新的信息。三是数据叠加处理后的变量之大。人们根据自身的主观需求，对动态和静态的数据进行处理分析、综合挖掘，在挖掘计算的过程中，又会产生新数据。

大数据若要转换为有用的信息、知识，则需要消除各种随机性和不确定性。数据在计算机中只是一串英语字母、字符或者阿拉伯数字，可能是混乱的、无序的。如前所述，数据应用一般有三个步骤：数据——信息，信息——知识，知识——智慧。

信息和知识是辅助决策系统，它们帮助人做出决策，人根据机器做出的决策实施，这就是智能化的过程。所谓大数据支持人工智能，就在于从杂乱无章的数据中提取信息，从信息中归纳出知识，通过知识的综合做出判断，这就是大数据智能化所包含的三个环节。

在大数据里发现数据价值，就如同在长河里淘金，需要有好的手段和工具。数据湖、元数据、指标体系、标签体系和数据可视化就是大数据里常用的技术。

5.2 数据湖——数据资源的天然水库 >>

20 世纪 80 年代，随着计算机和软件技术在企业中的广泛应用，烟囱林立的信息孤岛也给企业数据集成和信息分析带来了很大的挑战。1988 年，为解决全企业集成问题，IBM 公司第一次提出了"信息仓库"（Information Warehouse）的概念，将其定义为："一个结构化的环境，能支持最终用户管理其全部的业务，并支持信息技术部门保证数据质量。"到了 1991 年，比尔·恩门（Bill Inmon）出版了第一本有关数据仓库的书籍，奠定了数据仓库建设的理论基础。

数据仓库是一种分析型数据库，以数据处理分析为目的进行数据的存储和处理。数据仓库的主要数据来源是其他数据库，且在数据进入数据仓库之前必须进行数据加工和集成。

为了保证数据仓库的可用性，企业往往采用分层架构的思想来构建整个数据体系。按照自下而上的顺序，数据仓库一般分为数据基础（Operation Data Store，ODS）层、公共维度模型（Common Dimensional Model，CDM）层和数据应用（Application Data Service，ADS）层。其中，ODS 层来自各个业务数据库的数据，经过 ETL 工具处理，进入 ODS 层进行保存，ODS 层保证了整个数据仓库基础数据的非易失性。CDM 层通过提供标准化、共享的维度模型，为数据分析提供便利，CDM 层又可划分为数据明细（Data Warehouse Detail，DWD）层和数据汇总（Data Warehouse Summary，DWS）层两个子层。ADS 层用于保存结果数据，并为上层应用提供查询接口。

为了满足各个层面业务洞察和决策支持的需要，数据仓库的数据模型设计至关重要，涉及指标、关系、维度等各方面。另外，数据所涉及的业务含义十分复杂，企业数据人员对业务领域知识的认知不足，也给数据仓库的搭建和利用带来了很大挑战。再加上互联网时代的到来，使得非结构化数据与半结构化数据大量出现，传统数据仓库已经很难满足"大数据"时代数据分析的使用要求。在这样的背景下，数据湖技术应运而生。

2010 年 10 月，Pentaho 的创始人兼 CTO 詹姆斯·狄克逊（James Dixon）在纽约 Hadoop World 大会上第一次提出了数据湖的概念。相比数据仓库如同干净的、打包好的、分门别类的水，他认为数据湖是原生态的、未经处理的水资源，各个源头的数据都可以流入数据湖中，而不同部门、不同领域的用户也可以获取和处理这些数据资源。

作为大数据时代一种新型的数据架构方法，数据湖强化了以自然格式存储各类原始数据，因此数据湖具有很强的包容性。

相比数据仓库，数据湖具有以下几方面的优势。

首先是多源汇聚。数据湖可以容纳来自不同源头、各种形式的数据，在数据湖的底层保留了原始数据的完整格式，不需要提前进行任何处理或结构化，所以只要数据湖"挖"得足够大，就可以汇入任意来源、任意类型的数据资源。也正因为数据湖不会对数据做任何的转换、清洗和加工处理，就为数据的多次加工、不断精细化提纯提供了可能。

其次是异构存储。为了满足多样化数据的存储要求，数据湖往往采用异构的存储方式，同时支持如 HDFS、HBase、Hive 等。对于用户关注度高且访问频繁的热数据，数据湖往往会采用高性能的存储系统，以满足数据实时读写需求。而对于数据量大、访问频率低的冷数据，则会采用 HDFS 等低成本的存储方式，从而优化存储成本。

最后是流批一体。为了满足实时计算和大规模批量计算的不同要求，数据湖往往会集成批处理、流处理等不同的计算引擎，从而通过统一的架构面向不同业务需求提供强大、灵活和实时的数据处理分析能力。针对实时数据流，数据湖往往会采用 Apache Flink 等流处理框架，以微秒级低时延高效地处理数据；而面向大规模的历史数据，往往采用 Apache Spark 等批处理框架，通过将数据分成小块进行处理，从而实现大规模数据处理。

DRP 在业务数据化阶段的主要任务是从企业内部和外部渠道尽可能完整、丰富、详尽地收集各种类型的数据，这必然需要数据湖等新型数据存储技术进行支持。

5.3 元数据——构建数据世界的资源地图 ▸▸

元数据，被称为"描述数据的数据"，是用于描述数据的来源、含义、位置、度量衡、创建者等相关含义的数据。

例如，当大数据平台采集到一张照片时，它的大小、分辨率、颜色深度、光圈、景深、创作者、拍摄时间、地点等都是可以采集到的元数据信息。这些信息有助于对图像进行分类、组织、标记、排序和搜索。按照不同的领域功能，元数据包括技术元数据、业务元数据、管理元数据等类型。

其中，技术元数据主要用于描述在数据湖或数据仓库中对数据的处理细节，如数据源信息、数据转换信息、库表内的数据对象和组织结构、从源数据到目的数据的映射关系等。有了技术元数据，就可以清晰地了解数据湖中的资源情况、变化情况，同时对数据的清洗规则、库表结构进行及时调整，以满足不断变化的数据应用要求。

业务元数据是指与特定业务相关的数据及对其关系的定义，例如客户名称、地址、联系方式、信用评级等都可以作为客户信息业务元数据的组成部分，产品名称、型号、规格、价格等则可以用来定义产品信息的业务元数据。业务元数据有助于业务人员和数据人员更好地理解业务，实现从业务实体到数据模型的映射以及在数据中挖掘业务的价值。

管理元数据主要用于描述数据的管理属性，如管理部门、管理责任人、安全级别、使用许可等，管理元数据更多地从数据质量和数据安全的视角来看待大数据，对数据的版本控制、质量体系和访问权限具有重要的意义，也是数据安全管理的重要基础。

在大数据治理与数据分析的过程中，数据与数据之间形成了复杂的关系，这些关系可以类比为人类的血缘关系。而元数据就可以很好地描述出数据之间的血缘关系，通过业务元数据描述不同数据之间的业务关联；通过技术元数据来描述数据从生产到废弃的全加工过程；通过管理元数据来规范不同数据的管理和操作权限、厘清数据责任。

通过对各类数据元素和它们之间的血缘关系进行可视化展示，能够建立企业的数据资源地图。数据资源地图是 DRP 的重要组成部分，能够对 DRP 平台中的数据资源进行全面、多维的展示与分析。

5.4 指标体系——利用数据构建全面、及时的体检报告 >>

指标体系是由一系列相互关联、相互作用的指标所组成的系统。这些指标可以是数量化的，也可以是描述性的；每个指标可以独立发挥作用，同时这些指标之间又存在着密切的联系。

在实际的生产经营活动中，会面临各种各样的指标，比如利用毛利率、净利率、营收增速等来衡量企业的盈利能力；利用客户满意度、客户留存率、新客获取率来衡量企业的客户价值和市场竞争力；利用库存周转率、生产效率、良品率等衡量企业的内部运营能力和效率；利用员工满意度、员工流失率、培训投入等来衡量企业的人才储备和组织能力。

在 DRP 中，指标体系扮演着非常重要的角色。

利用指标体系能够统一衡量标准，有助于各领域之间的数据对比和分析。例如，领先的制造企业会利用指标体系进行全过程的成本分析、成本还原，来分析不同产品、不同车间、不同人员的生产成本与效率，通过对标显差，来提升整个企业的生产运营效率。

利用指标体系可以构建直观的管理报表，提供直接的决策依据。指标体系能够按分钟、小时、日、周、旬、月、季度、年等不同的时间维度进行统计，按照从企业到个人的不同组织维度进行下钻，从而为不同层面的管理者与决策者提供有力的决策依据。利用指标体系构建管理报表，可以及时的反映业务运营情况。

利用指标体系可以进行预警，发现业务的潜在风险。通过在指标体系中设置预警阈值，可以及时发现如不良率突然增加、库存水位异常等业务异常风险，通过及时预警和告警，帮助企业进行及时的风险诊断。如果某个关键指标不佳，可以通过指标下钻的方式，利用指标间的相互影响关系，发现问题的根本原因，并采取相应的措施来改善。

在 DRP 中，构建指标体系是一个系统性的工程，一般采用自上而下的方式建立指标体系。

一是明确构建指标体系的目标，以业务目标为驱动，明确指标的覆盖范围。假如你是某企业的采购经理，那么确保原材料供货及时率和质量，降低采购成本，就是核心工作目标。

二是确立与业务目标相关的关键绩效指标（Key Performance Indicators，KPI），KPI应该能够反映业务目标的状况和发展趋势，并且应该是可量化、可操作的。在采购活动中，质量、成本、交期、服务、技术、供应商评价等都会作为 KPI，全面评估采购活动的效果和效率，为优化采购策略奠定基础。

三是制定 KPI 的计算规则，制定每项指标的定义、计算方法和数据来源，对于描述复杂业务的复合指标还需要通过拆分成基础的原子指标，来保障统计口径的统一性。作为采购活动的关键指标，采购成本涉及订货成本、物资材料成本、存货成本及缺货成本等，其中物资材料成本又包括了购买价款、相关税费、运输费、装卸费、保险费等与购买原材料部件相关的全部费用，只有明确每个指标的定义和计算规则，才能够得到科学合理的采购成本指标。

四是明确指标涉及的每个数据源的采集对象、采集频率和数据处理规则，确保数据来源统一可靠，数据处理科学合理。例如，对于运输费数据的采集最直接准确的方式是通过运输公司或者三方物流获取数据，但这种方法需要与多个运输公司进行协调和数据对接，获取难度较大。折中方式是根据运输距离、运输方式（如陆运、海运、空运等）、运输时间和货物类型对运输费用进行估算，这种方式虽然与实际的运费有一定偏差，但对都采用相同计算规则的多次采购活动，可以公平地分析运输费用对物资材料成本以致整个采购成本的影响。

五是基于指标体系构建可视化报表和预警体系。利用报表结构，对关键指标按时间、部门、业务类别等维度进行统计和展示，同时建立每个指标的预警阈值，对指标异常情况进行预警。通过图表、图形等方式，对报表进行可视化展示，使得报表更加易于理解，更好地指导业务活动。

六是结合实际业务，对指标体系进行及时的调整和优化完善。指标体系投入运营后，要根据业务实际规则不断调整和完善，同时随着企业信息化、数字化水平的提升，也可以用更精确的数据源来替代以前的计算规则，保证指标体系能够持续满足业务发展需要。

指标体系是 DRP 中数据资源化的重要抓手。通过指标体系的构建，可以利用数据资源帮助企业打造实时、动态的体检报告，及时发现企业各个业务板块、长中短经营周期的业务风险，支撑企业科学决策。

5.5 标签体系——构建实体的数字画像 >>

在 DRP 中，标签是一个重要的组成部分，用来描述或分类某实体的属性、行为、需求等特征。通过对某个实体的属性及行为进行抽象和聚类，可以为这个实体贴上总结概括性标签或者指数标签。标签的运用，增加了数据分析的维度，极大地改进业务决策和运营效率，可以说，数据的价值很大程度是由标签赋予的。DRP 构建的标签体系维度及数据对应标签的准确度，决定了企业挖掘数据资源的能力和最终效果。

5.5.1 标签的一般分类

一般来说，标签可以分为两大类：静态标签和动态标签。

静态标签是指不会随着时间及用户行为变化而变化的标签。这类标签常用于描述用户或者物品的基本属性，如产地、年份、品牌等，这些信息相对稳定和持久。

动态标签用来反映用户的行为或者物品状态变化的标签。例如用户对某一类产品的喜好、购买频率等，都会根据特定时间段内用户特定行为的变化而变化。如产品的购买人群年龄段、使用场景等，这类标签能够反映用户或物品的行为模式或趋势。

5.5.2 从标签的获取方式中分类

从标签的获取方式来看，一般分为事实标签、规则标签和预测标签。

事实标签是指直接从基础数据中获得的，用于定性或者定量描述实体属性的标签，通常与业务对象的属性和属性值保持一致，不允许新增或修改。例如"用户购买频率"标签就是通过统计用户一段时间内实际购买的次数而得出的。

规则标签是对数据加工处理后的标签，是属性与度量结合的统计结果。例如，我们根据用户购买频率标签，将六个月内没有复购的用户定义为"可能流失用户"，将每周都购买的用户定义为"忠诚用户"，就可以根据"用户购买频率"这个事实标签对用户进行进一步打标签。

预测标签是根据已有的数据和模型，对未来某个事件或结果进行预测的标签。预测标签需要将大数据技术与 AI 技术相结合，通过合适的机器学习模型训练，利用训练好的模型对新的特征数据进行预测。例如，在获得"可能流失用户"标签后，可能会选择一些促销活动，例如运费券、买赠等对可能流失用户进行针对性的促销，从而实现对用户的挽留。那么结合用户的消费潜力、品牌忠诚度、客户满意度等其他标签，可预测对用户促销成功的概率。对于打上"客户挽留率高"预测标签的客户重点开展促销活动，可以有效提升用户挽留的执行效果。

标签体系在数据资产管理和运营中发挥着重要的作用，特别在营销领域发挥着巨大的价值。以消费者运营为例，标签体系可以在以下几方面发挥重要作用。

一是可以帮助企业构建用户画像，精准地对每个用户的特征和行为进行描述和分析。通过给用户打上标签，从而全面地了解用户的性别、年龄、地域、兴趣爱好等信息，从而更好地总结每个用户的需求和偏好。

二是可以帮助企业实现个性化推荐。通过分析用户标签，企业可以结合用户的兴趣和偏好为其提供所需的产品和服务，从而提升销售的成功率，提高用户的满意度和忠诚度。

三是可以帮助企业对用户进行细分。通过给用户打上不同的标签，企业可以将用户分为不同的群体，从而更好地制定差异化的营销策略。在营销费用相对受限的情况下，可以针对重点用户群开展营销活动，从而提升营销活动的成功率。

四是可以帮助企业进行营销策略优化。如在企业考虑使用两种不同的营销方案时，可以在同一类标签的用户中进行 A、B 分组。对 A、B 分组的用户分别采用不同的营销策略进行推广，根据推广结果来评估哪类营销策略对上述画像的用户群更加有效。

五是可以帮助企业预测用户未来的购买情况，并针对不同的用户群开展不同的促销策略。如对可能流失的用户，预测采用多大的促销力度，能够实现用户挽留；预测哪些用户具有二次复购或者消费升级的可能，从而推销其他产品。

除消费者运营外，在供应商评价、产品市场竞争力等方面，都需要利用标签体系来开展数据分析。

5.6 数据可视化——让数据说话 >>

数据可视化技术是一种将抽象的数字和数据集转换为直观的图形或者图标的方法，从而使用户能够更容易地分析和理解数据。数据可视化是 DRP 向用户提供数据服务和数据产品的重要手段。

数据可视化技术的实现并不复杂，但如何将复杂抽象的数据转换为简洁明了的图像，就需要将数据背后的价值含义与人类的视觉感知、心理认知有效地结合起来，从而提供直观、准确并尽可能详尽的信息。

在各个业务领域中，不同的图表可以表示不同的含义。下面，对几种典型的可视化图表进行介绍。

5.6.1 折线图

折线图（Line Chart）通常用于显示数据随时间或其他连续变量的变化趋势。例如，在一个工程项目中，随着时间的变化，工程的进度、质量等信息也是连续变化的，如图 5-1 所示，可以用折线图来反映此类变化过程。

某公司工程项目进展情况

工程1 工程2 工程3

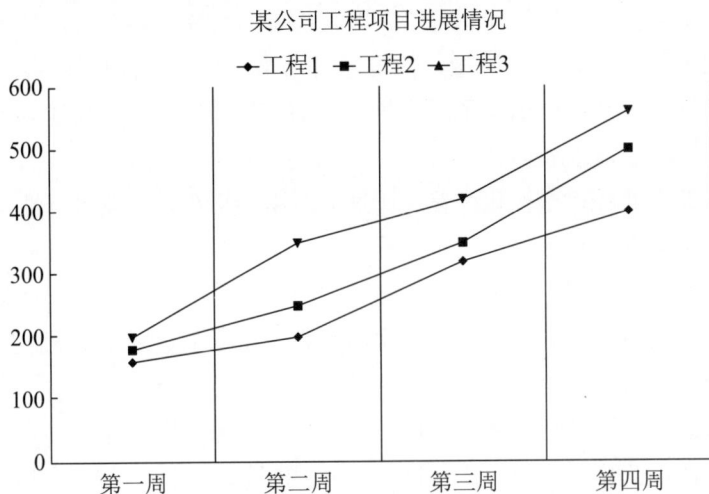

图 5-1　折线图示例

5.6.2　柱状图

柱状图（Bar Chart）多用于比较不同类别或组别之间数字的差异化。例如用图 5-2 所示柱状图来反映不同建设方案的成本、工期或质量等问题。

产品销售额分析

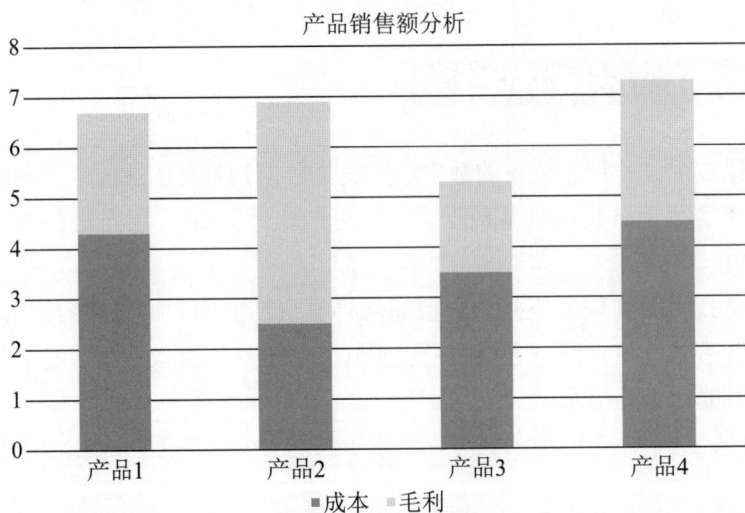

成本 毛利

图 5-2　柱状图示例

5.6.3　饼图

饼图（Pie Chart）可以用来反映各部分占整体的比例关系。例如，可以用图 5-3 所示的饼图来显示某个工程项目中各种费用成本的占比情况。

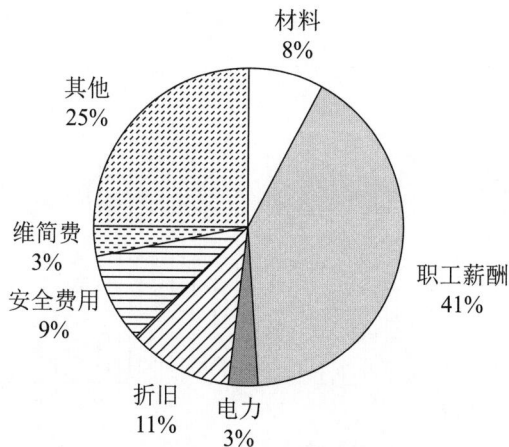

图 5-3　饼图示例

5.6.4　散点图

散点图（Scatter Plot）可将数据点以直角坐标系的形式展示出来。这种图形可以描绘出因变量随自变量变化的基本趋势。例如，在建筑工程行业，混凝土强度是个重要的质量指标，对水泥用量、水灰比等因素与混凝土强度之间的关系，可以通过散点图来进行表示，从而洞察其中的相关关系，如图 5-4 所示。

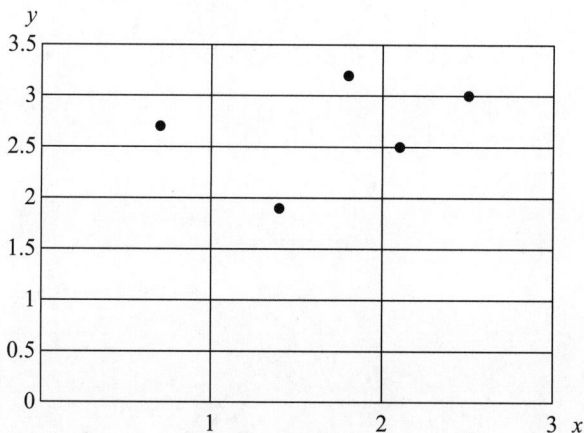

图 5-4　散点图示例

5.6.5　直方图

直方图（Histogram）是一种对数据分布情况的图形表示，通常用于反映样本数据在某一属性上的度量分布。如图 5-5 所示，在工程质量管理中孤岛型直方图、双峰型直方图、偏向型直方图能够反映不同的问题，帮助发现问题根因、改善工程质量。

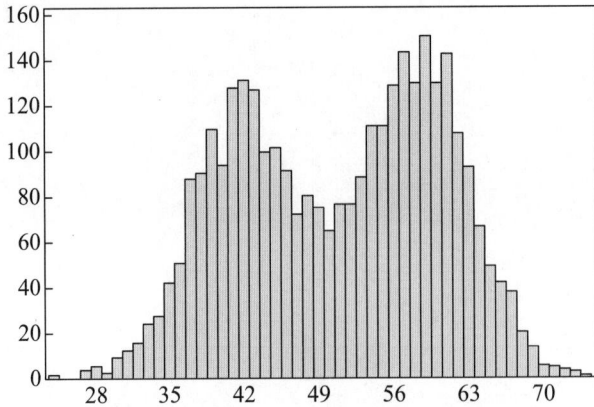

图 5-5　直方图示例

5.6.6　热力图

　　热力图（Heatmap）又称等直线地图，通过颜色的深浅来反映数据值的大小和分布情况。例如，在建筑行业中，热力图可以用于分析建筑物的能耗情况，通过颜色深浅的变化直观地展示出不同区域的能量分布，有助于找出能源消耗的主要区域，从而制定出更加合理的节能方案。

5.6.7　雷达图

　　雷达图（Radar Chart）也被称作戴布拉图或蜘蛛网图，是一种以同一点开始的轴上表示的三个或更多个定量变量的二维图表的形式，显示多变量数据的图形方法，常用于多指标的分析比较。比如在工程设计阶段，可以用如图 5-6 所示雷达图来反映不同方案的优缺点。

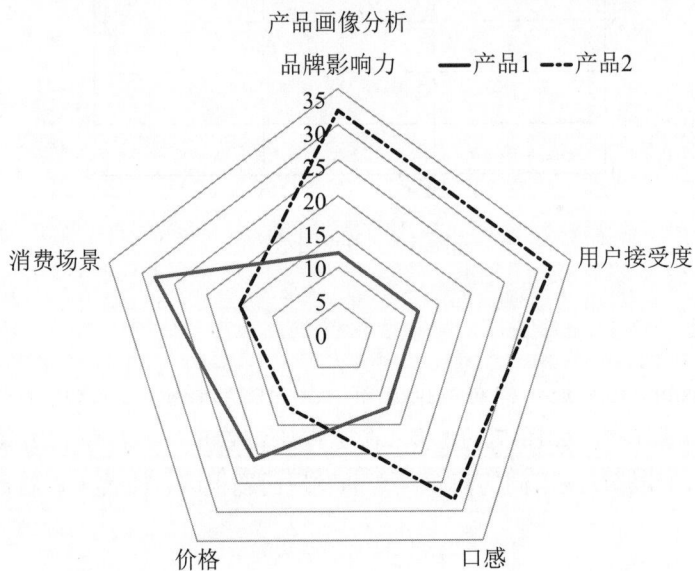

图 5-6　雷达图示例

5.6.8 地图

地图（Map）主要用于显示与地理位置相关的数据，常基于 GIS 来构建。当存在多个工程项目时，可以用地图来展示不同地区的项目施工进度或资源分布情况。

DRP 在实际应用中，需要对上述各类图表进行统一管理和布局，并进行统一的呈现。这种对各类数据可视化进行统一呈现的技术，一般被称作数据看板或者管理驾驶舱。除了上述介绍的图表之外，管理驾驶舱也会对关键指标、动态事件和现场实景进行直观的展示和呈现，如图 5-7 所示。

图 5-7 某建筑集团数字看板示例

随着数字化在企业管理中的逐步沉淀，管理驾驶舱已从集团级、公司级这种"领导驾驶仓"，下沉到现场、车间和各个工位，通过大屏、中屏（PC、电视）和小屏（手机、PAD）的多样化呈现，为全员的沟通协同提供了可视化的数据支撑。

5.7 小结 >>

大数据技术就是覆盖数据以采集、存储、计算、处理、应用、可视化呈现到消亡的全生命周期管理的关键技术，在 DRP 体系中起到极其重要的支撑作用。

本章首先介绍了大数据的基本概念，规模性、高速性、多样性和价值性的 4V 特征是大数据的核心特征，也是数据资源规划的关键所在。之后，介绍了数据存储、计算的底层技术——数据湖，通过对外部数据进行汇聚，沉淀数据资源。数据湖的规划和建设，是 DRP 功能强大的技术底座。接着，围绕数据治理、数据分析和数据应用，介绍了常用的几个工具和方法。元数据管理是开展数据治理的基础和核心，为确立数据标准、构建数据模型、保障数据质量奠定基础。而指标体系和标签体系，则是进行数据分析应用的两种关键工具，对于洞察业务价值具有非常重要的作用。最后介绍了通过数据可视化，构建管理驾驶舱的主要方法。

大数据技术为 DRP 平台提供了数据"汇""存""管""算""用"的各种能力：数据湖提供了数据"汇入"与"存储"能力；元数据提供了数据"管理"能力；而指标体系和标签体系，是两种常见的数据"计算"模式；数据可视化则提供了最为直观的数据"应用"模式。

本章案例

中国二冶集团有限公司成立于 1956 年，是集工程总承包、项目投融资、房地产开发、钢结构及装备制造为一体的大型综合企业。该公司项目管控数字化平台建设以工程项目为对象，基于大数据实现项目全生命周期的全面数字化管理。其体现在以市场管理为源头，进度管理为主线，合同管理、产值管理、资源管理、成本管理为核心进行精确的过程管控。

基于项目数字化管控平台，结合中冶集团的赋能中心指标，二冶公司已完成项目管理部指标、人力中心指标、安全管理部批指标、环保管理指标、法务管理指标、市场管理指标、设备管理指标、物资管理指标、投资管理指标、质量管理等数据指标的采集、校验、上传，实现了子公司到集团公司的数据共享，为中冶集团的数字化转型提供了强有力的数据支撑。

二冶公司根据平台积累的大数据资源，率先搭建了企业"数字化企业大脑"。"数字化企业大脑"是一项涵盖数字智能、大数据分析、算法和存储计算等前沿技术的综合解决方案，旨在为企业提供智能化的数据整合和决策支持。目前，"数字化企业大脑"已经取得了显著的进展和成果，实现了自主研发并持有多项核心技术，为企业决策提供了更精准的支持。

大数据技术支持的二冶公司"数字化企业大脑"在产业化、场景应用、经济效益和社会效益等方面具有重要的示范意义和推广价值，同时也得到了行业内外的广泛认可和推介，为企业数字化转型和发展带来了实实在在的利益和契机。

第 6 章　DRP 与人工智能

　　人工智能是研究、开发用于模拟、延伸和扩展人的智能的理论与方法。近年来，随着大模型、生成式人工智能等技术的快速发展和广泛应用，经济社会发展模式开始逐步走向智能化阶段。也正因如此，人工智能也被称为第四次工业革命的主要推动力量。本章将对人工智能技术及其在 DRP 中的应用进行介绍。

6.1　人工智能——数字时代的助手 ▸▸

　　1948 年，英国科学家阿兰·图灵发表了一篇名为《智能机器》的论文，在这篇论文中，图灵首次提出了"机器可以思考"这一概念，并阐述了他对于构建一种具有完全模拟人类智能的机器的设想——图灵机。

　　图灵机是一种理论上的计算设备，它的运行基于一条无限长的纸带，这个纸带被划分为一个个大小相等的小方格，每个小方格可以存放一个符号。图灵机有一个探头，这个探头可以移动到每一个格子上，用这个探头，机器可以有 3 种基本操作：读空格的数据，编辑数据，以及移动纸带向左或者向右。通过这些操作，图灵机能够执行各种复杂的计算任务。

　　图灵还探讨了如何设计一个测试来评估智能机器的性能，这就是著名的"图灵测试"。它要求一个人在与机器人和另一个人进行对话时无法区分对方是人还是机器。图灵认为，如果一台机器能够通过这个测试，那么它就可以被认为具有一定的智能。

　　《智能机器》这篇论文为人工智能领域的研究奠定了坚实的理论基础。到 20 世纪 50 年代，人工智能才作为一个独立的学科逐步发展起来。但是，也有很多反对者认为强人工智能无法实现。

　　近年来，随着算法、算力和数据的飞速发展，人工智能终于进入了爆炸式发展的时代。深度学习、强化学习、迁移学习等新算法的不断出现，给人工智能带来了越来越聪明的"头脑"，例如深度学习算法通过模拟人脑神经网络结构，使计算机能够在大量数据中自动学习和提取特征，从而实现对图像、语音、自然语言等多种类型的智能识别和处理。随着芯片设计工艺的不断提升，计算设备性能按照摩尔定律快速发展，给人工智能提供了源源不断的"动力"。以 2022 年英伟达推出的 H100 AI 计算卡为例，它拥有 800 亿个晶体管，双精度浮点数运算达到了每秒 60 万亿次以上。而互联网、物联网技术的飞速发展，使得海量数据被产生和积累，这些数据作为人工智能训练的"知识"，为人工智能的发展提供了海量的资源。

算法、算力和数据推动了以大模型为代表的强人工智能时代的到来，以 ChatGPT 为代表，人工智能已经成为人类生产、生活的助手，在各个领域发挥着越来越重要的作用。

6.2 **机器学习——在数据的海洋里学习成长** >>

机器学习是人工智能领域的一个重要分支，它的核心是让机器通过学习数据来自动改进其性能，而不需要人为地编程规则。机器学习是一种数据驱动的方法，它依赖大量的数据来训练模型。在训练过程中，计算机会不断地从数据中学习规律和模式，从而使模型能够对新的数据进行准确的预测和决策。

机器学习一般包括以下几个步骤。

第一步，我们需要明确机器学习的目标，即我们希望通过机器学习解决什么样的问题。这一步需要对问题进行深入地理解和分析，确定问题的具体内容和目标。

第二步是收集数据和提取数据特征。在明确了问题之后，我们需要收集和理解与问题相关的数据。这包括了解数据的结构和特性，以及数据中可能存在的潜在问题。同时，数据中往往包括噪声和异常点，需要利用大数据工具进行数据清洗，保障数据质量。在获得了有效数据之后，我们需要从原始数据中提取有用的特征，以便计算机能够更好地理解数据。特征提取是将原始数据转换为一组数值或向量的过程，这些数值或向量可以表示数据的关键信息。特征提取的质量直接影响到机器学习模型的性能。

第三步是模型选择和参数设置。机器学习中有各种各样的模型，如线性回归、支持向量机、神经网络等。不同的模型适用于不同类型的问题，因此在实际应用中需要根据问题的特点选择合适的模型。模型选择的目标是找到一种能够在给定数据集上取得最佳性能的模型。同时，模型通常包含一些参数，这些参数决定了模型的性能。通过调整这些参数，我们可以使模型更好地适应数据。参数优化的目标是找到一组最优的参数，使得模型在给定数据集上取得最佳的预测和决策效果。

第四步是评估与验证。为了确保机器学习模型的性能，我们需要对其进行评估和验证。评估是指用一部分已知的数据来测试模型的预测和决策效果；验证是指另一部分未知的数据来检验模型的泛化能力。通过评估和验证，我们可以了解模型的优点和不足，从而对模型进行改进。

最后是持续迭代。随着数据量的增加和新问题的出现，机器学习模型需要不断地进行优化和改进，以适应不断变化的环境。

面对 DRP 从企业内外部收集的海量数据，机器学习可以从各种数据中不断的汲取营养，不断洞察这些数据所蕴藏的规律，从而越来越聪明、越来越有用。通过机器学习，计算机具有了从数据中学习并自动改进、优化的能力，可以在图像识别、语音识别、自然语言处理等领域发挥出重要的作用。

6.3 计算机视觉——让 AI 看得见 ≫

计算机视觉是 AI 的一个分支，是指让计算机能够从图像、视频和其他输入中获取信息的技术。通过对海量图片、视频数据进行标注，再通过机器学习和神经网络来训练计算机，使其能够对图像和视频进行分析和理解，从而从中获得有价值的数据。

计算机视觉的应用场景非常广泛，我们日常生活中所用到的人脸识别、车牌识别、自动驾驶等都采用了计算机视觉的算法和技术。除此之外，计算机视觉还有大量的行业应用场景。

1. 安防监控

安防监控是计算机视觉的主要应用场景之一。通过人脸识别、车牌识别等方式，对摄像头所记录的人脸、车牌等特定目标进行自动检测和识别，从而进行人员身份信息的确认，对可能的入侵人员进行及时发现和预警。通过确定物体在图像序列不同帧中的位置，来进行行人、车辆追踪，进一步获取目标的出现时间、运动轨迹、颜色等诸多信息。然后通过对各个目标的上述信息进行分析，可以找到视频中存在的危险、违规行为或者可疑目标，从而实现对这些行为和目标的实时报警、提前预警、存储以及事后检索。搭载计算机视觉的智能监控系统，已经广泛应用于安保、交通、工业等各个行业领域。智能监控大大提高了监控区域的控制效率，变被动"监督"为主动"监控"，有效避免了事故的发生。

2. 库存管理

利用计算机视觉对货物的自动识别与追踪，可以提升库存管理的自动化水平。利用 AI 视觉系统可以识别存储在仓库中的商品，并追踪它们的位置。这种实时监测功能有助于及时发现库存变化，确保库存数据的及时更新。在商品入库过程中，AI 视觉系统可以自动识别和记录新到货物的信息，包括商品类型、数量和状态，从而实现入库流程的自动化。使用 AI 视觉系统进行库存盘点可以替代传统的手动盘点方式，大大提高盘点效率和准确性。系统能够识别库存中每个商品的数量，并与实际库存进行比对。AI 视觉系统能够检测异常情况，例如货物的丢失、损坏及存放位置错误。通过计算机视觉技术，可以高效地进行大型仓库中的货物检索，提高检索速度和准确性。通过人工智能算法预测需求，从而更好地管理安全库存，降低储存和运输成本。

3. 缺陷检测

计算机视觉在缺陷检测领域起着举足轻重的作用，其通过高精度的图像处理和分析技术，能够有效地定位、识别和分析产品的表面缺陷。具体来说，这一过程主要包括图像获取、图像处理、图像分析和数据管理等步骤。在图像获取阶段，机器视觉检测系统利用特定的光源和图像传感器（如 CCD 摄像机）采集产品的表面图像；在图像处理阶段，获取到的原始图像信息需要经过一系列图像处理算法进行预处理，提取出图像的特征信息，以便后续的分析识别；在图像分析阶段，对处理后的图像特征进行进一步分析，根据特征信息进行表面缺陷的定位、识别、分级等判别。

近年来，基于卷积神经网络（CNN）的计算机视觉技术得到了广泛的应用和发展，尤其是深度学习技术使得计算机视觉在缺陷检测方面展现出强大的潜力，如今已经成为工业领域最成熟的应用之一。如在电子制造行业中，可以通过计算机视觉技术快速、准确地检测电路板上的缺陷；在钢铁行业，计算机视觉可以用于检测钢材表面的裂纹、气泡等缺陷；此外，纺织品、电池和制药等行业的缺陷检测也大量应用此技术。常用的方法包括语义分割方式、目标检测方式和基于对抗生成网络（GAN）的方法等。

计算机视觉技术的普及应用，让计算机有了感知真实世界的"眼睛"，极大地扩展了DRP收集数据的范围，从而让企业能够从真实世界的活动中发现更大的业务场景与业务价值。

6.4 自然语言处理——让人工智能听得懂 >>

与计算机视觉技术一样，自然语言处理也是DRP数据收集技术的重要组成部分。如果说计算机视觉是让人工智能看得见，那么自然语言处理（Natural Language Processing，NLP）技术就是让人工智能听得见并理解、解释和生成人类语言，帮助计算机更好地与人类进行交互。NLP涵盖了多种重要的技术，这些技术共同作用以实现计算机对自然语言的理解和生成。

1. 分词

分词是将连续的文本划分为一系列单独的词语的过程。分词作为NLP的基础步骤，具有广泛的应用场景。例如，在搜索引擎中，当用户输入一个查询问题时，搜索引擎需要对查询的关键词进行分词，以便准确地匹配和返回相关的搜索结果。

2. 机器翻译

机器翻译是在NLP中，将一种语言自动转换为另一种语言的技术。准确、快捷的机器翻译，可以取代传统的人工翻译，开展外文资料翻译、口语对话辅助、多语言信息发布等应用场景。

3. 情感分析

情感分析是NLP中的一个重要任务，它的基本目标是确定一段给定文本所表达的情感是积极的、消极的还是中性的。例如，我们可以通过对某品牌产品在电商网站上的评价数据，通过情感分析，判断消费者的喜恶、找到产品改善的重点。当然，情感表达的复杂性、文化差异和主观性等特点，给情感分析在实际使用带来了一定挑战。

4. 语音识别与语音生成

语音识别技术是一种将人类语言转换为计算机可读格式的技术。它通过分析声音信号，将其转换为文本或命令，以便计算机能够理解并执行相应的操作。

语音生成是一种能够将文本信息转换成人类语音的技术，主要是将文本分析并转换为音素序列，然后将音素序列转换为声学特征（如音高、音量和语调等），最后将这些声学特征转换为数字信号，并通过音频输出设备转换为声音。

语音识别与语音生成有着广泛的应用场景，例如智能助手、语音翻译、智能客服等。这类技术应用的主要挑战，一方面在于"听"与"表达"的准确性和自然性，另一方面在于对小众语言、方言和口音的有效支持。

NLP 是人机交互的重要纽带，通过语言、文字等所有人都能懂的方式与人工智能沟通，将为数据资源体系的普及应用奠定深厚的技术基础。

6.5 知识图谱——让人工智能挖掘知识的力量 >>

知识图谱也是人工智能领域重要的技术概念，知识图谱又被称作语义网络，本质上是对现实世界实体（如对象、事件、状况或概念）和关系的抽象化表述。知识图谱是企业基于 DRP 获取数据资源的重要方式。

在知识图谱中，每个节点代表现实世界中的一个实体，如人、地点、事件等。每条边则代表实体之间的关系，如人与人之间的亲属关系、地点之间的地理位置关系等。这些节点与边的表述都会存储在图数据库中。通过这种方式，知识图谱能够以一种结构化的方式表示现实世界中的各种信息。

此外，知识图谱还可以通过对现实世界的信息进行分析和推理，发现新的知识和关系。例如，通过分析大量的医疗记录，知识图谱可以发现某种疾病与特定基因之间的关联；通过分析社交媒体上的信息，知识图谱可以发现人们的兴趣爱好和社交关系等。

通过与行业数据的结合利用，知识图谱在企业数字化转型过程中能够发挥出重要的价值。

1. 工程设计优化

针对建筑工程等行业，知识图谱可以整合各种建筑相关的知识和信息，包括建筑材料、结构设计、施工方法等，通过整合这些数据，可以提供一个全面且准确的信息模型。知识图谱可以用于对建筑设计中的数据进行深入分析，例如，它可以分析不同设计方案的性能指标、成本效益、可持续性等方面的差异，找出最优的设计方案。此外，知识图谱还可以挖掘出隐藏在数据中的规律和关联性，帮助设计师理解不同设计元素之间的关系和影响。知识图谱在设计中可以提供多种功能和支持，帮助设计师作出更明智的决策、优化设计方案、促进协同工作、实现可持续目标。

2. 设备全生命周期维护

知识图谱技术能够将设备管理与维护中的数据整合成一个全面且准确的信息模型。通过对这些数据的建模和分析，企业可以发现设备之间的关联性，深入了解设备故障的原因并提出解决办法。例如，利用知识图谱，企业可以实时监测设备运行状态和故障信息，并进行智能分析，提前预测设备故障。这种预测可以帮助维护人员提前采取措施防止问题的发生，从而避免无计划的停机损失。此外，根据故障类型和原因，知识图谱还可以为维护人员提供相应的解决方案。知识图谱在设备维护中的应用有助于提高设备的运行效率，减少停机时间，同时也能提高维护工作的效率和质量。

3. 构建企业知识库

随着人口老龄化时代的到来，越来越多的企业面临新老更替的挑战。随着老员工退休，他们积累的经验和专业知识可能会流失，这对企业来说是一种巨大的损失。利用知识图谱建立企业知识库，可以将老员工的知识和经验进行整理和归档，使其能够被新员工所继承和学习，这样可以减少知识的流失。同时企业知识库可以用于企业内部的培训和学习，帮助员工更好地学习和掌握相关知识，根据员工的学习需求和兴趣，推荐适合员工的学习资源和课程，保持全员的学习和成长，也就保证了企业的核心竞争力。

通过上述三方面可以看到，知识图谱在企业 DRP 中具有重要作用，它可以将 DRP 沉淀的数据资源转换为企业的知识，为企业持续创造更大的价值。

6.6 智能求解器——让人工智能辅助企业进行智能决策 >>

求解器是一种专门用于解决数学规划问题的软件工具，它的主要功能是寻找问题的最优解。而智能求解器是一种基于人工智能技术发展而来的求解器，它结合了传统的运筹学技术和人工智能技术，能够大大提高求解器的解释速度和求解效率。

在实际应用中，智能求解器能够为复杂的应用场景提供智能决策，帮助企业进行决策优化，实现降本增效。

1. 生产排产

生产排产是制造型企业提高生成效率、降低成本、满足客户需求的关键。而智能求解器作为一种先进的决策支持工具，可以在先进排产排程（Advanced Planning and Scheduling，APS）系统中发挥重要作用。包括对生产过程中各个工序之间的生产能力平衡、订单排产任务平衡、设备资源调度、线边物流调度等，都可以利用智能求解器提升决策效率。

2. 物流调度

物流调度作为物流管理的核心环节，对提高物流效率、降低物流成本具有重要意义，智能求解器已在物流调度领域得到广泛应用。包括对运输物资的装箱 / 装车方案规划、物流配送路径规划、运输车辆调度、仓网布局优化等，都可以利用智能求解器实现成本、效率最优。

3. 项目群管理

由于项目任务之间的依赖性和资源、资金的局限性，针对工程建筑等长周期、重资产行业，可以利用智能求解器优化管理效率。如利用智能求解器帮助项目经理优化资源分配，确保所有项目都能按时完成；根据项目投入、资金回流情况，对项目预算、投资回报、风险敞口等因素进行智能分析，实现最优化资金管理策略；通过对风险概率、影响程度、发生可能性等因素的分析，提供最优的风险管理建议，以实现整体业务目标。通过对项目收益、风险、成本等因素的综合分析，提供最优的项目组合策略等。

综上所述，DRP 平台集成的智能求解器技术，在数据资源化方面可以帮助企业利用数据资源进行生产排产、物流调度及项目群管理等方面的科学决策，同时也可以将基于数据的智能决策作为产品为客户提供多样化的数据服务，成为数据产品化的重要内容。

6.7 生成式人工智能——让人工智能进行创作 >>

类似计算机视觉、语音识别和智能求解器的人工智能通常被称作判别式人工智能，这种类型的人工智能模型通过分析和学习大量样本数据，能够确定一个样本归属于特定类别的概率，然后基于这些学习到的信息，可以对新的场景进行判断、分析和预测。而生成式人工智能（Artificial Intelligence Generated Content，AIGC）则是通过分析和学习大量样本数据，能够生成新的、与所学数据具有相同特征的数据，这意味着它可以创造出先前不存在的数据或内容。也就是说，AIGC 让人工智能具备了创作的能力。

AIGC 的实现原理主要基于深度神经网络，通过海量数据集训练，学习抽象出数据的内在规律。例如，基于一组图像训练的 AIGC 模型，可以创建出看起来与训练时所用图像相似的新图像。

作为人工智能技术的一个热门领域，AIGC 技术近年来正在快速发展。按照输入和输出的数据类型，目前 AIGC 主要包括以下几个典型应用。

1. 文本生成

文本生成指自动生成文本的技术。目前文本生成已经广泛应用于新闻报道撰写、广告文案设计、聊天机器人智能语音沟通等通用应用场景，也可以用于病历撰写、法律文书撰写、专利编写等行业场景之中。

2. 图像生成

图像生成指通过计算机算法和模型来创建新的图像，这些图像可能是完全虚构的或者是在现有图像的基础上进行修改和优化的。图像生成技术广泛应用于艺术创作领域，如生成近似某个艺术家风格的新的艺术作品、帮助设计师快速生成效果图以及对照片进行快速地修复和美化，满足消费者的使用要求。

3. 音频生成

音频生成指利用人工智能自动生成音频的相关技术，包括语音克隆、智能乐曲创作等。其中语音克隆技术可以模仿特定人物的声音；AIGC 作曲则可以根据歌曲风格、创作背景和情绪表达等信息，自动生成歌曲或乐曲，从而降低了音乐版权的采购成本。

4. 视频生成

视频生成技术同样拥有非常广阔的应用场景。例如，当下非常火的"数字人"，往往就是基于实体人物或者虚拟人物形象创建合成视频，从而完成在线主持、景点导览等应用场景；素材合成也是视频生成的一个典型场景，基于将多套视频元素或者图谱内容进行编辑，从而创作一组新的视频，例如近年来流行的"AI换脸"应用，就是通过素材合成的方式完成的。

5. 代码生成

代码生成也是 AIGC 的典型应用场景之一，它利用人工智能来自动生成代码，从而将软件工程师从烦琐的底层编码工作中解放出来。在软件开发中，AIGC 可以帮助开发者快速地生成一些基础的、重复的代码结构，从而提升编码效率。百度的新增代码有高达 27% 是由其智能代码助手 Comate 完成的。在游戏开发中，AIGC 可以被用来生成一些复杂的游戏逻辑或者动画效果。此外，由于其能覆盖多语种多垂直领域的特性，也可用于自动生成安全代码，应用于网络安全领域。

DRP 平台利用 AIGC 进行人工智能创作，为客户提供文本、图像、视频、代码等基于数据的产品，是未来数据产品化的重要方向；同时各个组织机构要实现人工智能创作所需要的海量数据需求，也将是促进数据资产流通交易的重要推动力。

需要指出的是，虽然 AIGC 已经具有强大的创作能力，但是实际使用中仍然需要人类的指引和参与，保证其生成结果符合人类规范和伦理。基于 DRP 理念的人工与机器的良好配合，才能够让 AIGC 技术更好地服务于社会。

6.8 大模型——进入强人工智能时代

大模型是指具有庞大的参数规模和复杂程度的机器学习模型。在深度学习领域，大模型通常是指具有数百万到数十亿参数的神经网络模型。这些模型需要大量的计算资源和存储空间来训练和存储，并且往往需要进行分布式计算和特殊的硬件加速技术。

大模型的概念最早可以追溯到 2012 年，当时杰弗里·辛顿（Geoffrey Hinton）等提出了深度信念网络（Deep Belief Network，DBN），这是一种早期的深度神经网络模型。然而，由于当时的计算能力和数据量的限制，这种模型的规模并不大。直到 2015 年，谷歌公司推出了大规模语言模型 Word2Vec，这是第一个真正意义上的大模型，模型参数规模大概在百万到千万级。2017 年，谷歌公司颠覆性地提出了基于自注意力机制的神经网络结构——Transformer 架构，奠定了大模型预训练算法架构的基础，OpenAI 公司和谷歌公司分别发布了 GPT-1 与 BERT 大模型，它们具有 3 亿多个模型参数。到 2023 年 3 月，OpenAI 公司发布的 GPT-4 已经具有了 1.8 万亿个参数，模型能力得到了快速的跃升。

大模型技术的出现，代表着人工智能已经进入了强人工智能时代，从早期的大语言模型，再到多模态大模型和行业大模型，大模型技术正在快速发展。

1. 大语言模型

大语言模型（Large Language Model，LLM）属于 NLP 技术的一种演进和延伸，旨在通过训练大规模的神经网络来生成与人类习惯类似的自然语言文本。大语言模型的核心思想是利用大量的文本数据进行预训练，然后通过微调或迁移学习的方式将其应用于特定的 NLP 任务中。预训练阶段通常采用自监督学习的方法，即让模型自动地从大量的无标签文本中学习语言结构和语义规律。这种方法可以避免人工标注数据的高昂成本和烦琐过程，同时也可以提高模型的泛化能力和适应性。

作为当前最热门的聊天机器人，ChatGPT 就是基于 GPT-4 构建的一种大语言模型。它相比传统的聊天机器人最显著的特点是它强大的自学习能力和自然语言处理能力。ChatGPT 能够通过大量的训练数据进行学习，并根据用户的输入不断改进自己的回答，从而提供更准确、有逻辑性的回复。此外，它具有高水平的 NLP 能力，可以理解用户的自然语言输入，并能够准确地进行语义理解、语法分析和语义生成。

除 ChatGPT 外，国外的谷歌、META 公司以及国内的智普、百度、阿里、腾讯、科大讯飞等公司也都推出了自己的大语言模型，形成了百花齐放、百家争鸣的格局。尤其是我国深度求索公司推出的 DeepSeek 开源大模型，创新性地应用了混合专家（MOE）架构，极大压缩了模型训练成本，让各行业本地化部署私有大模型成为可能。

2. 多模态大模型

多模态大模型是用来处理多种模态信息的模型，包括文本、图像、视频等。这种模型通过将不同模态的信息进行融合和交互，实现对复杂多模态场景的理解和分析。为了实现这一目标，多模态大模型需要学习从多种来源获取和理解信息的能力，并将这些信息整合到统一的表示中。

多模态大模型的核心思想是将不同模态的数据视为一个整体，通过共享底层特征表示来提高模型的性能。这种模型通常采用预训练和微调的方式，首先在大规模数据集上进行无监督或半监督学习，提取通用的特征表示；然后针对具体任务进行有监督的微调，使模型能够更好地适应特定应用场景。

OpenAI 公司近期推出的 GPT-4 就是一个多模态大模型，它可以接受图像和文本输入并生成文本和图像。在处理图像信息时，GPT-4 使用了具有多模态能力的对比语言图像预训练（Contrastive Language Image Pre-training，CLIP）模型来提取图像特征，并将图像特征连接到语言模型中。这一技术的应用使得 GPT-4 在处理图文信息时更加高效和准确。

3. 行业大模型

行业大模型是指针对特定行业领域，通过对垂直细分领域的数据进行更有针对性的训练和优化，所构建的深度学习大模型。相比通用大模型，行业大模型主要应用于特定行业或领域的任务，其模型结构也会根据具体任务进行调整和优化。通用大模型往往注重性能和准确率，而行业大模型还需要具备较高的可解释性，使用户能够理解决策的过程和结果。

随着大模型技术热潮的到来，目前行业大模型在各个业务领域都得到了广泛的应用。

在医疗领域，行业大模型可以用于对患者症状、医学影像、实验室检查结果等进行综合分析和判断，帮助医生进行疾病的诊断和预测；通过分析大量的生物信息学数据（如基因组学、蛋白质组学等数据），行业大模型可以帮助研究人员预测药物的活性、副作用和相互作用，从而筛选出潜在的候选药物；行业大模型还可以通过分析个人的生理指标、生活习惯和遗传信息等数据，帮助人们了解自己的健康状况，并采取相应的预防措施。

在工程建筑行业，DRP 支持的行业大模型可以用于模拟建筑物的外观、结构和功能，帮助设计师更好地理解建筑物的整体布局和空间关系，优化设计方案；通过行业大模型，施工人员可以预测和解决可能出现的问题，优化施工计划和资源分配，提高施工效率和质量；在运营阶段，行业大模型可以用于模拟建筑物的设施管理和运营，管理者可以评估不同运营策略的效果，优化设施配置和管理流程，提高建筑物的运营效率和用户满意度。

6.9 人工通用智能——AI 的未来与挑战 >>

人工通用智能（Artificial General Intelligence，AGI）是指一种能够像人类一样思考、学习和解决问题的人工智能。它不仅能够完成特定的任务，还能够理解复杂的情境和概念，并从中抽象出规律和模式。AGI 的目标是创造出一种具有广泛适用性的智能系统，可以应用于各种不同的领域和任务中。

AGI 将引领人工智能领域的下一场革命，对人类社会和经济系统产生重要的影响。

首先，AGI 将极大地提高生产力和效率。目前，许多工作和任务都需要人类进行重复和烦琐的操作，这些操作通常需要耗费人们大量的时间和精力。如果使用 AGI 代替人类完成这些任务，将会极大地提高工作效率。例如，在制造业中，可以使用 AGI 机器人来完成组装和包装等重复性工作，从而减少人力成本、提高生产效率。在医疗领域，可以使用 AGI 来辅助医生进行诊断和治疗，从而提高医疗服务水平和效率。

其次，AGI 将改变我们的生活方式和消费习惯。随着 AGI 技术的不断发展和应用，可以预见到未来会出现越来越多的智能产品和服务。例如，智能家居系统可以通过感知环境和分析用户需求来自动控制家电设备，提供更加便捷和舒适的生活体验。智能语音助手可以通过语音识别和 NLP 技术来帮助用户完成各种任务，如购物、预订机票等。智能医疗系统可以通过分析用户的健康数据和病历信息来提供个性化的健康管理和医疗服务。这些智能产品和服务将会使我们的生活更加便捷、舒适和智能化。

此外，AGI 还将带来新的商业机会和经济增长点。随着 AGI 技术的发展和应用，将会涌现出越来越多的创新型企业和创业公司。这些企业可以利用 AGI 技术来解决实际问题和满足市场需求，从而创造新的商业价值和就业机会。例如，在教育领域，可以使用 AGI 技术开发个性化的学习系统和辅导工具，帮助学生更好地学习和成长。在金融领域，可以使用 AGI 技术来进行风险评估和投资决策，提高投资回报率。这些新的商业机会和经济增长点将会推动经济的发展和社会的进步。

与 AGI 的广泛应用相对应，由于 AGI 具有像人一样的思考能力，业界也对 AGI 所带来的风险和隐患表现出深深的担忧。比如，通过在人工智能训练数据中投放恶意数据，干扰数据分析模型正常运行，有可能对正常的生产生活造成重大风险，例如在自动驾驶中进行"数据投毒"，可能造成严重的交通事故。AGI 还可能被用在致命性自主武器上和网络攻击中，一旦被恐怖分子掌握这些能力，将会给全社会带来极其严峻的安全风险。更有可能，如果未来 AGI 的思考能力超越人类的控制能力，可能会对人类社会造成潜在的威胁。

针对上述风险，各国政府、企业和科研机构正在积极制定相关法律法规，加强监管和合作，在最大限度地发挥 AGI 潜力的同时，尽力保障人类社会的安全和稳定。

6.10 小结 >>

作为数据与计算处理能力融合应用的产物，人工智能技术在数据价值挖掘和智能决策中发挥着重要的作用，在面向未来的 DRP 体系中将占据举足轻重的地位。

本章首先介绍了人工智能技术的演进过程，算法、算力与数据共同推动了人工智能技术的高速发展。然后，重点介绍了人工智能领域的革命性技术——机器学习，通过特征选择、模型训练和优化迭代，模仿人类学习的方式，逐步提高人工智能算法自身的准确性。

拥有了机器学习能力的人工智能像初生的婴儿一样，计算机视觉技术让他拥有"看"的能力，NLP 技术让他拥有"听"的能力，知识图谱使他懂得知识积累，而智能求解器可以让他作出最理性的科学决策。

随着大模型时代的到来，人工智能已经在各个行业中得到广泛应用。而 AGI，将使人工智能像人一样思考、决策和沟通，将带来数字时代的下一场技术革命。

在 DRP 系统中，需要逐步实现利用人工智能技术去观察和理解数据世界，充分利用人工智能"看"的能力、"听"的能力和决策的能力，实现与人类间的沟通与协作。

本章案例

为了解决数据资产管理"不知、不懂、不会"的问题，进一步加强数据资产管理的"服务"属性，赋能业务创新，中国光大银行适时启动了智能化数据资产管理平台项目建设。总体思路是以数据运营为理念，以模型设计工具为抓手，以人工智能技术为手段，以双层分布式数据存储架构为骨干，以实时数据交互机制为通道，与行内设计开发、数据挖掘流程深度融合，打通查数、懂数、用数一条链，降低数据资产使用门槛，构建"业务+科技+数据"三位一体的数据资产管理与运营体系，使全行数据资产管理工作迈上一个新的台阶。

中国光大银行智能化数据资产管理平台的目标定位包括三方面：其一，对接全行系统，构建全行数据资产地图，解决用户"不知数据有什么"的问题；其二，基于人工智能技术，以资产运营的视角向用户提供智能查询与推荐、智能导航、智能盘点等功能，解决用户"不会查数据"与"不懂数据是什么"的问题；其三，规范开发过程，以模型设计工具为抓手，连通行内开发平台与需求流程管理平台，利用智能落标功能，实现数据资产事前、事中、事后全流程管控，解决"不知数据如何管"的问题。系统基于面向服务的架构，构建双层分布式数据存储架构与实时数据交互机制，并采用分层、模块化思维重构数据治理十大领域业务功能。

系统将 NLP、机器学习、深度学习等人工智能技术引入数据资产管理与运营中，对海量数据资产实现自动分类和高效管理，减少了人力成本。采用积累的金融词库确保分词准确性，采用自动优化迭代的方式，不断提升智能服务的准确性，同时利用智能落标，助力资产事前、事中、事后统一规范管理，最终完成智能化一站式数据资产管理与运营的构建。

第7章 DRP 与区块链

在 DRP 体系中，大数据技术和 AI 技术完成了数据的资源汇聚和价值挖掘，而区块链则是将数据转换为数据资产并进行流通交易最核心、最重要的工具之一。本章将介绍区块链的技术背景、应用场景及在 DRP 中的应用价值。

7.1 区块链——数据资产化的工具 >>

区块链，是一种不依赖第三方、通过自身分布式节点进行网络数据的存储、验证、传递和交流的技术方案。它本质上是一个去中心化的数据库，是一个又一个区块组成的数据链条。每个区块中保存了一定的数据，它们按照各自产生的时间顺序链接成链条并被保护在一个共享的、不可篡改的账本中，旨在确保链上数据的唯一性以及链上各节点参与计算的对等性（Peer 2 Peer）。

区块是区块链的基本单位，每个区块都包含了一定数量的数据。这些数据在被添加到区块前，需要经过一系列的验证过程，以确保其合法性和准确性。一旦数据被确认无误，它们就会被打包成一个区块，并与前一个区块链接在一起，形成一个链条。由于区块中的每条数据之间、区块与区块之间都采用了哈希密码技术来进行完整性校验，因此区块链本身具有很强的不可篡改特性。

之所以将区块链视作数据资源转换为数据资产的理想工具，主要是因为区块链本身的去中心化、安全性、透明性和不可篡改性等特点。

在去中心化方面，区块链技术采用分布式网络结构，没有中心化的管理机构或第三方中介参与。这意味着数据不再集中存储在单一的服务器或数据库中，而是分散存储在整个网络的多个节点上。这种去中心化的特性使得每个节点对数据的控制权都是平等的，整个链上的数据不受任何中心化机构的约束。

在安全性方面，区块链技术采用了密码学算法来确保数据的安全性。每个区块都包含了前一个区块的信息和一个时间戳，同时使用哈希函数进行加密。这种加密方式使得数据在传输和存储过程中具有高度的安全性，难以被篡改或窃取。此外，区块链中的交易需要经过共识机制的验证才能被添加到区块链上，进一步增加了数据的安全性。

透明性是区块链作为分布式账本最显著的特征之一。区块链上的所有交易和信息都被记录在一个公开可查看的账本中，所有参与者都可以访问并验证其中的数据，并准确地了解系统中发生的每个细节，从而消除了对第三方机构或中介的依赖。透明性也有助于监管机构进行监督和合规审查工作。他们可以通过检查区块链上存储的数据来确定是否存在违规行为，并采取必要措施保护市场秩序和消费者利益。

在不可篡改性方面，一旦数据被添加到区块链上，就无法被修改或删除。这是因为区块链中的每个区块都包含了前一个区块的信息，形成了一个链式结构。如果某个区块的数据被篡改，那么后续的所有区块都会受到影响，从而变得无效。这种不可篡改性保证了数据的真实性和完整性，使得数据的价值得到了保障。

综上所述，区块链技术以其去中心化、安全性、透明性和不可篡改性等特点，成为将数据转换为数字资产的理想工具。通过区块链技术，用户可以自主管理和控制自己的数据，实现数据的可信流通。同时，智能合约的应用也为数据的自动化处理提供了便利，进一步提高了数据可信流通的效率和灵活性。因此，区块链技术在数据资产化方面具有重要的应用前景和潜力，是构建可信数据空间关键支撑技术之一。

7.2 比特币——区块链的起源 >>

最早的区块链系统可以追溯到 2008 年一个自称中本聪的作者所作的研究。他在一个隐秘的密码学讨论组上发表了一篇名为《比特币：一种点对点的现金支付系统》的研究报告，阐述了他对电子货币的新构想。

2009 年 1 月 3 日，比特币系统被正式投入运营。最初作为一种实验性的数字资产，仅在小圈子中进行流通。2010 年，比特币首次被用来购买物品，这标志着比特币作为一种真实的货币开始在实际交易中发挥作用。接下来的几年里，比特币的价格经历了多次大幅波动，吸引了越来越多的投资者的关注。2013 年，比特币的价格首次突破 1000 美元大关，引发了全球范围的热议。随后，各种基于区块链技术的数字货币如雨后春笋般涌现，形成了所谓的"区块链热潮"。

比特币虽然不是法定货币，但也在世界各地充当了一定的交换中介。比特币系统具有以下几个典型特点。

首先，比特币是完全去中心化的，比特币没有中央发行机构，也没有中央银行进行监管。所有的交易记录都是公开透明的，任何人都可以查看。这种去中心化的特性使得比特币不受任何政府或机构的控制。

其次，具有完全的匿名性，比特币的交易不需要公开交易双方的身份信息，只需要一个电子钱包地址就可以进行交易。这使得比特币成为一种理想的匿名支付工具。

再次，具有较高的安全性，比特币的交易记录被保存在区块链上，一旦被记录，就无法被修改或删除。这种不可篡改性使得比特币具有很高的安全性。

最后，总额限制，比特币的总供应量被设定为 2100 万枚，这个上限是固定的，不会因为通货膨胀而增加。这种有限供应的特性使得从理论上比特币具有抗通胀的能力。

围绕比特币和其他类似的虚拟货币，也诞生了一套完整的产业生态体系。

投资者：他们通过购买和持有比特币或其他虚拟货币来期望获取价值增长或收益。这些投资者包括个人投资者、机构投资者等。

矿工：由于比特币等主流虚拟货币都是采用工作量证明（Proof of Work，POW）的方式来实现去中心化的，它要求网络参与者贡献计算能力，从而防止任何个人获得控制权。同时工作量证明也被用于对交易进行验证以及创建新区块，即通过提供足够的算力来进行"挖矿"，从而得到相应的虚拟货币作为回报。这种通过提供算力并获得回报的用户被称作矿工，他们是比特币网络的维护者。作为回报，他们会按规则获得一定数量的比特币。

开发者：他们致力于改进比特币系统，开发新的应用和服务。例如，有些开发者正在研究如何在比特币区块链上引入智能合约功能，以扩展比特币的用途。因为有了开发者的参与，比特币从一套虚拟货币系统已经发展成一种新的互联网生态。

交易所：交易所是连接投资者与矿工的桥梁，提供虚拟货币买卖服务。

比特币作为最早的区块链系统，开启了数字资产的新时代。但与此同时，比特币等各种公链系统也存在大量亟须解决的问题。比如，因为匿名性的特点，比特币会被用于洗钱、贩毒等非法活动，给金融犯罪提供了便利。例如，近年来蔓延全球的勒索病毒，它通过远程加密用户电脑文件，要求用户支付一定数量的比特币作为赎金。此外，通过虚拟货币交易所的首次代币发行（Initial Coin Offering，ICO）项目，由于缺乏监管，也往往成为非法集资和金融诈骗的常见手段。为此，2017 年 9 月，中国人民银行、中央网信办、工业和信息化部、国家工商总局、银监会、证监会、保监会等七部门联合发布了《关于防范代币发行融资风险的公告》，在中国正式叫停了包括 ICO 在内的代币发行融资活动。

此外，虚拟货币挖矿活动还会带来巨大的电力消耗，造成电力资源的浪费。根据中国科学院和清华大学的研究，到 2024 年，比特币挖矿的耗电量会接近 3000 亿度，这对全球能源安全和节能减排带来了很大挑战。

因为上述几个原因，包括中国在内的很多国家都明令禁止了虚拟货币的相关业务，包括禁止虚拟货币结算交易、取缔挖矿业务、打击与之相关的金融诈骗活动等。

7.3 联盟链——打通产业数据流通通道 >>

联盟链是一种由多个机构共同参与管理的区块链，每个组织或机构管理一个或多个节点，其数据只允许系统内不同的机构进行读写和发送。在联盟链中，由于参与节点数量较少且相对固定，因此可以使用一些不同于公有链的共识机制来提高系统的效率和安全性。

目前，联盟链中使用较多的共识机制包括实用拜占庭容错（Practical Byzantine Fault Tolerance，PBFT）、RAFT、HotStuff 等算法。PBFT 是一种经典的拜占庭容错算法，它通过多个阶段的消息传递和投票来实现节点之间的一致性。RAFT 则是一种基于领导者选举的共识算法，它通过领导者选举和日志复制来实现节点之间的一致性。HotStuff 是一种基于随机抽样的共识算法，它通过随机抽样和消息传递来实现节点之间的一致性。

相比公有链，联盟链具有以下优势。

可控性更强：联盟链是由多个机构共同参与管理的，这意味着机构可以根据规则更好地控制和管理自己的数据和业务。

安全性更高：联盟链上的数据只允许系统内的机构进行读写和发送。

可扩展性更好：由于联盟链是由多个机构共同参与管理的，这意味着机构可以根据需要快速扩展联盟链的业务范围。

成本更低：联盟链的建设和运营成本由链上多个机构共同分担。

正因为上述优势，联盟链广泛应用于银行、保险、证券、商业协会、集团企业及上下游企业等领域。从 DRP 的角度来看，DRP 所支持的产业生态，往往是基于联盟链建立起来的。

7.4 智能合约——区块链 2.0 时代 >>

智能合约的概念最早可以追溯至 1994 年，由跨领域法律学者尼克·萨博（Nick Szabo）首次提出，然而，在那个时期，由于技术限制，智能合约并未得到实际应用和验证。2013 年以太坊项目启动，作为以太坊系统的一部分，智能合约首次得到了实际应用并取得了成功。智能合约被认为是区块链 2.0 时代的标志，因为它引入了一系列的新特性和功能，极大地扩展了区块链技术的应用场景和潜力。

首先，智能合约是一种自动化合约，它利用区块链技术实现去中心化的信任机制，使得合约的执行不受人为干预。例如，在金融交易中，智能合约可以自动执行资金转账和结算，从而消除了传统金融交易中的中间人角色。

其次，智能合约具有不可篡改性和透明性。一旦智能合约被编写并部署到区块链上，任何人都无法修改其内容，这保证了合约的内容不会被篡改或伪造。同时，由于所有的交易记录都被存储在区块链上，任何人都可以查看这些记录，从而提高了合约的透明度。

最后，智能合约可以实现更复杂、更灵活的业务逻辑。传统的合同往往只能处理简单的业务逻辑，而智能合约则可以通过编程来实现复杂的业务逻辑，从而满足数字经济中各种复杂的业务需求。

在联盟链中，智能合约也扮演着重要的角色。具体来说，联盟链中的智能合约可以实现以下功能。

（1）跨组织协作：联盟链上的智能合约可以实现不同组织之间的协作和交易，例如共同管理和维护一个公共资源池、共同开展研究项目等。

（2）数据共享：联盟链上的智能合约可以实现数据共享和交换，例如医疗行业的患者数据共享、金融行业的信用评级共享等。

（3）资产管理：联盟链上的智能合约可以实现资产管理和交易，例如供应链金融中的应收账款融资、股权众筹中的股权转让等。

（4）投票决策：联盟链上的智能合约可以实现投票决策和治理，例如企业股东会的投票决策、政府公共服务的公众参与等。

总之，作为一种基于区块链技术的自动化合约，智能合约可以实现去中心化的交易和合约执行，促进不同组织之间的协作和信息共享，实现跨组织的协作和交易。在 DRP 系统中，智能合约是数据资产化的关键技术，是数据资产基于产业互联网可信平台与行业可信数据空间实现交易流通的基础。

7.5 去中心化身份验证——构建安全、可信的身份体系 >>

去中心化身份验证（Decentralized Identity Verification，DID）是一种基于区块链技术的身份验证方法，它通过将身份信息存储在区块链上，实现去中心化、安全、可信的身份验证。

传统的中心化身份验证系统通常由第三方机构管理用户的身份信息，例如政府机构、银行等。这些机构存有用户的敏感信息，如姓名、地址、出生日期等，因此存在数据泄露和滥用的风险。此外，中心化身份验证系统还存在单点故障影响全局的问题，一旦中心服务器出现故障或被攻击，整个系统就会崩溃。

相比之下，DID 系统具有以下优势：

（1）DID 系统不依赖任何中心化的机构或服务器，所有的身份信息都存储在区块链上，任何人都可以访问和验证这些信息。这种去中心化的特性使得 DID 系统更加安全和可靠。

（2）DID 系统使用加密技术保护用户的身份信息，确保只有授权的用户才能访问这些信息。此外，由于区块链的不可篡改性，一旦身份信息被写入区块链中，就无法修改或删除，从而保证了身份信息的安全性。

（3）DID 系统使用区块链技术实现身份验证，所有的交易都被记录在区块链上，任何人都可以查看和验证这些交易。这种透明性和可追溯性使得 DID 系统更加可信。

（4）DID 系统允许用户控制自己的身份信息，可以选择公开或隐藏某些信息。此外，DID 系统还可以使用零知识证明等技术保护用户的隐私。

（5）DID 系统可以实现不同平台之间的身份验证和数据共享，例如电子商务平台、社交媒体平台等。这种跨平台互操作性可以提高用户体验和效率。

目前，DID 系统的应用场景主要包括以下几方面：

一是构建数字身份认知体系：例如在线银行、电子政务等场景中，通过使用 DID 系统，用户可以更加安全地管理和保护自己的数字身份信息。

二是建立跨境支付能力：通过使用 DID 系统，用户可以更加方便地进行国际汇款、数字资产交易等跨境支付业务，同时保证交易的安全性和可信度。

三是物联网设备认证：DID 系统可以用于物联网设备的认证和管理，例如智能家居、智能车辆等，用户可以更加安全地管理和控制自己的物联网设备。

随着区块链技术的不断发展和完善，DID 系统将会在未来数据资产账户管理等方面得到更广泛的应用。

7.6 分布式存储系统——安全可控的数据存储方案 >>

分布式存储系统是一种数据存储模式，它将数据分布在多个物理或虚拟节点上，以提高数据的可用性、可扩展性和容错性。这种系统不仅能够提高数据访问速度，还能有效提升数据的安全性，因为数据被分散保存在多个节点上，即使某些节点出现故障，数据仍然可以从其他节点上获取。

基于区块链的分布式存储系统则是将分布式存储系统和区块链系统设计相结合所形成的一种不同于一般公链的区块链系统，为解决网络空间的信任和安全问题提供了新的可能性。目前，已有一些知名的基于区块链的分布式存储系统，包括 IPFS、Swarm、Filecoin、Maidsafe 和 Aleph.im 等。

以星际文件系统（InterPlanetary File System，IPFS）为例，它是一个基于内容寻址的分布式的新型超媒体传输协议。IPFS 支持创建完全分布式的应用。它旨在使网络更快、更安全、更开放。IPFS 作为一个分布式文件系统，目标是将所有计算机设备连接到同一个文件系统，从而成为一个全球统一的存储系统。

IPFS 延续了区块链去中心化的特点，采用分布式节点的方式存储数据，没有中心化的服务器或控制机构，所有节点都是平等的，避免了单点故障的风险。IPFS 使用内容寻址技术，通过唯一的哈希值来标识文件，而不是传统的基于位置的寻址方式，这种方式可以更快地找到需要的文件，并且支持多副本备份，提高了数据的可靠性和访问速度。IPFS 使用加密算法对数据进行加密和验证，确保数据的安全性和完整性。同时，由于数据分散在多个节点上，即使某些节点被攻击或损坏，也不会影响整个系统的运行。IPFS 支持无限扩展，新的节点可以随时加入系统，提供额外的存储空间和带宽资源，这使得 IPFS 可以适应不断增长的数据需求。IPFS 可以与现有的互联网协议和技术无缝集成，如 HTTP、FTP 等，这使 IPFS 可以轻松地与其他应用程序和服务进行交互。

作为一种基于区块链的分布式存储系统，IPFS 适用于文件存储和共享、内容分发网络（Content Delivery Network，CDN）、物联网等多种应用场景。

在文件存储与共享方面，IPFS 可以用于存储和共享各种类型的文件，包括文本、图片、音频、视频等。用户可以通过 IPFS 访问和下载这些文件，而无须依赖传统的中心化存储服务。

在内容分发网络方面，IPFS 可以作为传统 CDN 的替代方案，将静态内容缓存到全球各地的节点上，提高内容的访问速度和可靠性。与传统的 CDN 相比，IPFS 具有更高的可扩展性和更低的成本。

在物联网（Internet of Things，IoT）领域，IPFS 可以为物联网设备提供可靠的数据存储和传输服务。由于物联网设备通常分布在不同的地理位置，使用传统的中心化存储服务可能会导致延迟和不稳定性，而 IPFS 的去中心化特性可以解决这个问题。

通过与区块链技术的深度融合，IPFS 提供了高效的文件存储和共享能力，为区块链提供了可靠的数据存储解决方案。

7.7 数字权益凭证——数据资源的"房产证" >>

在区块链中,数字权益凭证主要以非同质化通证(Non-Fungible Token,NFT)的形式存在。NFT 代表的是一种权利,一种固有和内在的价值。这种权益凭证以数字形式存在,可为相应艺术品等实体生成唯一的数字凭证。

NFT 并不等同于通常所说的虚拟货币,比如比特币和以太坊等,这些都是同质化代币,即每个币的作用大小、价值都一样,可以互相替代。而 NFT 的特性是非同质化,每个 NFT 都具有独一无二的特性和价值,不能被任何其他 NFT 替代。

NFT 作为数据资产权益,其最大的特点是可以确保数字资产的唯一性和不可篡改性。首先,NFT 通过存储在不可篡改的区块链上,映射了特定的数字资产,这使得这些资产具有独一无二的身份。其次,与中心化机构颁布的传统证书相比,NFT 能以更低的成本和更便利的方式确保数字资产所有权,并降低其被篡改的风险。

在数据要素流通中,NFT 可以发挥以下作用。

数据资产确权:NFT 可以为特点数据集提供唯一的身份标识,确保数据的所有权、开发权、经营权得到明确。通过将数据要素映射到 NFT 上,可以实现数据的溯源和追踪,防止数据被篡改或滥用。

数据要素流通:NFT 作为一种数字资产,可以在区块链上进行买卖、交换和转移。这为数据要素的流通提供了一种新的途径,使得数据要素的交易更加便捷、透明和安全。

价值发现:NFT 可以为数据要素赋予经济价值。通过对数据要素进行评估和定价,可以将数据要素转换为有价值的资产,从而激发数据要素的创新应用和价值挖掘。

数据要素共享激励:NFT 可以作为一种激励机制,鼓励数据要素的产生和共享。通过将数据要素与 NFT 绑定,可以为数据要素的提供者提供一定的奖励,从而促进数据要素的广泛传播和应用。

数据要素跨界融合:NFT 可以打破传统行业之间的界限,实现数据要素的跨界融合。通过将不同领域的数据要素映射到 NFT 上,可以实现数据要素的跨领域整合和应用,推动产业创新和发展。

国内为 NFT 提供区块链技术支持的主要为联盟链,在联盟链中不仅可以保证 NFT 的唯一性和不可篡改性,还可以根据业务需求设置特定的访问和使用规则。目前,联盟链 NFT 已经在多个领域得到广泛应用。

1. 知识产权保护与交易

知识产权联盟区块链的搭建由司法机关、知识产权管理部门为主导,将网络著作权申请、确权、交易、维权等全过程进行"上链"管理,实现全程可追溯留痕。这种方式不仅可以降低维权成本,还能提高司法机关与知识产权管理部门之间的跨部门协调能力,降低电子证据存证审查难度,提高司法办案效率。

2. IP 跨界与融合

近年来，IP 跨界与融合已经成为改善消费者服务体验的一个新的方向，例如滴滴专车和故宫文创 IP 的跨界联合、瑞幸咖啡与茅台酒联合推出酱香拿铁等。如果通过联盟链 NFT 平台，可以对文创作品和品牌 IP 赋予独一无二的 NFT，提升跨界融合的效率，从而达到合作方多赢的目的。

3. 供应链管理

在供应链领域，联盟链 NFT 可以实现商品的唯一标识和追踪。通过将商品与 NFT 绑定，可以实现商品的溯源和防伪，保证商品的质量和安全。此外，可以帮助企业更好地管理库存，提高供应链的效率。

随着数据资产化进程的加速推进，数字权益凭证可以加快数据资源的流通效率，推动数据资产的保值增值。

7.8 小结 >>

在 DRP 系统中，区块链技术凭借其去中心化、透明性、自治性、安全性和不可篡改性的特点成为数据资产确权、流通和交易的关键支撑，更是数据从资源化走向资产化的主要推动技术。在以 DRP 为基础，构建可信数据空间的过程中，区块链技术也将发挥至关重要的作用。

本章首先介绍了区块链的基本概念，以及其主要的技术特点。然后介绍了全球首个区块链系统，也是公链的典型代表——比特币。但鉴于公链系统在监管和安全性方面存在重要风险，包括中国在内的很多国家明令禁止虚拟货币的交易和流通，联盟链成为产业数字化转型的重要工具。之后从智能合约、去中心化身份验证、分布式存储系统和数字权益凭证等四方面，介绍了区块链的主要技术发展方向和在数据资产管理中的应用。

本章案例

上海聚均科技推出的"易融云仓物联网追踪系统"是基于"物流＋物联网＋区块链"的物流追踪产品。该系统将物流信息转变为可信的数字资产，为货物贸易过程中的在途环节提供金融服务，为物流和贸易客户提供金融解决方案，提升物流和贸易企业全产业链的资金周转效率。

聚均科技依托其领先的物联网"云＋端"技术实力，与聚量集团生态平台中的日海智能、凯晟物联等企业跨界融合，最终实现功能全面、流程完善、成本经济的在途动产控货解决方案。易融智运物联网追踪系统，主要包括车辆信息管理、班次管理、物流追踪、在线查询等服务，基于物联网、区块链、微服务架构打造，以物联网作为数据抓手。区块链除了实现存证、溯源、增信等赋能以外，还可以将资产数字化，借助智能合约实现流程智能化以及生态间的价值交换与流转，消除在途环节的信任风险，从而打造出了贯穿流程的信任生态。客户可通过网站及 App 实时监控货物在途状态、预计到达时间等，将客户体验的提升落到每个细节，该方案成为业内能够真正将区块链技术落地的典型案例。

第 8 章 DRP 与产业互联网

产业互联网是从消费互联网引申出的概念，是指传统产业借力大数据、云计算、人工智能以及互联网的广连接优势，提升内部效率和对外服务能力，是传统产业数字化转型的重要路径。产业互联网的核心是以信用为核心，将传统产业中的各个环节、参与方通过新一代网络技术进行连接，在实现信息共享和协同的同时，推动整个产业生态的转型升级。由于 DRP 的目标是实现整个产业生态的数字化转型升级，因此产业互联网也是实现 DRP 的重要工具，是 DRP 的前置条件和支撑底座。

8.1 产业互联网 >>

产业互联网是以可信数据系统为基础，通过产业内各个参与者（包括终端消费者）在可信平台上的互联互通，改变产业内数据采集、流通和使用，以及在每个环节创造价值的方式，通过建立智能合约系统，大大降低产业生态的协同成本，通过激活数据要素丰富产业生态价值的内涵。产业互联网充分体现了数据要素在产业内的价值创造能力，利用大数据、人工智能、区块链等技术加工产业内的数据要素，把数据变成产品价值的一部分，进而提升整个产业生态的价值。

8.1.1 从消费互联网到产业互联网

1994—2019 年，中国的消费互联网得到迅速发展，其核心是利用网络广覆盖的传播特性，在每个人群关注的领域获取流量，再用各种方式把流量变现。这种以流量为核心的商业模式，无法为社会提供足够可信的交易环境，并因此给互联网经济带来了"劣币驱逐良币"等很多问题。与消费互联网不同，产业互联网的核心是信用，是用技术手段保证产业互联网生态内的可信性，并依托这种可信性建立产业的价值体系。也就是说，产业互联网的构建需要一个公平、可信的软硬件环境，区块链技术也就成为构建产业互联网的重要支撑。建立产业互联网仅靠一两家企业是很难实现的，必须在政府协调下，由龙头企业引领多家企业共同实现。

数字经济在传统产业中的发展机遇在于数字化平台与生产场景相结合，对传统产业进行赋能升级，形成产业互联网。根据测算，仅在航空、电力、医疗保健、铁路、油气这五个领域引入数字化支持，建设产业互联网，假设每年提高 1% 的效益，平均每年就能产生 200 亿美元的价值。中国的传统产业规模巨大，因此发展产业互联网的价值空间也非常巨大。基于产业链的数据资源规划，通过数字技术和智能创新，对大量的传统产业赋能，将会使传统产业全面进入产业互联网时代。如果说中国的消费互联网市场只能够容纳几家万亿元级的企业，那么在产业互联网领域有可能容纳几十家、上百家同等规模的创新企业。对比中美互联网行业，美国产业互联网公司占据美股科技股前 20 强的半壁江山，相比之下，中国的 GDP 约为美国的 70%，但美国产业互联网科技股市值为中国的 30 倍，因此中国产业互联网具备更加广阔的发展空间。

根据市场分析机构 data.ai 最新发布的《2024 移动市场报告》显示，拼多多旗下的跨境电商平台 Temu 在 2023 年购物类 App 下载量排名第二；与此同时，总部位于中国的快时尚电商 SHEIN 成为全球第四大时尚品牌。以上两家看似是消费互联网企业优秀案例，实则是产业互联网成功的证明。这两家企业的迅速崛起依靠的都是柔性供应链引领的产业互联网升级。

以 SHEIN 为例，除了构建起自身数字化的底层能力外，它从开始就注重为供应商赋能，提升其数字化的经营和管理水平。据了解，当供应商和 SHEIN 达成合作后第一周，SHEIN 就会派人登门，协助工厂使用供应链数字化管理工具、辅导现场作业、助其跑通流程。这就解决了供应链数字化水平不同步和不均衡的问题。前端通过数字化来管理各个碎片化订单，上溯到产业链上游的供应商由线上数字化的管理工具进行生产排单。快速响应市场，从设计、测款、下单、生产、物流……整个产业链上下游实现全链路的数字化，这是支撑"小单快反"模式的关键所在。

与消费互联网不同，产业互联网下，每个行业的结构、模式各不相同，并不是"一刀切"，而是针对不同行业生态的"小锅菜"，需要一个行业、一个行业地推进。比如汽车产业链的产业互联网就不一定适用于电力产业链，化工产业链的产业互联网也无法直接平移复制到金融行业。

产业互联网必须通过激活产业链上的数据要素，产生整个产业链的数据价值，通过模式创新，实现转型升级，并进而降本增效、优化资源配置，产生 1+1>2 的效益。比如，通过打通产业链上的数据，创新金融服务产品来降低融资成本，解决链上中小微企业融资难、融资贵的问题；通过智能物流体系降低产业链整体物流成本，使产业链上的龙头企业、中小微企业可以基于更高效的物流进行创新。

8.1.2　从产业互联网到数字孪生

产业互联网的建立，虽然每个行业都有其独特的特点，但也有一些共同步骤可以遵循。

第一个步骤是数据化，实现"万物发声"。"万物发声"是指对产业链上各环节数据的客观采集。也就是说，要让产业链上中下游各环节通过数字技术把数据采集上来，发出"声音"、留下痕迹，为构建产业数字空间提供源头数据。

第二个步骤是网络化，实现"万物万联"。通过 5G、物联网、工业互联网、卫星互联网等通信基础设施，把所有能够"发声"的单元连接在一起，以高带宽、低时延的方式实现大范围的数据交互与共享。

第三个步骤是智能化，实现"人机互补"。也就是要在"万物万联"的基础上，让物与人可以交流，通过与人类智慧的融合，实现局部的智能反应与调控。

第四个步骤是智慧化，实现"人机共生"。也就是要借助"万物互联""人机对话"，进一步优化产业互联网系统，让机器智能发挥其最大作用的同时，也最大限度地增强人类智慧，从而实现"人机共生"的产业系统。

这四个步骤，前一步是后一步的基础，但又不是截然分开、泾渭分明的。推进产业互联网建设，要循序渐进、适度超前，但也不能好高骛远、急于求成。

当某一个行业的数字化转型升级完成了这四个步骤，就进入了数实融合、数字孪生的产业互联网时代。要实现数字孪生，首先就要通过智能传感器、仪器仪表对物理对象的状态进行多物理量的采集和测量，并以数字化的方式，将物理对象的属性数据全面映射到虚拟空间中，创建出数字空间中全生命周期的产业动态虚拟模型，以此与现实中的产业行为产生互动。其次要将动态仿真的数字模型与物理实体互相叠加、同步运行，实现数实融合。最后要实现数字虚拟世界和物理真实世界的交互协同、实时联动。

数字孪生具有四个基本特征。

一是动态性特征。数字孪生是动态的而非静止的，不仅能全面描绘物理实体的状态，还能动态反映物理实体的运行。它通过动态仿真赋予数字孪生体生命力，使其从静止的虚拟影像一跃成为鲜活灵动的动态模型，并无限逼近真实世界中的物理实体。要实现这一点，关键就在于根据物理学规律和机理，通过算法在虚拟世界中重现物体在真实世界下的运行过程，比如物体受重力作用下落、移动时因摩擦力而减速、液体和气体的流动等，乃至模拟生命体的神经反射。

二是持续性特征。数字孪生覆盖物理实体从研发、设计、制造，到运行、检测，再到回收利用的全生命周期，数字孪生体与物理实体之间的作用是持续不断的。

三是实时性特征。数字孪生构建的虚拟模型与物理实体之间的联动和交互应该是实时或准实时的，能够及时且准确地传输数据并进行精准映射。如果虚拟模型与物理实体之间存在较高的迟延，则无法准确、及时地反映物理实体的各种状态，数字孪生的许多功能也就难以为继。

四是双向性特征。虚拟空间中的数字孪生体不仅是物理实体的数字镜像，也是与物理实体实现实时联动、相互作用的。物理实体的状态将实时映射在数字孪生体上，同时数字孪生体运行产生的数据和指令也会传输到物理实体上；数字模型不仅单向地反映物理实体的运行，而且双向地对物理实体进行反馈。

随着云计算、人工智能、边缘计算等支撑技术的跨越式发展，数字孪生技术已经应用到装备制造、航空航天、电力、医疗、基建工程以及城市治理领域。

比如在装备制造领域，数字孪生被应用于产品的设计、生产、制造、运营等全生命周期。在研发设计环节，企业可以利用虚拟模型将产品的各类物理参数以可视化的方式表现，并在虚拟空间中进行可重复、参数可变的仿真实验，测试和验证产品在不同外部环境下的性能和表现，从而提升设计的准确性和可靠性，缩短研发流程，大幅降低研发和试错成本；在生产环节，利用虚拟生产线的 3D（三维）可视化效果，工作人员无须去现场就能够充分掌握生产线的实时状态，从而进行运维管理、资源和能源管理、调整生产工艺、优化生产参数、进行生产调度等。除了帮助传统制造业提升效率，数字孪生也不断推动创新制造业的资本运营、供应链管理、客户服务等模式，为制造业拓展了价值空间。

在城市治理领域，数字孪生技术的应用催生了数字孪生城市。通过海量的传感器对城市中数以亿计的数据进行实时采集和测量，并利用数字高清地图技术，在虚拟空间中构建出整个城市的高精度数字孪生体，通过城市的物理空间与虚拟空间之间的交互映射、虚实对应、实时互动，在城市虚拟空间中对天气变化、地理环境、基础设施、城市建筑、市政资源、人口土地、产业规划、城市交通等要素进行数字化表达，并对其进行推演，从而实现城市实时状态的可视化和城市运作管理的智能化，提升城市规划质量，优化城市建设方案，提高城市管理水平。

8.2 智能制造 >>

智能制造是产业互联网的一个重要组成部分，它通过将信息通信、自动化和人工智能技术等应用于制造过程中，实现生产过程的智能化和自动化。智能制造的目标是提高生产效率、降低成本、提高产品质量和灵活性，以满足市场需求的变化。

实现智能制造需要以下几个关键要素。

一是数据驱动。智能制造高度依赖大量的数据收集、存储和分析。通过传感器、物联网和云计算等技术，可以实时监测生产过程中的各种参数和状态，并将这些数据进行分析和挖掘，以优化生产流程和决策。

二是产线自动化。智能制造的很多环节需要应用自动技术来替代人工操作，提高生产效率和质量。自动技术包括机器人、自动化生产线、自动化仓储和物流系统等。自动技术的应用，使生产过程变得更加快速、准确和高效。

三是智能决策与优化。智能制造需要应用人工智能技术来实现智能决策和优化。人工智能技术包括机器学习、深度学习、自然语言处理和专家系统等。通过人工智能技术的应用，可以实现对生产过程的智能监控、故障诊断和预测，以及优化生产计划和资源分配。

四是设备互联与信息共享。智能制造需要应用互联网和物联网技术来实现设备之间的互联互通和信息共享。通过互联网和物联网技术的应用，能够实现设备的远程监控和管理，以及生产过程中的协同工作和资源共享。

五是人机协作。智能制造需要实现人与机器的协同工作。通过人机协作，既可以提高生产效率和灵活性，又能降低人力成本和劳动强度。人机协作主要通过虚拟现实、增强现实和语音识别等技术来实现。

智能制造在产业互联网中有以下几方面的重要作用。

一是保障产业互联网数据的可信性。产业互联网的协同能力需要以准确的数据为基础，智能制造系统可以从生产线上直接进行数据的客观采集和传输，进而实现制造系统的数据化，为产业互联网各参与者的协同打下坚实基础。

二是便于产业互联网的平台化运作。平台化运作需要制造环节具有快速、柔性的响应能力，有了智能制造系统就能够大大提高产业互联网平台的运营效率，确保整个平台的高效运行。

三是促进产业互联网的模式创新。产业互联网的核心效能是通过数据的可信互联形成的产业运营模式创新。借助智能制造系统可以为产业互联网上各合作伙伴提供模式创新所必需的响应，进而支持多种产业互联网运行模式。

8.3 云仓 >>

云仓是一种基于云计算和现代管理技术的仓储模式，它利用数据云技术实现仓储数据的互联互通和高效服务。相比单一仓库，云仓不依赖单个大型仓库，而是由多个仓库构成仓库网络，这不仅使得它能够提供超大的存储空间，同时通过整合分散的仓储资源，降低了仓储成本，提高了资源利用效率。利用物联网技术和自动化技术，云仓可以实现对商品的实时监控和动态管理，减少人工干预，提升整个仓储运营效率。依赖大数据和人工智能技术，云仓可以对商品库存水平进行统一分析，实现全网动态调度，确保合理的库存水平，降低资金占用成本和仓储成本。

在云仓体系建设中，一般关注三方面的问题。

1. 仓网体系的合理规划

在云仓建设中，仓网规划是一个关键步骤，涉及如何在多个仓库之间合理分配资源，以满足整个市场的物资需求。仓网体系建设之前，首先需要对市场需求进行深入的分析，了解不同地区的客户需求、订单量、商品种类等信息，这有助于确定需要多少仓库以及每个仓库的技术要求和规模。对客户的历史订单进行大数据分析，是掌握市场需求的有效手段，同时还需要结合整体市场的发展变化情况对规划进行适时调整。

在仓网建设中，选择合适的仓库位置至关重要，需要考虑地理位置、交通便利性、劳动力成本、政策环境等因素。由于云仓建设是分步骤、分阶段进行，因此需要统筹考虑未来仓库的建设布局，确保所选位置能够满足长期需求。

集约高效的数据平台建设，是实现云仓系统统仓统配的重要手段。通过将仓库管理、订单处理和库存控制等模块进行统一集成，建立统一的数据平台对全网仓库进行统一管理，可以有助于提升整个仓网的效率和管理透明度。

同时，仓网规划是一个持续迭代的过程。随着市场的变化和业务的发展，需要不断地对仓网进行调整和优化，以适应不断变化的环境。

2. 仓库的自动化、无人化与标准化建设

为了提高云仓中各个仓库的管理和业务处理效率，需要综合运用物联网技术、立体仓库、自动导引车（Automated Guided Vehicle，AGV）和机器人等技术手段。

物联网技术可以通过传感器、射频识别（Radio Frequency Identification，RFID）等设

备实现对商品位置、状态、数量等信息的实时掌握，从而提高商品仓储数据的效率和准确性。此外，物联网技术还可以实现对仓库环境的监测和控制，如温度、湿度等，确保商品的质量和安全。

立体仓库则是一种高效的仓储方式，它通过对垂直空间的利用，大大提高仓库的空间利用率。立体仓库系统通常与自动化设备和智能管理系统相结合，实现商品的快速入库、出库和搬运，提升仓库的作业效率。

AGV 是一种无人搬运车辆，它可以自动导航并运输货物到指定位置，还可以在夜间或空闲时间进行作业，进一步提高了仓库的利用率。

机器人可以执行各种复杂的任务，如拣选、包装、分拣等，从而提高仓库的作业效率，减少人工操作，降低错误率。此外，机器人还可以在危险或恶劣的环境中工作，提升仓库的抗风险能力。

在无人化仓库中，标准化流程是保证作业效率和准确性的关键。面向多个仓库制定统一的作业流程和操作规范，可以确保各个作业环节的顺畅衔接，提高整体效率。

3. 基于 AI 算法，实现库存与订单管理的协同智能决策

因为产业互联网能够掌握整个仓网的商品数据，因此可以在库存管理、跨库调拨和配送优化方面利用 AI 技术。

在库存管理方面，可以通过分析历史数据和市场趋势，预测商品的需求量，从而帮助企业制定合理的库存策略。AI 系统可以根据过去的销售数据和未来的市场趋势，预测某个商品的销售量，从而设置合理的动态安全库存水平，避免库存不足或过剩的情况。

在跨库调拨方面，AI 系统可以协调不同仓库之间的库存流动，实现全局的最优化。通过分析各个仓库的库存状况和物流成本，AI 系统可以智能地安排货物的调拨，以达到整体的成本最低和服务最佳。

在配送优化方面，AI 系统可以自动识别订单中的商品信息和数量，然后自动分配库存并安排配送，通过分析交通状况、配送路线和时间窗口等因素，优化配送方案，提高配送效率。

因此，作为产业互联网的重要组成，云仓体系的建设将为产业链和产业生态的运营创新奠定基础。

8.4 数字物流 ▶▶

数字物流平台是充分利用产业互联网平台的数据整合能力，结合移动互联网、人工智能、大数据、物联网、云计算、区块链等数字技术，创新物流组织模式、优化物流资源、提高物流效率、降低物流成本，进而形成一套完整的数字物流解决方案。

数字物流平台通常具有订单中心、运输中心和结算中心三大核心板块，为客户（货主/需求方）、承运商和司机提供统一的服务。其中，订单中心主要完成运单配置、运单管理、竞价策略管理、询价管理等模块，支持需求预测、智能分单和自动派单等工作。运输中心

主要完成运力池管理、派车管理、全流程监控和智能调度，并通过线路规划、分时预测等方式提升运输效率，降低运输成本。

区别于传统两方和三方物流，数字物流平台同时服务于货主／需求方、承运方、司机，通过"人""车""货""场"数据的全面打通，建立平台化、数智化和生态化的数字物流体系。

围绕货主方和需求方，数字物流平台改变传统的按照物流订单进行需求匹配的模式，通过与上下游的生产计划、仓储情况深度协同，进行运力需求的动态分析与按需保障，从而提升需求方的交期满意度。通过对运输物流与客户厂内物流的联动进行分时预测和统一调拨，可以缩减在厂区内"车等货"的排队时长，提升整体的运营效率。

围绕承运方，数字物流平台可以提供运力寻源和动态比价服务，推荐优质货源进行优先匹配，并在运力紧缺时通过平台进行运力寻源及比价，保障承运方参与的积极性。同时，通过对承运司机／车辆进行实时监控和风险预警，帮助承运企业实现透明化管理。

围绕司机方，数字物流平台可以进行适时配货、运输接单及运输任务管理，通过智能算法推荐接单，提升司机车的生产运营效率。同时可以提供车辆的融资租赁服务和后市场服务，降低司机的运营成本。

在产业互联网中，数字物流平台革新了与货主方、承运方和司机方的协作关系，利用各类数字技术激活数据要素，为物流行业带来了颠覆性的变革。

8.5 产业数字金融 >>

产业数字金融指在产业互联网上依托各类真实业务，激活供应链上的数据要素，通过金融科技的手段优化供应链的资金流，降低运营成本，提高资金使用效率的一种金融创新行为。传统面向产业链的金融服务，存在很多难点。

一是信用评估难。传统信用评估通常依赖企业的财务报告和历史信用记录，但这些信息往往无法全面反映中小企业的经营状况及其当前业务的真实情况。

二是风险管理复杂。传统的供应链金融往往以应收账款、存货、机械设备、仓单等作为抵押物，帮助企业获得资金支持，这些抵押物具有多样性、分散性、价格波动性等特点，如果数据能力不足，将难以实现对抵押物的实时跟踪和精确评估。

三是参与主体多。传统的供应链金融可能涉及供应商、分销商、零售商等多个参与主体，存在信息不对称、票据多级拆分等问题，导致传统的供应链金融真正普惠中小企业的难度进一步增大。

随着物联网、大数据、区块链等新技术的广泛使用，促使数字化时代基于数字信用体系的产业数字金融得到了快速发展。下面举几个产业数字金融的典型示例。

1. 基于区块链的电子信用票据

基于区块链的电子信用票据是一种新型的反向保理类金融产品，它通过区块链技术的应用，实现了供应链中应收账款的透明化和安全化。具体来说，核心企业将对供应商的应付账款，以电子信用票据的形式记录在区块链上。区块链技术的应用使得票据的真实性得到保障，因为一旦信息被记录在区块链上，就几乎无法被篡改，这大大减少了假票和克隆票的出现概率。同时，通过智能合约，电子信用票据可以进行拆分和流转，一级供应商可以将电子信用票据转让给多个不同的二级供应商，由于区块链可溯源的特性，能够确保每张拆分电子信用票据的唯一性和整体应付账款金额的一致性。基于区块链的电子信用票据可以作为融资工具，向保理机构申请现金贴现，或者持有至到期日接收保理机构的现金兑付。基于区块链的电子信用票据，不仅为中小企业提供了更加灵活和安全的融资渠道，也为金融机构提供了新的业务模式和风险管理工具，已经成为近年来发展最快的产业数字金融产品。

2. 基于物联网的仓单质押融资

仓单质押融资是指融资方将拥有的完全所有权的货物存放在仓库，并以仓储方出具的仓单在银行进行质押，作为融资担保的一种业务形式。在仓单质押融资中，货物盗窃是一个主要风险点。此类风险通常涉及外部人员非法进入仓库盗取质押的货物，或者内部人员与外部人员串通实施盗窃。为了防范盗窃风险，通过在仓库中安装各种传感器和追踪设备，如 GPS 追踪器、RFID 标签、温湿度传感器等，可以实时收集货物的位置、状态、环境等信息。通过实时监控和数据分析，金融机构可以更好地了解货物的真实情况和流转过程，从而增加对借款人的信任度。同时，物联网技术还可以防止欺诈行为的发生，提高整个产业数字金融生态系统的安全性和稳定性。

3. 基于物联网技术的大型设备融资租赁

对于制造企业和工程企业，采用融资租赁的方式可以避免全额付款带来的资金成本，保持良好的现金流，因此融资租赁也是产业数字金融中重要的组成部分。利用物联网技术，可以由金融机构对租赁设备实施有效的租后管理，监控设备状态和位置，确保设备被正常使用。在承租人违约时，出租人可以迅速采取措施，远程锁定设备，从而有效控制风险。远程锁机技术为融资租赁行业提供了一种高效、安全的管理手段，不仅能够保护出租人的权益，还能够促进行业的健康发展。

8.6 产业大脑 >>

在产业互联网的背景下，产业大脑被定义为一种基于数据和算法的智能化系统，它通过集成各种数字技术，如云计算、大数据、物联网、人工智能等，对产业全链条的数据进行采集、存储、处理及分析。产业大脑的核心在于构建一个开放的、动态的、自我进化的知识体系，通过对海量数据的深度挖掘和智能分析，为产业的各个环节提供决策支持。

产业大脑通过收集和整合各种数据资源，实现了对产业的全方位监控和分析。它能够及时发现产业中的问题和瓶颈，并提供相应的解决方案。同时，产业大脑还能够预测未来的市场趋势和需求变化，为企业提供决策支持。

产业大脑的作用和价值主要体现在以下几方面。

一是提升决策效率和质量：产业大脑能够实时收集和分析产业链上的各种数据，包括市场需求、原材料供应、生产能力、物流配送等，帮助企业和政府部门作出更加精准和高效的决策。通过对历史数据和实时数据的分析，产业大脑可以预测市场趋势，识别潜在的风险和机会，为企业的战略规划和制定日常运营提供科学依据。

二是促进资源优化配置：产业大脑通过对产业链条中的资源分布和需求情况进行智能分析，可以有效地指导资源的合理配置和优化利用。例如，它可以帮助企业找到最优质的原材料供应商。同时，产业大脑还可以通过分析市场需求，指导企业调整产品结构和生产计划，减少库存积压和浪费。

三是加强产业链协同：产业大脑通过整合产业链上下游的信息，促进各环节之间的信息共享和业务协同。它可以帮助制造商、供应商、分销商等不同角色之间建立更为紧密的合作关系，实现数据互通和流程联动，提高整个产业链的运作效率。

四是创新商业模式：产业大脑的应用不仅限于提高生产效率和降低成本，它还能够帮助企业创造全新的商业模式和收入来源。通过对大量数据的分析，产业大脑可以揭示消费者的需求偏好和行为模式，帮助企业开发新产品和服务，实现差异化竞争。

随着数字技术的不断进步和应用的不断深入，产业大脑将成为产业互联网发展应用的关键领域。

8.7 小结 >>

以信用为核心的产业互联网是产业数字化转型的重要抓手，也是数据空间与实体空间融合发展的纽带。本章首先介绍了产业互联网的基本概念与内涵，然后围绕业务流、物流、资金流和信息流等关键板块，介绍了产业互联网的重点应用场景：智能制造、云仓、数字物流、产业数字金融和产业大脑。

对于 DRP 来说，产业互联网既为数据资源规划提供了可信底座，同时本身也是 DRP 主要的施展平台和规划对象。基于产业互联网，数据资源的科学规划能够最大限度地改善供应链运营模式和提升生产运营效率。产业互联网并不是单一的技术，而是物联网、云计算、大数据、人工智能和区块链等先进技术与实体产业深度融合应用的产物，它立足于产业数据的互联互通，基于数据解决产业协作问题，是各个产业实现转型发展的重要工具。

本章案例 //////

云南建投物流公司立足云南建投集团主业优势，依托从"源头"到"终端客户"的全程智慧供应链运营体系，与大批央企、地方国企建立合作，通过资源整合、规模采购、采销一体化运作、全流程数字化管控、供应链金融服务等持续推动大宗建材产业链生态化发展。实现由单一建材商贸企业向科技型、综合型现代供应链运营企业的蜕变。

在赊销成为主流的供应链体系中，下游供应商应收账款增多，应收账款信息管理、风险管理和利用问题多。处于供应链中上游的供应商，很难通过传统的信贷方式获得银行的资金支持，而资金短缺又会直接导致后续环节的停滞，甚至出现"断链"。盘活企业应收账款将为上下游企业带来巨大的经济效益，有效缓解企业资金压力。

如图 8-1 所示，云南建投物流公司依托供应链大数据，积极发展产业数字金融服务，搭建了云南建投产业数字金融共享服务平台，致力于提升企业、供应商以及资金方管理水平，为集团及各成员单位提供更加高效、便捷的金融服务，解决集团各层级单位在资金链管理中的痛点。通过整合供应链上下游企业，以供应链平台大数据分析为支撑，集团各成员单位通过该平台可与供应商、承包商及金融机构进行快速、安全的业务对接与合作，充分发挥集团在产业链、供应链的核心优势，将良好的信用传递至链属企业，一方面解决中小微企业融资难、融资贵、融资慢的问题，促进产业链的稳定发展；另一方面提升核心企业管理效率，实现供应链上的金融服务数字化、透明化、协同化。核心企业通过该平台可签发承诺在指定日期支付确定金额款项给供应商的可流转、可拆分、可融资、可追溯的应收账款电子债权转让凭证。截至目前，云南建投物流公司及其下属子公司已累计为上下游企业完成融资额度超 77.3 亿元，单周业务量平均超 2 亿元，惠及上下游上万家企业。

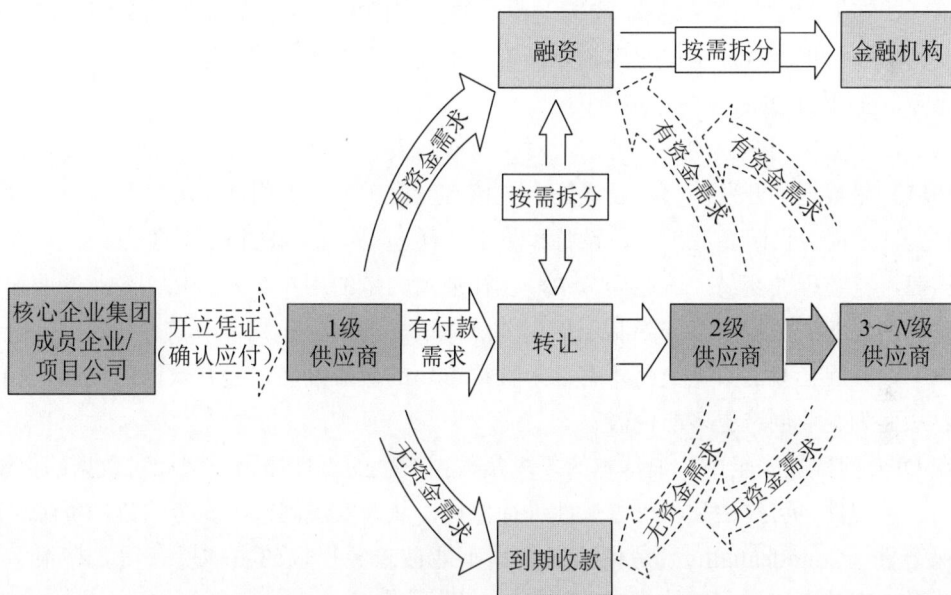

图 8-1　云南建投物流公司产业数字金融方案

第9章 DRP与数据安全

在DRP系统中，数据安全是伴随数据全生命周期的基础性需求。随着企业加快数字化转型升级，数据量爆发式增长，数据安全已经成为企业数据要素利用和数据价值挖掘的重要保障。本章将对DRP所涉及的数据安全技术进行介绍。

9.1 越来越重要的数据安全 >>

数据安全是指通过采取必要措施，确保数据处于有效保护和合法利用的状态，以及具备保障持续安全状态的能力。数据安全在DRP中的重要性体现在三方面。

第一，在DRP中，数据驱动渗透于企业的方方面面，从业务流程到组织架构、从产品研发到市场营销、从员工作业到企业决策，都需要数据的支撑和驱动。如果数据安全得不到保障，企业的DRP就是空中楼阁。

第二，数据作为企业的核心资产，对在企业研发、生产、管理、经营、市场、营销等各个领域积累数据的开发能力，已成为企业核心竞争力的重要组成部分。只有有效地保障数据安全，才能像保障企业工厂、设备和员工一样，支撑企业的核心竞争力。

第三，在数据的交易、流通环节中，往往涉及大量的用户个人隐私、企业商业秘密甚至国家秘密，随着数据安全和隐私保护相关法律法规的出台和完善，唯有在数据安全技术的保障下，开展合规的数据交易才有助于数据市场的健康发展，提升数据的流通性和使用价值，从而为企业创造更多的价值。

在DRP的数据安全中，最基本的要求是数据安全的五性原则，即针对数据的保密性、完整性、可用性、可控性和不可否认性进行保护，从而实现高效、安全的数据资源管理。

保密性（Confidentiality）是指确保数据不能被未经授权的主体所获得。在很多情况下，数据加密是实现保密性的关键手段。

完整性（Integrity）用于确保数据的一致性，防止数据在传输和存储的过程中被非法访问者篡改或者替换。通过哈希算法等完整性校验的方式，能够保障数据的完整性。

可用性（Availability）用于保证用户对数据能够进行正常访问和使用。数据冗余与数据备份是提高数据可用性的常见手段。

可控性（Controllability）：指能够对数据的访问和使用进行授权和审计，即可以对哪些用户可以访问哪些数据进行细致的管理和监控。数据访问控制是保障数据可控性的关键。

不可否认性也被称作可审计性（Accountability），是指通过对数据的追踪和分析，确认数据的合法访问和操作，以及时发现和处理安全问题。数据安全审计是保障数据可审计性的重要环节。

数据资源规划涉及从数据产生、传输、存储、计算、使用、共享到销毁的整个过程，因此数据安全也应当全面覆盖数据的整个生命周期，确保全过程安全。

在数据采集阶段，即数据产生之初就应该对数据进行分类和标记，明确哪些数据是敏感的，需要特别保护。同时，采用适当的技术手段，如数据脱敏、访问控制等，限制数据采集的范围和方式，避免敏感数据的非授权获取。

在数据的传输过程中，应当采用加密协议，如 SSL/TLS 等确保数据传输的机密性，同时应当具有数据对账和安全审计措施，对问题数据进行核验和溯源。

在数据存储与计算环节，应当采用可信计算机制确保计算过程的安全性，同时利用数据库加密、文件加密、字段加密等方式，对敏感数据进行加密保护。同时，应当建立数据备份机制，以备在数据丢失或损坏时能够迅速恢复，以保障系统的可用性。

在使用数据时，应对用户进行身份认证和授权管理，确保只有授权的用户可以访问数据，并可以通过安全审计和用户行为分析，发现异常访问行为。

在数据共享时，应明确数据的范围和用途，通过严格的访问控制策略来保障数据共享安全。同时可以采用隐私计算、机密计算等技术，实现数据可用不可见，在保障数据安全的前提下，充分地挖掘数据价值。

在数据不再需要或达到生命周期末端时，应进行彻底的数据销毁工作，如数据擦除、格式化等操作。对于涉及个人隐私的相关数据，应确保全过程销毁，防止数据泄露。

9.2 可信计算——DRP 数据安全的基石 ≫

可信计算技术是一种计算机安全体系结构，旨在确保计算机系统在各种攻击和威胁下仍可保持高度安全性。它通过诸如硬件加密、受限访问以及计算机系统本身特征的保护等手段来实现。可信计算的核心技术包括安全启动、远程验证和执行环境保护三方面。

安全启动是可信计算的基础，是指计算设施在启动过程中没有被篡改或破坏。在计算机、服务器等常见计算设备中，主要通过可信平台模块（Trusted Platform Module，TPM）来保障启动的安全性。TPM 通过固化的加密密钥进行硬件认证，利用 TPM 逐级地对 BIOS、操作系统和应用软件进行验证，以保障启动过程中不会遭受到任何修改和恶意软件攻击。

远程验证是保障多个计算设备之间数据交换的安全性和合法性的关键技术，以确保分布式系统中的数据和应用程序安全。在远程验证中通过加密技术和安全协议来验证双方设备的合法性和安全性，通过远程验证，可以保护敏感数据和应用程序，确保只有可信任的计算设备才能访问和使用这些数据和应用程序。

执行环境保护是一种保护程序运行环境和系统软件代码的安全措施。它的目标是防止在计算系统中运行的程序和数据受到篡改、盗取和非法访问的威胁。为了实现这个目标，可信计算使用隔离技术将系统分为多个独立的安全区域，每个区域都有相应的安全保护机制。这样，即使某个区域受到攻击或被篡改，也不会影响其他区域的安全。

可信计算在 DRP 数据安全领域中起到了关键作用，它为数据的完整性、机密性、可靠性和安全性提供了强大的保障。

9.3 数据分级分类——DRP 数据安全评估的基础 >>

数据分级分类技术是指根据数据的敏感程度和数据遭到篡改、破坏、泄露或非法利用后对受害者的影响程度，按照一定的原则和方法对数据进行定义和分类。

数据分级分类是数据安全治理领域的一个重要概念，主要用于数据的全生命周期安全管理。在数据的全生命周期中，从数据的采集、存储、使用、加工、传输到公开、共享等各个环节，都可能面临安全风险。因此，对数据进行分级分类管理，根据不同的安全级别制定相应的安全策略和保护措施，是实现数据全生命周期安全的重要保障。

数据的分级分类通常基于数据的敏感度和数据的安全需求进行划分。一般来说，可以将数据分为非敏感数据、敏感数据和涉密数据三类。非敏感数据是指那些不涉及敏感信息的普通数据，这类数据可以根据实际需求采取相应的保护措施；敏感数据是指那些涉及个人信息、企业内部数据等敏感信息的数据，这类数据需要采取一定级别的保护措施来防止被篡改、泄露、破坏等；涉密数据是指涉及国家秘密的数据，这类数据又可分为绝密、机密、秘密三级，必须采用符合国家保密管理部门要求的保护措施。

数据分级分类在数据安全中的作用包括以下几方面。

指导制定安全策略：根据不同级别的数据分类，可以制定针对性的安全策略和措施。例如，对于高风险数据，需要实施更加严格的访问控制、加密存储、数据备份等措施；对于低风险数据，则可以采取相对简单一些的安全策略。

优化资源分配：基于数据的风险等级分配相应的资源进行保护，这样可以避免因分级不清导致资源浪费或分配不当的情况。例如，给高风险数据分配更多的存储空间或更高性能的服务器等。

引导用户的数据安全意识：通过公布数据分类分级政策，可以引导用户理解不同数据的敏感度和重要性，从而提高用户的数据安全意识，使其主动采取相应措施以保护数据安全。

支持数据全生命周期管理：数据分级分类可以帮助组织机构实现对政务数据、企业商业秘密和个人数据的差异化管理和安全保护。例如，根据数据的敏感程度和重要程度，制定不同的备份策略和恢复措施，确保数据的可靠性和完整性。

提升数据的可管理性：数据分级分类使得数据的管理变得更加容易和有序。组织机构可以根据数据的级别和类型，制定相应的管理规则和流程，从而提升数据管理的效率和准确性。

增强数据的可控性：通过对数据进行分级分类，组织机构可以更好地控制数据的访问和使用。这样可以避免敏感数据的不当泄露和滥用，保障数据的机密性和完整性。

另外，随着数字化时代的到来，大数据、人工智能等新技术的发展给数据分级分类也带来了新的挑战：

首先，大数据通常具有海量、高增长的特点，使得数据分级分类变得非常复杂和耗时。依赖人工进行大规模数据的分级分类是不现实的，需要高效、智能、快速的系统工具来辅助。

其次，传统的基于数据类型和特征识别的工具在大数据环境下可能难以有效工作，因为数据类型多样、特征模糊，难以准确识别和分类。这可能导致分级分类的准确率不高，需要采用更先进的技术和方法来提高效率和准确性。

最后，在数据分析和机器学习中会不断产生新的数据，因此大数据是动态变化的，数据的级别和类别可能会随着时间的推移而发生变化。因此，数据分级分类需要建立动态的、持续的管理机制，以便实时监控和调整数据的级别和分类。

因此，未来需要在 DRP 中提供大数据的数据安全治理工具，建立新的数据分级分类标准，采用先进的技术和方法，建立动态的、持续的管理机制，并加强隐私保护措施，以确保数据的安全性和隐私权益。

9.4 数据脱敏与数据加密——让数据隐身 ▶▶

在数据安全领域，需要避免数据被非授权对象访问和使用，数据脱敏和数据加密是避免数据泄露的两种关键技术。

1. 数据脱敏

数据脱敏，也称为数据去隐私化或数据变形，是在既定的规则、策略下对敏感数据进行变换、修改的技术和机制。数据脱敏可以分为静态脱敏和动态脱敏。静态脱敏是指对敏感数据进行脱敏处理后，将数据从生产环境导入其他非生产环境进行使用。动态脱敏则是对数据进行多次脱敏，更多应用于直接连接生产数据的场景，在用户访问生产环境敏感数据时，通过匹配用户 IP 或 MAC 地址等脱敏条件，依据用户权限改写查询 SQL 语句等方式返回脱敏后的数据。

在涉及客户安全数据或者一些商业敏感数据的情况下，在不违反系统规则前提下，对真实数据进行改造并提供测试使用，如身份证号、手机号、银行卡号、客户号等个人信息都需要进行数据脱敏。总的来说，数据脱敏技术不需要对所有信息进行加密，而是保留数据原有的格式，在不需要解密的条件下，降低数据敏感度。因此，脱敏技术兼顾了数据安全与数据使用，脱敏后的数据依然可以用于分析和测试。

2. 数据加密

数据加密技术则是采用加密算法，将明文转变为密文，并在系统中传输、存储的方法。数据加密技术是确保数据安全最常用、最可靠的方法，广泛用于保障数据在传输、存储和处理过程中的机密性、认证性和完整性。按加密机制，加密算法可分为对称加密算法、非对称加密算法、哈希算法等三类。

对称加密算法利用相同的密钥对数据进行加密和解密，常用的有国际算法 AES、

DES，国密算法 SM1、SM4 等。非对称加密算法则采用公私钥对，即两个密钥分别用于加密和解密，常用的有国际算法 RSA、DSA，国密算法 SM2 等。哈希算法主要通过大量明文数据生成一个唯一的摘要值，用于进行数据完整性保护，或结合公钥算法实现签名验证，常用的有国际算法 MD5、SHA-1，国密算法 SM3 等。

在实际应用中，数据加密在数据全生命周期的多个环节均会得到使用。例如，在数据传输过程中使用 SSL/TLS 协议对传输的数据进行加密；在数据存储时，可以对独立的字段进行加密存储，也可以对数据表、对象文件等进行加密存储。在数据访问时，可以对关键字段进行加密，以确保仅部分用户可以访问关键字段。

数据加密技术往往还可以与其他数据安全措施结合使用，共同提升数据的安全性。

数据脱敏和数据加密都是数据安全中的重要技术，但在实际使用中，也会有很大的区别。

在数据变换的过程中，数据加密通常是可逆的，即将明文转换为密文后，拥有密钥的用户可以将数据进行还原。因此，数据加密往往可以用于敏感数据或涉密数据的全过程保护。即在数据产生时对其进行加密，在需要读取、计算、使用数据的各环节对其进行解密处理，从而保障敏感数据明文始终在密钥的管控之下。而数据脱敏是不可逆的，没办法将脱敏后的数据还原为原文，这样就造成了信息量的丢失，不适用于数据的产生、传输、处理环节。

从数据的表现形式看，脱敏数据是可读的，而除了极少数保留格式加密算法的数据外，加密后的数据是以"乱码"方式呈现的。因此，在数据开发、测试或者结果呈现的时候，使用脱敏数据更加方便。例如，运营商或者银行营业厅，在显示用户手机号、身份证号、银行卡号时，会采用"×××"的方式对部分字段进行脱敏显示，但不会影响业务员的业务办理。

总之，数据脱敏和数据加密都是保障数据安全的重要手段，各有特点和适用场景。在 DRP 的实际应用中，可以根据具体需求选择合适的技术方法来保护数据的隐私性和机密性。

9.5 零信任——构建动态、持续的数据访问控制手段 >>

数据访问控制是数据安全中的一个重要概念，主要是指对数据进行访问的控制，即限制哪些用户、哪些程序可以访问哪些数据，以确保数据的安全性和保密性。随着云计算、物联网等技术的广泛普及，人工智能、大数据技术的深入应用，传统静态的、基于边界的访问控制模型已经很难满足大数据时代数据安全的需要，近年来"零信任"逐步成为数据访问控制的一个主流框架。

零信任是由谷歌公司提出的一种全新安全框架，其核心理念是不信任任何内部或外部的网络实体，而是通过严格的身份验证、访问控制和加密技术来保护数据和相关资源。它是一种网络安全策略，旨在提高企业的网络安全防护能力，防止未经授权的访问和数据泄露。零信任基于"默认不信任，验证一切"的原则，对所有用户、设备和数据流量进行身份验证和授权控制，无论它们位于内部网络还是外部网络。

在零信任框架下，用户和应用程序无论在内部网络还是外部网络，都需要经过身份验证和授权控制才能访问相应的数据资源。这意味着企业需要实施全面的身份验证、访问控制和加密技术，以确保只有经过授权的用户和应用程序可以访问敏感数据和资源。

利用零信任实现数据访问控制，需要采取以下几个步骤。

多因素身份验证：实施多因素身份验证以确保只有经过授权的用户才可以访问数据。这可以通过指纹识别、人脸识别、动态口令等技术实现。

基于属性的权限管理：零信任推荐使用基于属性的访问控制（Attribute Based Access Control，ABAC）进行权限管理。通过对主体"用户"、客体"数据"来分配相应的权限，实现细粒度的访问控制。

动态访问控制：采用动态自适应的访问控制策略，根据用户的动态行为和信任度来进行权限调整。通过持续监控用户的行为和环境变化，动态调整用户的访问权限。

数据脱敏：在数据传输、存储和处理过程中，对敏感数据进行脱敏处理，使得敏感数据无法被非授权用户识别。这可以保护数据的隐私性和机密性。

数据加密：对敏感数据进行加密处理，确保只有拥有解密密钥的用户可以访问数据。数据在传输和存储过程中都应进行加密，以保护数据的机密性和完整性。

安全审计和监控：建立完善的安全审计和监控机制，对用户的访问行为进行记录和监控。通过审计日志分析用户的行为和访问权限，及时发现和处理异常行为。

持续的安全评估和改进：定期进行安全评估和漏洞扫描，及时发现和处理安全问题。根据安全需求的变化和技术的进步，持续改进和优化数据访问控制策略。

通过以上步骤，企业利用零信任框架实现更加安全可靠的数据访问控制，保障数据的隐私性和机密性。

9.6 隐私计算——让数据可用不可见 >>

隐私计算技术是指在保护数据本身不对外泄露的前提下实现数据分析计算的技术集合，达到对数据"可用不可见"的目的。具体来说，隐私计算技术可以在保证数据隐私的同时，进行数据的处理、分析和计算，从而实现数据的价值。

隐私计算有很多种不同的实现路径，常用的隐私计算方法包括秘密共享、同态加密、混淆电路、零知识证明等。这些技术都使用了复杂的密码算法，能够解决部分的隐私计算场景，但在场景上也具有一定的局限性。近年来，随着人工智能技术、可信计算技术的发展，并与密码技术的深度融合，以联邦学习、机密计算为代表的新型隐私计算技术逐步发展起来，并得到了快速发展。下面重点对联邦学习和机密计算技术进行介绍。

1. 联邦学习技术

联邦学习技术是一种分布式机器学习技术，它能够让参与方在不披露底层数据和底层数据加密（混淆）形态的前提下，通过交换加密的机器学习中间结果，实现联合建模。这种技术可以打破数据孤岛、释放 AI 应用潜能，具有 AI 应用与隐私保护兼顾、开放合作、协同性高、充分释放大数据价值等特点，广泛适用于金融、消费互联网等行业的业务创新场景。常见的联邦学习包括横向联邦学习和纵向联邦学习两种。

横向联邦学习（Horizontal Federated Learning）是指多个数据方拥有的数据特征维数相同，最终训练出的模型的输入维数与各数据方的数据特征维数也相同的联邦学习场景。横向联邦学习通常适用于参与者拥有相同特征空间但采用不同样本的情况。

如在金融风险评估中，假设有多家银行，它们都希望建立更准确的信用评分模型来评估客户的信用风险。每家银行都有自己的客户数据集，其中包含客户的信用历史、交易行为、贷款记录等特征，以及是否违约的标签（如逾期还款）。这些数据集在某些特征上是相似的，但涉及不同的客户群体。为了满足各自商业秘密保护和符合数据安全法律政策的要求，这些银行不可能直接共享客户数据，但是它们可以共享机器学习模型的参数。通过各家银行的模型在本地训练，并定期交换模型权重的梯度或更新，银行可以在不暴露各自敏感客户数据的前提下，合作构建一个更准确和泛化的信用评分模型。这种合作带来的多样性可以增强模型的预测能力，并且减少过拟合的风险。

纵向联邦学习（Vertical Federated Learning）是指各数据方拥有相同数量的样本，但样本特征不同的联邦学习场景。与横向联邦学习相同，纵向联邦学习中各数据方的样本量不同，特征维度可能存在差异。

以智能制造为例，假设有多家工厂，它们属于同一个供应链体系，但各自拥有关于零件质量、机器运行状态、生产线效率的不同数据集。这些工厂可能希望共同优化整个供应链的效率，例如通过预测零件需求，减少库存成本、提高生产计划的准确性。在这种情况下，纵向联邦学习可以帮助这些工厂共同建立一个更精确的需求预测模型，而不需要共享各自的敏感数据。

联邦学习技术作为一种具有重要应用价值的机器学习方法，在数字经济时代亟须解决用户隐私保护和数据安全问题的背景下，无论是横向联邦学习还是纵向联邦学习，都为各行各业的业务创新和智能化发展提供了有力的技术支持和保障。

2. 机密计算技术

机密计算技术是一种计算机技术，旨在保护在计算机处理过程中使用的敏感数据。机密计算的本质在于创建一个更安全的基于硬件的执行环境，用于保护跨多个环境使用的数据。

具体来说，机密计算采用基于硬件的可信执行环境（Trusted Execution Environment，TEE）来保护使用中的数据。TEE 被定义为提供一定级别的保证数据完整性、数据机密性和代码完整性的环境。机密计算通过这种方式对使用中的数据进行加密，从而在处理过程中保护数据的隐私性和安全性。

机密计算实现了无论是服务器设备的拥有者还是运营者，都无法查看内部的数据或更改正在处理中的工作。这样使算法提供方、数据提供方都可以用密态的方式，将数据和算法提交到机密计算平台，获得一个多方可信的结果。

以医疗领域为例，机密计算可以帮助医疗研究机构合法合规地利用病人数据，加速疾病研究和药物开发效率。医疗研究机构可以利用机密计算技术整合来自不同来源的患者数据，包括电子病历、基因组数据、影像资料等，而无须担心敏感信息的泄露。这种跨机构的数据整合能够提供更全面的视角，有助于发现疾病的新型生物标志物或药物靶点。在多中心临床试验中，机密计算技术还可以在保护患者隐私的同时促进数据的有效利用。试验数据可以在加密状态下共享和分析，减少数据泄露的风险，同时确保研究的准确性和完整性。因此，机密计算在医疗领域的应用有助于推动医疗创新，同时确保患者数据的隐私和安全得到妥善保护。

总之，隐私计算技术是一种重要的数据安全保护技术，它能够在保护个人隐私和敏感数据的同时，实现数据的有效处理、分析和利用。隐私计算技术是基于 DRP 构建可信数据空间的关键技术之一。

9.7 小结 >>

数据安全在 DRP 的数据资源全生命周期规划体系中，发挥着至关重要的作用。本章从机密性、完整性、可用性、不可否认性和可控性的五性出发，介绍了数据安全保护的基本要求，又围绕数据全生命周期介绍了数据安全的关注重点。

数据安全的重点技术包括可信计算、数据分级分类、数据加密、数据脱敏、零信任和隐私计算等，本章针对这些重点和热点技术阐述了它们的技术机理和应用场景。

作为 DRP 可信、可控、可用的关键支撑，数据安全的建设并不是孤立的，也不是呆板的，在 DRP 中应当根据实际业务需求和合规需要，综合多种安全技术，搭建安全、可控的数据资源安全保障体系。

本章案例

清华大学互联网产业研究院与北京融数联智科技有限公司合作完成的"基于隐私计算的金融数据资产安全交易子平台"项目获评 2023 年中国国际大数据产业博览会"领先科技成果"奖。

该项目基于隐私计算技术构建了以数据安全交互为底座的金融场景业务平台，保障政府、金融机构、第三方数据源机构之间的安全数据交互。平台通过隐私计算底座构建的多方计算、联邦学习、可信计算的基础能力，对各数据计算节点之间联合建模、安全查询、安全匹配、安全推理等基础隐私计算功能的综合应用，实现了来源可追溯、内容防篡改、主权可确认、利益可分配、过程可监管，可支撑小微金融风控、供应链金融、金融反欺诈、企业信用体系建设、金融产品智能营销等场景应用，为金融机构的数据资产化乃至数据资本化提供了安全可靠的数据交易平台。

第三篇 DRP与数据要素的市场化配置

┤开篇案例├

北京国际大数据交易所（简称北数所）作为北京市打造全球数字经济标杆城市的六大标杆工程之一，承担着建设国际领先数据交易基础设施和数据跨境交易枢纽的任务。北数所已于2022年在北京市基础数据先行区揭牌了"北京数据资产登记中心"，该中心围绕数据资产登记、数据资产评估开展了大量工作。企业在登记中心完成数据资产登记之后，北数所汇集拥有数据资产的企业并发放数据资产登记凭证，为企业的数据资产入表以及数据资产交易奠定基础。

数据资产登记解决了数据资产的合法性和权属性问题，通过数据资产的登记备案、合规审查、数据核验几个环节，可以明确相关企业的数据权属是否清晰。截至2023年底，北数所已发放27张数据资产登记凭证，数据交易规模超过20亿元人民币。其中，北京测绘设计院完成全国首笔空间数据交易。此外，北京六家医院也开展了数据流通交易工作，其中北京积水潭医院对骨科手术机器人数据进行登记，估值超过1000万元人民币。

第 10 章 数据要素市场概况

DRP 是围绕数据要素市场而建立的企业治理模型，它要求企业必须深入理解数据要素市场的运作机制和发展趋势，掌握数据要素流通交易的逻辑和方法。本章重点讨论数据要素市场建立的基本思路。

10.1 数据要素市场的提出 >>

数据要素市场的模式、规则是基于数据要素本身的特性而发展起来的。第 1、2 章已经详细考察了数据、数据资源及数据资产这三者之间的区别和联系，从这一组概念出发我们可以理解数据要素的内涵，并了解数据要素市场的基本分析方法。

10.1.1 数据要素

数据量的大幅增长并与实体经济深度融合，使得数据在各生产领域逐渐发挥出了生产要素的作用。

1. 数据

如前所述，数据是指人们借助现代计算机和互联网技术进行捕捉、管理和处理的数字集合，是计算机处理和分析的原始材料。国际数据管理协会（Data Management Association，DAMA）也给出了相似的定义，"数据是以文字、数字、图形、图像、声音和视频等格式对事实进行描述"，这个定义强调了数据的多样性和表现形式的丰富性。国际标准化组织（International Organization for Standardization，ISO）对以上两种定义进行了进一步概括，认为"数据是对事实、概念或指令的一种形式化表示"，这个定义不仅拓宽了数据的应用领域，也强调了数据在传输和存储知识方面的重要作用。

这些定义都强调了数据的两个核心要点：一是外在的数字化和可视化的呈现，并使数据能够被计算机有效使用；二是内在的承载客观事实的价值，这是数据成为有用资源的根本。

数据的呈现方式是多种多样的，从连续的数值（如声音、图像）到离散的形式（如符号、文字），都是对事物（事件、过程、思想等）的数字化记录或描述。这些数据在现代数据库中占据重要地位，为大数据分析、机器学习和人工智能等领域提供着基础支撑。

利用现有数据库技术，能够清晰地认识到数据不仅是信息存储和处理的基础，更是智能化应用和创新技术的核心驱动力。从数据的存储、管理到分析，都凸显了数据在当今社会中的核心地位。随着技术不断发展，对数据的深入理解和运用将在未来的经济中扮演越来越重要的角色。

2. 数据资源

资源是指自然界和人类社会中可以用来创造物质财富和精神财富的客观存在形态。根据这个定义，在缺乏特定应用或环境的情况下的单一数据通常不被认为是一种资源。

从本质上讲，数据资源是能够参与社会生产经营活动，可以为使用者或所有者带来经济效益，并以电子方式记录的数据。数据资源与数据之间的区别，主要在于数据是否具备足够的使用价值。

简而言之，数据资源不仅是数据的集合，而是具有实际应用价值的信息聚合。这些资源通过对数据的有效管理和分析，能够在不同的领域中发挥重要作用，如在商业策略制定、市场分析、科学研究或政策制定等方面。正是这种使用价值，使得数据从简单的事实记录转换为具有实际影响力的资源。因此，理解数据资源的真正价值，不仅在于数据本身，更在于数据在不同领域中的应用潜力和经济价值。

3. 数据资产

随着数据价值日益被广泛认可并与生产生活紧密相融，数据成为资产已经是经济生活中的一个日益重要的议题。《企业会计准则》（财政部令第 33 号）中的定义，资产是指企业过去的交易或者事项形成的、由企业拥有或者控制的、预期会给企业带来经济利益的资源。符合该准则规定的资产定义的资源，需同时满足以下条件：与该资源有关的经济利益很可能流入企业；该资源的成本或者价值能够被准确地计量。

类似"数据资产"这样的提法最早出现在 1974 年，美国学者理查德·彼得斯（Richard Peterson）提出并认为数据资产包括持有的政府债券、公司债券和实物债券等。2009 年，DAMA 发布的《DAMA 数据管理知识体系指南》（*The DAMA Guide to the Data Management Body of Knowledge*）中指出"在信息时代，数据被认为是一项重要的企业资产"。 2021 年，国家市场监督管理总局、中国标准化管理委员会发布的 GB/T 40685—2021 国家标准中，将数据资产定义为：数据资产是合法拥有或控制的、能进行计量的、为组织带来经济和社会价值的数据资源。2023 年，中国信息通信研究院云计算与大数据研究所发布的《数据资产管理实践白皮书》（6.0 版本）从数据价值性视角出发定义数据资产，将数据资产定义为"由组织（政府机构、企事业单位等）合法拥有或控制的数据，以电子或其他形式记录，例如文本、图像、语音、视频、网页、数据库、传感信号等结构化或非结构化数据，可计量或交易，并能直接或间接带来经济效益和社会效益"，认为"在组织中，并非所有的数据都构成数据资产，数据资产是能够为组织产生价值的数据，数据资产的形成需要对数据进行主动管理并形成有效控制"。

4. 数据要素

2019 年党的十九届四中全会中首次提及，数据是和劳动、资本、技术、土地等要素并列的生产要素。2020 年 3 月，中共中央、国务院印发《关于构建更加完善的要素市场化配置体制机制的意见》，将数据正式纳入生产要素范畴。

生产要素是指进行社会生产经营活动时所需的各种社会资源，是维系国民经济运行及市场主体生产经营过程中所必须具备的基本因素。由此可见,数据要素是参与到社会生产经营活动中、为使用者或所有者带来经济效益、以电子方式记录的数据资源。然而数据在形态、属性、特征等方面与传统要素相比有很大不同,它参与生产的过程和价值实现的路径也有较大差别。

数据作为新型生产要素,既具备劳动资料的属性,也具有劳动对象的特性。首先,数据在采集、加工、存储、流通、分析等环节中,才能展现出使用价值。其次,数据作为劳动工具,通过与其他工具的融合应用能够提升生产效率,促进生产力的发展。

一般而言,数据要素的特征包括以下五点。

一是权属的技术依赖性,数据要素不同于其他要素,要想明确其产权关系需要建立支持数据产权管理的公共服务平台,通过对数据资产的封装、登记,才能确保其所有权、开发权、使用权等权属得以正确实施。

二是价值的动态性,数据要素开发成本差异化程度高,数据只有在被不断使用中才能更有效地发挥价值。因此,数据要素市场要求对数据采用不同于传统商品的定价方式。

三是资源的不耗竭性,数据资源区别于其他自然资源消耗后不可再生,数据在经济和日常活动中源源不断产生,因此不会出现资源耗竭的情况。

四是交易的场景性,数据要素的流通交易是与应用场景紧密地联系在一起,既需要建立规范高效的流通交易所(场内交易),也需要建立灵活可控的产业流通交易场景(场外交易)。

五是治理的连通性,数据要素的治理要建立在全国范围的数据资产互通互联基础上,从而确保数据资产的全生命周期可控,并保障数据要素在全社会收益分配中发挥公平的作用。

10.1.2　数据要素市场

社会经济系统的运行依赖各种要素的优化配置,要素市场也是政府调控经济、促进社会公平发展的重要工具。市场秩序理论认为,只有建立有序竞争,即要素在统一开放、竞争有序的市场化配置,市场调节资源配置才是有效的,成本才会最低。健康的要素市场需要包含三个主要功能:规范市场秩序、发现市场价格和优化市场结构。此外,要素市场还需具备金融结算功能,通过结算中心将要素市场交易的影响扩大。

数据要素市场化配置是一个将尚未完全由市场配置的数据要素转向由市场配置的动态过程,旨在形成以市场为基础的调配机制,实现数据在流动中产生价值。这一过程需建立在明确的数据产权、定价机制、交易机制、分配机制、监管机制和法律保障制度的基础之上。

从产业链的角度来看,数据要素市场可以被归纳为七个模块:数据采集、数据存储、数据加工、数据流通、数据分析、数据应用和生态保障。这些模块覆盖了数据要素从产生到发挥作用的整个过程。其中,数据采集、数据存储、数据加工、数据流通、数据分析、生态保障这六大模块主要是指数据作为劳动对象,挖掘其使用价值的阶段;而数据应用模块则主要是指数据作为劳动资料，发挥带动作用的阶段。

在数据采集环节，关键是要确保数据的准确性和全面性。在数据储存环节，安全性和调用实时性是关注重点。在数据加工环节，重点是提高数据加工的精度。数据流通是数据要素市场的核心环节之一，需要在保障所有者权利的前提下，实现数据的合理合规流通。数据分析环节的重点是深度挖掘数据的价值。在数据应用环节，关键在于确保数据作为要素在合理、充分的应用中产生价值，降低生产要素的获取成本并提升其赋能水平。最后，生态保障环节主要包括数据资产评估、登记结算、交易撮合、争议仲裁以及跨境流动监管等内容。

10.1.3 数据价值化

数据价值化是对数据进行价值发现的经济过程，对数据价值化的认识，可分为三个阶段：数据资源化、数据资产化和数据资本化，如图 10-1 所示。

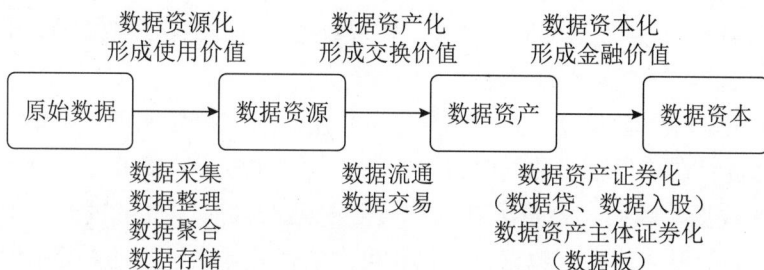

图 10-1 数据价值化过程

以数据资源化为起点，经历数据资产化和数据资本化阶段，旨在实现数据价值的最大化和最优化。

1. 数据资源化

《数据资产管理实践白皮书》（6.0 版本）将"数据资源化"定义为"通过将原始数据转变数据资源，使数据具备一定的潜在价值，是数据资产化的必要前提"。数据资源化是从无序、混乱的原始数据成为有序、有使用价值的数据资源的过程，通过数据采集、数据整理、数据聚合、数据存储等步骤，最终形成可见、可采、标准、互通的数据资源。数据资源化是激发数据价值的基础，其本质是提升数据质量、形成数据使用价值的过程。

当前，全球已初步形成较为完整的数据资源供应链，数据采集、数据标注、时序数据库管理、数据存储、商业智能处理、数据挖掘和分析、数据交换等技术领域迅速成长。我国已在数据采集、数据标注等环节初步形成了产业体系，数据管理和数据应用能力也在不断提升。

2. 数据资产化

数据资产化是数据通过流通交易给使用者或所有者带来经济利益的过程。数据资产化是实现数据价值的核心，其本质是形成数据交换价值。

资产具有三项核心特征：第一，资产应归属某主体所有或控制，即权属明确；第二，资产能够产生既有的或预期的经济利益；第三，资产具有稀缺性。而数据的特性，导致数据资产存在特殊性：第一，数据资产参与主体具有多重性，例如数据从生产到流转的过程中，可以产生衍生数据以及衍生数据的主体；第二，数据资产能够产生经济利益，要以数据资产的合理定价为前提，但数据资产的定价取决于特定场景，并不存在统一、普适性的定价依据，需要因场景而变；第三，数据资产是一种人为创设的资源，与石油等不可再生资源的稀缺性相比，数据的稀缺性是从应用角度的相对稀缺。

数据资产化需解决数据权属、数据隐私保护、数据安全、数据定价与估值、数据开放与流通等问题。

3. 数据资本化

数据资本化是拓展数据价值的途径，其本质是实现数据要素的社会化配置。数据资本化阶段，数据价值被打包成金融产品进入资本市场，推动资本集聚，促进资源合理配置，发挥数据要素对经济社会发展的乘数效应，实现数据价值的深化。数据资本化使数据价值由货币性资产向可增值的金融资产转化。

数据资本化是融资者和投资人共同分享数据潜在价值所带来的收益的过程。从融资者角度看，融资者在获得融资的同时也可保留数据自主权。在数据资本化后，发起人仍可保留和管理数据，因此，融资人在实现资金融通的同时，也可进一步加工和应用数据，持续提升其价值。此外，数据资本化还可为融资者提供较高的融资杠杆，减少资金投入量，快速筹措资金。从投资者角度来看，数据资本化产品流动性较好，投资人可直接投资高潜在价值的数据集合，若该数据产品在未来产生盈利，即可与融资人共享数据收益。

数据资本化还存在另外一种形式，即数据资产主体的资本化。数据资产主体可以它所拥有的数据资产价值及其不断的增值，在特定的资本市场申请上市，通过发行股票、债券等进行融资，所获得的资金可投入进一步的数据资产开发、获取、增值等环节，在创造更多数据资产价值的同时也提升了数据资产主体的估值。

综上所述，数据资源泛指所有可以作为资源的数据，数据资产泛指具有资产属性的数据，权属明确的数据资源即可称为数据资产。

因此，DRP 研究的数据指的是可以作为资源的数据、可以作为资产的数据、可以作为生产要素的数据。DRP 所研究的数据市场根本上是指数据要素市场，其核心内容是围绕产业生态建立健康、有序、高效的数据流通运营交易机制。

10.2 国外数据市场发展综述 >>

当下，数据市场正焕发着勃勃生机并展现出巨大的潜力。全球数据量的急剧增长不仅彰显了信息技术的飞速进步，也反映了各产业数字化转型进程的加快。数据正在成为推动经济增长和产业创新的核心资源，DRP 也逐渐成为企业重塑全球竞争力的重要思维模式。

10.2.1 全球数据市场需求旺盛

全球数据市场正迎来需求快速增长的新阶段。在产业层面，大量传统产业数字化转型进程的加速，不仅使数据量急剧膨胀，同时数据处理、存储与分析技术也在飞速发展，智算中心、云平台等数据基础设施快速普及。

1. 全球数据量变化情况

随着各产业数字化转型进程的加速，全球数据量的增长已经成为当今时代的一个显著特点。根据 statista.com 的数据（如图 10-2 所示），2020 年，全球数据总量达到了 64.2ZB，预计到 2025 年将超过 181ZB。新冠疫情期间，远程工作、在线学习和数字娱乐的需求激增，进一步推动了数据量的急剧增长。

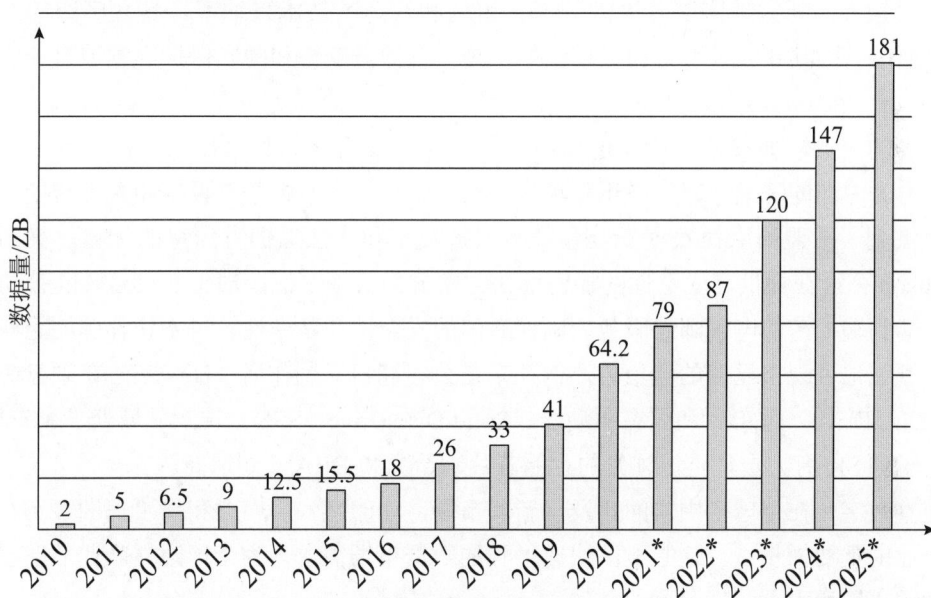

（数据来源 statista.com）

图 10-2　全球范围内创建、捕获、复制和消费的数据量 / 信息量（2010—2025 年）

数据量的急剧增长是由多重因素共同驱动的：首先，信息技术的飞速发展使得大规模数据存储和处理更加经济高效。人工智能和机器学习的进步为数据分析和价值挖掘提供了新的可能性，物联网设备的广泛应用也在全球范围内不断产生和传输数据。其次，数字消费行为的转变也是数据量增长的重要原因之一。智能手机和宽带互联网的普及，数字服务如社交媒体、在线视频、流媒体音乐和电子商务等变得越来越普遍，每一次交互都会产生大量数据。最后，政策和法规的推动也对数据量增长形成了影响。各国政府为了推动数字经济发展，积极出台相关法规，从规范化数据安全、管理及个人隐私等方面推动相关技术的发展。因此，数据量增长是多方面因素的综合结果，体现了技术发展、消费行为变化和政策法规更新的共同影响。

但是，数据量的急剧增长，使得数据存储和使用面临前所未有的挑战。根据国际数据公司（International Data Corporation，IDC）数据，全球大数据存储量从 2013 年的 4.3ZB 增长到 2020 年的 47ZB。这表明，十几年间大数据存储量的增长速度远不及数据量的增长速度。主要原因有两方面：一是存储产业发展缓慢，存储成本依然较高，难以满足数据量爆发式增长的需要；二是社会各界对数据价值的认知不一致，导致数据使用场景开发不足，虽然大数据的价值得到了广泛认知，但数据尚未作为一种普遍性资产融入生产的全过程。

2. 全球数据产业竞争格局

全球不同地区的数据市场表现存在显著差异，北美和亚太地区是全球数据市场发展较快的地区。北美市场因其在数字技术创新和企业数字化方面的领先地位，成为数据市场的技术引领者；亚太地区因其庞大的消费市场和快速的技术采纳率，具有广阔的发展前景；欧洲市场因其建立了严格的数据保护法规，在数据安全和隐私保护等领域有一定的领先性。

美国的企业，如谷歌、亚马逊和微软等公司，在云计算和大数据分析领域拥有强大的竞争力。中国的阿里巴巴、腾讯和华为公司等企业在大数据基础设施和人工智能应用领域迅速崛起。欧盟国家在数据安全和隐私保护技术和立法上拥有独特的优势，德国企业如 Infineon 公司在提供高安全性的加密解决方案方面成绩斐然，瑞士 ProtonMail 公司提供了基于端到端加密的电子邮件服务，确保通信的安全性和私密性。日本和韩国的企业在部分细分领域也表现出显著的竞争力，例如东芝公司和日立制作所（Hitachi）在硬盘驱动器（Hard Disc Drive，HDD）和固态驱动器（Solid Disc Drive，SSD）技术领域处于领先地位，三星电子和 SK 海力士是全球领先的存储芯片制造商和 DRAM 制造商。

随着数字化在全球范围内的普及，新兴市场，如印度、东南亚和拉丁美洲，正在成为数据产业的重要增长点。这些地区快速增长的数据市场需求，为全球数据产业的发展提供了巨大的市场潜力。

数据产业的全球竞争不仅是商业竞争，还受到国际政治经济环境的巨大影响。随着数据安全成为国家安全的重要组成部分，各国政府对于数据的控制和管理也越来越规范。

10.2.2　国外主要国家数据相关政策

为了推动数据产业的健康发展，许多国家出台了一系列的数据政策，涵盖数据开放、隐私保护、安全保障等方面。

1. 美国

美国的数据政策注重创新和开放。美国政府通过推动数据的开放获取和共享，旨在鼓励技术创新和经济增长。同时，美国也强调对个人隐私的保护，特别是在如何处理个人数据方面。此外，美国还针对数据安全制定了一系列法律法规，防止数据泄露和不当使用。

首先，市场采用多元数据交易模式。美国现阶段主要采用 C2B 分销、B2B 集中销售和 B2B2C 分销集销混合三种数据交易模式，其中，B2B2C 模式发展迅速，占据美国数据交易产业的主流。所谓数据平台 C2B 分销模式，是个人用户将自己的数据贡献给数据平台以换取一定数额的商品、货币、服务、积分等对价利益，如 personal.com、Car and Driver 等；数据平台 B2B 集中销售模式，是以微软 Azure 为首的数据平台以中间代理人身份为数据的提供方和购买方提供数据交易撮合服务；数据平台 B2B2C 分销集销混合模式，是以数据平台安客诚（Acxiom）为首的数据经纪商收集用户个人数据并将其转让、共享给他人。

其次，政府出台了多样政策支撑。美国联邦政府 2009 年发布《开放政府指令》，通过建立"一站式"的政府数据服务平台 Data.gov 加快开放数据进程；2012 年 3 月 22 日，推出"大数据的研究和发展计划"，这是大数据技术从商业行为上升到国家科技行为的战略分水岭，大数据正式提升为战略层面；2013 年 11 月，美国信息技术与创新基金会发布了《支持数据驱动型创新的技术与政策》的报告，指出"数据驱动型创新"是一个崭新的命题，其中最主要的包括"大数据""开放数据""数据科学"和"云计算"；2014 年 5 月，美国发布《大数据：把握机遇，守护价值》白皮书，对美国大数据应用与管理的现状、政策框架和改进建议进行了集中阐述；2019 年 12 月 23 日，美国白宫行政管理和预算办公室发布《联邦数据战略与 2020 年行动计划》，以 2020 年为起始，描述了美国联邦政府未来十年的数据愿景，并初步确定了各政府机构在 2020 年需要采取的关键行动；2020 年 9 月 4 日，美国总务署（General Services Administration，GSA）发布了《数据伦理框架草案》详细介绍了使用数据的美国联邦标准和政府数据采取措施；2022 年 4 月 22 日，拜登政府发布《促进使用公平数据》建议书，提出全面、公平、公正地采集和分析美国民众个人数据，按种族、民族、性别、收入、个人身份或其他关键人口统计变量对数据进行分类管理，该建议书由此前拜登政府成立的"公平数据工作组"在调研美国数据收集政策、数据监管和数据应用设施情况的基础上撰写而成，其目的在于促进美国制定一项可用于增加公平统计和代表美国公众数据多样性的数据治理战略。

最后，在安全方面采用多层次数据安全保障。在涉及数据保护等方面，美国政府颁布了一系列数据保护联邦立法。美国国会一直对数据隐私和数据安全领域分别进行立法，如旨在针对金融机构处理非公开个人信息的《格雷姆-里奇-比例雷法》（GLBA），保护受保护健康信息的《健康保险流通和责任法》（HIPAA），确保信用报告机构报告中消费者信用信息准确性的《公平信用报告法》（FCRA），保护租赁、买卖或交付录像带和视听资料过程中个人隐私的《视频隐私保护法》（VPPA），保护教育机构收集教育信息的《家庭教育权和隐私权法》（FERPA），还有"禁止不公平或欺骗性贸易行为"（UDAPs）、《联邦贸易委员会法》（FTC Act）等。美国国会研究服务局（The Congressional Research Service，CRS）又分别于 2022 年 3 月 25 日和 5 月 9 日发布了《数据保护法：综述》（*Data Protection Law: An Overview*）和《数据保护与隐私法律简介》（*Data Protection and Privacy*

Law: An Introduction）两份报告，系统介绍了美国数据保护立法现状以及在下一步立法中美国国会需要考虑的问题。

2. 欧盟

欧盟委员会希望通过政策和法律手段促进数据流通，解决数据市场分裂的问题，打造欧洲共同数据空间，并构建欧盟单一数据市场。同时，通过发挥数据的规模优势建立起共同数据空间和单一数字市场，旨在摆脱美国"数据霸权"，回收欧盟自身"数据主权"，以推动数字经济发展与繁荣。

首先，明确数据流通的法律基础。2018年5月，欧盟出台《通用数据保护条例》（GDPR），特别注重"数据权利保护"与"数据自由流通"之间的平衡。在对欧盟自身主权维护的同时这种标杆性的立法理念对各国政策制定和监管机构产生了极大影响，激发了各国数据立法思路，进而在多个维度上推动了全球隐私保护的治理格局变化。但由于GDPR的条款较为苛刻，使得推出后，欧盟科技企业筹集到的风险投资大幅下降，每笔交易的平均融资规模比推行前的12个月减少了33%。

其次，完善顶层设计。2020年初，欧盟委员会先后发布《欧洲数据战略》以及欧盟数字战略《塑造欧洲的数字未来》，明确了未来的愿景和目标。欧盟委员会主席冯德莱恩呼吁，基于欧盟2030年共同数字愿景，应制定明确的目标和原则来确保欧洲的数字主权。2020年12月15日，欧盟委员会颁布了两项新法案：《数字服务法》和《数字市场法》，旨在弥补监管漏洞，通过健全的法律体系解决垄断以及数据主权的问题。《数字服务法》法案为大型在线平台提供了关于监督、问责以及透明度的监管框架；《数字市场法》法案旨在促进数字市场的创新和竞争，解决数字市场不公平竞争问题。2021年3月9日，欧盟委员会发布《2030数字罗盘》（2030 *Digital Compass*），针对欧洲的"数字十年"战略，对2030年成功实现欧洲数字化转型的愿景、目标和途径做了规划，将欧盟到2030年数字愿景转换为具体条款。2022年5月16日，酝酿已久的《数据治理法案》（*Data Governance Act*，DGA）经欧盟理事会批准正式成为法律，DGA就数据处理明确提出，要建立开放互操作性规范和数据处理服务互操作性的欧洲标准，并在工业、医疗卫生、农业、能源、技能等9个领域打造欧洲共同数据空间，构建欧盟单一数据市场，促进数据流通共享。

3. 德国

德国在数据政策方面以严格的隐私保护而闻名。德国不仅全面执行欧盟的GDPR，还有自己的一系列国家级数据保护法规。德国特别重视数据的安全性和用户的控制权，确保个人数据不被滥用。

德国提出了一个"实践先行"的思路，通过打造数据空间来构建行业内安全可信的数据交换途径，消除用户对安全风险的担忧，实现各行各业数据的互联互通，形成相对完整的数据流通共享生态。数据空间是一个基于标准化通信接口并用于确保数据共享安全的虚拟架构，其关键特征是数据权属明确，允许用户决定访问权并提供访问目的，从而实现对调用数据的监控和持续控制。目前,德国数据空间已经得到包括中国、日本、美国在内的 20 多个国家及 118 家企业和机构的支持,极大地促进了不同国家数据的可信流通。

2014 年 8 月,德国联邦政府出台《数字议程(2014—2017)》,倡导数字化创新驱动经济社会发展,为德国建设数字强国部署战略方向。2016 年 3 月 14 日,德国发布"数字战略 2025",作为面向未来十年的数字经济转型的指导,该战略的实施目标是将德国建设成全球最现代化的工业国家。2020 年,德国联邦经济部和能源部为更好地开发德国大数据的未来市场,共同启动了"智慧数据——来自数据创新"项目。另外,德国政府为了保证大数据行业健康发展,先后制定了多项相关法律法规,其中包括《联邦数据保护法》、《信息保护条例》和《信息和通讯服务规范法》等。

4. 日本

日本的数据政策也是力求平衡数据的有效利用和保护个人隐私。日本政府鼓励数据的共享和利用,以支持科技创新和经济发展;同时相关部门也制定了严格的个人信息保护法,以保障公民的隐私权。

日本从自身国情出发,提出"数据银行"交易模式,最大化释放个人数据价值,提升数据交易流通市场活力。数据银行在与个人签订契约之后,通过个人数据商店对个人数据进行管理,在获得个人明确同意的前提下,将数据作为资产提供给数据交易市场进行开发和利用。从数据分类来看,数据银行内所交易的数据大致分为行为数据、金融数据、医疗健康数据等;从业务内容来看,数据银行从事包括数据保管、流通、交易在内的基本业务以及个人信用评分业务。数据银行以日本《个人信息保护法》(APPI)为基础管理个人数据,以自由流通为原则对数据权属界定,但医疗健康数据等高度敏感信息除外。日本通过数据银行搭建起个人数据交易和流通的桥梁,促进了数据交易流通市场的发展。

2021 年 5 月日本政府通过了《数字改革关联法》等六部相关法案,并决定于 2021 年 9 月 1 日成立日本政府负责行政数字化的最高机构——日本数字厅,以新冠疫情为契机,加速推进日本数字化改革,促进经济振兴。日本数字厅被称为"司令部""指挥塔",致力于促进日本各中央政府机构、各地方自治体之间行政运营的系统化、标准化,提高行政手续线上操作便捷性,削减行政运营成本。日本数字厅直属于内阁,直接由总理领导,设有一名数字部部长,该厅将负责维护、管理国家信息系统,确保各地方政府的共同使用和信息协调。也就是说,日本数字厅是日本全国各类数据的汇聚中心。

日本在区域贸易协定中经历了从无纸化贸易到电子商务再到更高水平的数字贸易协定的转变,并积极参与 WTO 框架下的多边数字贸易治理,在多边或小多边层面构建数字经济治理联盟。2019 年 6 月于大阪举办的二十国集团(G20)峰会上,日本提出将致力于推动建立新的国际数据监督体系和 G20 "大阪路径",呼吁要在更好地保护个人信息、知识产权与网络安全的基础上,推动全球数据的自由流通并制定可靠的规则。

5. 韩国

韩国的数据政策着重于推动数据驱动的创新和经济发展。韩国政府推行了一系列措施，以促进公共和私人部门数据的开放和共享。与此同时，韩国也实施了严格的数据保护法规，确保个人隐私不受侵犯、维护网络安全。

首先，韩国政府注重强化个人信息主权。政府推出了 My Data（又称为本人数据管理）模式。该模式由信息源（消费者）进行授权，商家将个人数据传输至 My Data，消费者可以通过 My Data 查询个人数据，其他授权企业也可以通过中介向 My Data 查询个人数据（脱敏），可查询企业包括韩国部分部门、部分国有中央会、部分证券交易所，此过程由个人信息保护委员会和金融委员会共同监管，My Data 支援中心提供支援。My Data 行业在美国、欧盟和英国都有展开，韩国政府率先通过立法促进 My Data 行业发展。2021 年 9 月，韩国个人信息保护委员会向国会提交《个人信息保护法（修正案）》，此修正案意义重大，是韩国自 2011 年颁布《个人信息保护法》以来，首次由政府主导，并结合产业界、市民团体以及相关部门等多方意见而撰写的兼具全面性和实质性的修正案。

其次，韩国政府大力发展数据产业。2011 年韩国科学技术政策研究院发布提出了"构建英特尔综合数据库"和"大数据中心战略"；2012 年韩国国家科学技术委员会制定了"大数据未来发展环境战略计划"。2012 年由未来创造科学部牵头的"培养大数据、云计算系统相关 1000 个企业"的国家级大数据发展计划，已经列入《第五次国家信息化基本计划（2013—2017）》。2016 年底，韩国发布以大数据等技术为基础的《智能信息社会中长期综合对策》。2020 年 6 月，为提高韩国产业竞争力，韩国知识产权局和产业通商资源部通过对主要产业专利大数据的科学分析，确定了韩国专利研发投资方向，成立了国家专利大数据中心。2020 年 8 月，韩国政府发布了《基于数字的产业创新发展战略》，以提高制造业中产业数据的利用率，助力产业竞争力。2020 年 7 月韩国政府发布"新政"，其中"数字新政"对于韩国经济发展和缓解就业问题具有重要意义。为进一步满足韩国下一阶段国内需求，韩国政府推出"数字新政 2.0"计划，将重点打造"数据大坝"项目、构建 5G 差异化、网络化、搭建开放性元宇宙平台。2021 年 10 月，韩国科学和信息通信技术部宣布，国务会议通过了《数据产业振兴和利用促进基本法》（简称《数据基本法》），旨在为发展数据产业和振兴数据经济奠定基础。《数据基本法》是全球首部规制数据产业的基本立法，全面统筹了数据的开发利用。根据该法，韩国将在总理办公室下设国家数据产业政策的管理机构——国家数据政策委员会，并将每三年审议并发布一版数据产业振兴综合计划。此外，韩国政府将系统化地扶持数据分析、交易供应商等专门的数据企业，《数据基本法》还提出培养数据经纪商作为数据经济的促进者，并构建数据价值评估、资产保护和争端解决机制等产业生态。

10.2.3 国外主要数据交易平台及交易模式

目前，数据交易平台主要分为数据中介平台和数据交易平台两类。数据中介平台是数据要素市场的重要基础设施，为数据生产者和数据使用者提供撮合、评估、担保等服务，帮助数据生产者和数据使用者找到合适的交易对象，降低交易成本，提高交易效率。数据交易平台是数据要素市场的重要交易场所，为数据生产者和数据使用者提供直接交易，提高数据的流通效率。

国外的数据交易平台自 2008 年前后开始起步，发展至今，既有美国的 BDEX、Infochimps、Mashape、RapidAPI 等综合性数据交易中心，也有很多专注细分领域的数据交易商，如位置数据领域的 Factual，经济金融领域的 Quandl、Qlik Data Market，工业数据领域的 GE Predix、德国弗劳恩霍夫协会工业数据空间 IDS 项目，个人数据领域的 DataCoup、Personal 等。除专业数据交易平台外，近年来，国外很多 IT 头部企业依托自身庞大的云服务和数据资源体系，也在构建各自的数据交易平台，以此作为打造数据要素流通生态的核心抓手。较为知名的如亚马逊 AWS Data Exchange、谷歌云、微软 Azure Marketplace、领英 Fliptop 平台、推特 Gnip 平台、富士通 Data Plaza、甲骨文 Data Cloud 等。

1. 业务类型

目前，国外数据交易平台大多采取完全市场化模式，其业务类型主要包括数据交易和数据价值附加服务两大类。数据交易一般包括销售数据、购买数据、查询数据、发布数据需求等业务。在交易过程中，平台需作为监管者，监督并管理供需双方交易过程，并在必要时作出裁决。数据价值附加服务是指平台按需为客户提供定制化服务，或作为中介为客户寻找可满足其需求的合作单位，通过机器学习、隐私计算等处理技术，为客户加工处理数据，并为用户提供个性化的服务。

2. 产品类型

各交易所的业务模式不同，也导致各平台所拥有的产品类型也不尽相同。总的来说，国外交易平台的产品类型包括 API、数据包、解决方案、价值应用服务和云服务等。产品涉及领域广泛，包括教育、医疗、金融、通信、商业、工业以及个人信息等方面。

3. 数据来源

国外的数据交易平台数据来源主要包括政府渠道、公开渠道和商务渠道。政府渠道可获得政府公开数据，但由于不同国家与地区的政策不同，政府数据也分为免费开放数据和收费数据。从公开渠道获得的数据则是指通过网页爬虫等技术获得的公开数据。商务数据包括个人或企业在交易平台出售的数据，或由数据供应商提供的数据。由于充分的市场化，国外的数据交易平台数据来源渠道多元且集中，交易平台可选择数据供应方并从源头把控数据质量，汇集并交易有价值的数据资源。

4. 定价模式

目前，国外的数据交易平台对数据的定价方式一般分为期限收费、累进价格、数据集收费等模式。期限收费是指用户可在一定期限内订阅使用平台提供的数据产品及服务，其费用在期限内是固定的。而累进价格则是根据用户对数据产品和服务的需求量来定价，当一种产品的需求量越大，价格可能会越高。这种定价模式将有助于市场判断一款产品或服务的真正市场价值。数据集收费模式是指在一定的使用期限下以一定的价格出售，具体可根据用时、用量等特性来定价。当然，为拓展市场、吸引新用户使用交易平台，有一部分数据是免费向用户提供的，比如政府部门的公开数据和非营利组织公布的数据。

国外对数据要素市场同样给予了很大重视，各国也都把数据视作战略资源，概括起来国外数据要素市场的发展有以下特点。

（1）**全球对数据的需求巨大，其战略价值受到各国政府高度重视。**许多国家推出相关的战略规划和支持法规，以推动大数据应用和发展，并确保数据安全。全球各国都在积极探索数据价值的实现方法，尽快把海量数据与应用场景相结合，创造实现数据价值的新途径。

（2）**数据全生命周期的技术研发，受到广泛关注。**世界各国都注重对数据基础技术的研发工作，特别是在分布式存储、隐私保护计算、区块链、人工智能和数据挖掘等领域投入很大。

（3）**各国注重数据市场的培育，并都在努力探索数据交易的市场机制。**各国都很重视制定和完善数据市场的相关法律法规，努力培育各自的数据市场，并探索了各种类型的数据交易市场机制，为全球数据要素市场走向成熟奠定了基础。

10.3 中国数据要素市场的发展状况 >>

过去几年中，中国数据要素市场也在快速发展，各类法规政策不断出台，涌现了众多数据交易机构，数据市场规模同样在快速增长。随着中国经济数字化转型步伐的加速，以及数据技术的持续进步与创新，中国的数据市场正逐步释放出巨大的潜能和深远的价值。

10.3.1 中国数据要素市场概况

据工业和信息化部安全中心测算的数据（如图 10-3 所示），从 2016—2025 年，我国数据要素市场规模复合增长率超过 30%，预计到 2025 年，规模有望突破 1749 亿元人民币。我国的数据要素市场正在快速增长，并通过与实体经济的融合展现出更加巨大的发展潜力。

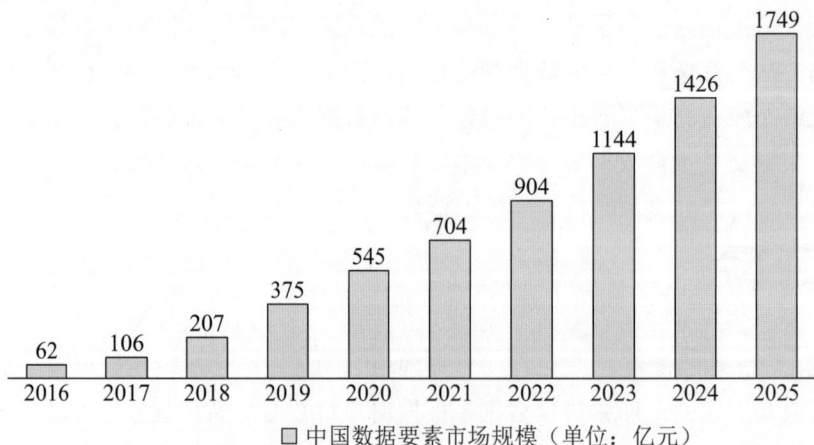

图 10-3　2016—2025 年中国数据要素市场规模

中国信息通信研究院《中国数字经济发展研究报告（2023 年）》显示，2022 年，我国数字产业增加值规模达 9.2 万亿元人民币，比上年增长 10.3%；数字产业占 GDP 比重为 7.6%，较上年提升 0.3 个百分点；从结构上看，服务部分在数字产业增加值中占主要地位。此外，根据东吴证券数据 2023 年 8 月研报《数据要素全知道系列 1：数据要素市场空间有多大？》中的测算，全国数据资产市场总规模 8.6 万亿元人民币，带动相关产业数字化潜在收益 34.4 万亿元人民币，叠加数据资产衍生市场，其潜在总规模可能超过 60 万亿元人民币。

10.3.2 数据要素市场建设的相关政策

2019 年党的十九届四中全会首次明确提出，数据是与劳动、资本、技术、土地等要素并列的生产要素。2020 年 4 月，中共中央、国务院印发《关于构建更加完善的要素市场化配置体制机制的意见》，将数据正式纳入生产要素范畴；同年 5 月，中共中央、国务院印发《关于新时代加快完善社会主义市场经济体制的意见》，提出加快培育发展数据要素市场，数据作为生产要素开始进入生产分配中。2021 年 11 月，工业和信息化部颁布《"十四五"大数据产业发展规划》，提出要建立数据价值体系，提升要素配置作用，加快数据要素化，培育数据驱动的产融合作、协同创新等新模式，推动要素数据化，促进数据驱动的传统生产要素合理配置。

2022 年 12 月，中共中央、国务院印发《关于构建数据基础制度更好发挥数据要素作用的意见》（简称"数据二十条"）对外发布，该意见从数据产权、流通交易、收益分配、安全治理等方面构建数据基础制度，提出二十条政策举措，确立了数据基础制度体系的"四梁八柱"。

2023 年 8 月，财政部制定并印发《企业数据资源相关会计处理暂行规定》（财会〔2023〕11 号，简称《暂行规定》），该规定自 2024 年 1 月 1 日起施行。《暂行规定》的出台标志着数据对于企业来说成为可"入表"的资产，对于数据要素市场的发展具有重要意义。2023 年 12 月 31 日，财政部印发《关于加强数据资产管理的指导意见》，进一步明确了数据资产管理的十二项重点任务。

10.3.3 国内数据交易平台

经过多年的发展，我国的数据交易平台从最开始的交易中介模式逐步转变到目前多种交易模式并存的综合数据服务平台模式。这些数据服务平台既为数据供给方和数据需求方提供了一个安全、可信的交易场所，还开发了丰富多样的基于平台的数据服务和数据产品，以满足客户的定制化需求。

当前，国内较有影响力的数据交易所包括北京国际大数据交易所、上海数据交易所、贵阳大数据交易所、广州数据交易所及深圳数据交易所等。

1. 北京国际大数据交易所

北京国际大数据交易所是贯彻北京市"国家服务业扩大开放综合示范区"和"中国

（北京）自由贸易试验区"建设的标杆性重点项目，于2021年3月31日成立。北京国际大数据交易所探索建立集数据登记、评估、共享、交易、应用、服务于一体的数据流通机制，推动建立数据资源产权、交易流通、跨境传输和安全保护等基础制度和标准规范，引导数据资源要素汇聚和融合利用，促进数据资源要素规范化整合、合理化配置、市场化交易及长效化发展，旨在打造国内领先的数据交易基础设施和国际重要的数据跨境交易枢纽。

2. 上海数据交易所

上海数据交易所于2021年11月25日在上海市浦东新区成立，是为贯彻落实《中共中央国务院支持浦东新区高水平改革开放打造社会主义现代化建设引领区的意见》中的重要任务，由上海市人民政府及相关部门和机构联合推动组建的。上海数据交易所采用公司制架构，围绕打造全球数据要素配置的核心枢纽目标，构建"1+4+4"体系：紧扣建设国家级数据交易所这一定位；突出数据公共服务、全数字化交易、全链生态构建、制度规则创新四个功能；体现规范确权、统一登记、集中清算、灵活交付四大特征。

3. 贵阳大数据交易所

贵州省是全国首个国家大数据综合试验区，多年来一直将"大数据"作为省级重大战略行动持续推进。2014年12月，贵阳成立了大数据交易所，并于2015年4月正式挂牌运营。贵阳大数据交易所是全国乃至全球首家大数据交易所，在组织架构、数据产品、交易方式、营利模式等方面开展了诸多探索，为推动数据要素市场发展积累了一定经验。

4. 广州数据交易所

广州数据交易所是广东省级数据交易机构，于2022年9月30日在广州市南沙区正式揭牌成立。广州数据交易所定位于"立足广东，面向粤港澳大湾区，服务全国"，致力于打造集登记、交易、应用和服务于一体、国内领先的数据交易全生命周期新型基础设施。

5. 深圳数据交易所

深圳数据交易所于2022年11月15日正式揭牌成立。深圳数据交易所以"建设国家级数据交易所"为目标，围绕合规保障、供需衔接、流通支撑、生态发展四方面，打造覆盖数据交易全链条的服务体系，构建数据要素跨域、跨境流通的全国性交易平台，探索适应中国数字经济发展的数据要素市场化配置示范路径和交易样板，将深圳建设成为全国数据资源汇集地、数据产品开发高地、全国领先的数据交易流通枢纽。同时，深圳数据交易所已建立内外结合、以专家委员会为主的合规审核机制并联合国家智库、高校、大型金融机构、大型互联网公司等发起单位，牵头成立开放群岛（Open Islands）开源社区，这是国内首个依托数据要素流通场景的数字技术开源社区。

10.3.4 我国数据要素市场发展面临的挑战

我国当前的数据交易中心大多由各地政府牵头组建，存在同质化竞争严重的问题。各交易中心受限于区域壁垒和对规则制度的理解不一致，可服务的物理半径有限，且存在一地有多个同质化数据交易中心的现象，如武汉一度同时存在华中、长江、东湖三个数据交易中心。另外，由于缺乏统一的数据要素市场交易规则和有效定价机制，导致各交易平台都只是独立的小市场，难以形成规模化发展，更难以建立覆盖全国的行业标准。

近年来，互联网平台公司规模不断扩大，局部垄断现象开始出现，在数据领域形成了数据共享阵营。与此类似，中国很多领域都存在着数据壁垒，本领域严禁体系外机构参与数据资源的流通，使得数据要素市场出现了离散化、碎片化的态势，阻碍了全国统一数据要素大市场的建设。形成这一问题的主要原因有以下几点。

（1）**数据要素基础理论和发展理念不完善**。数据成为生产要素是一个不断探索的过程，涉及诸多亟须解决的问题，如数据如何成为要素、数据要素的特征、数据要素市场化的内涵、数据要素市场的建设机制等。以数据确权问题为例，当前数据权属的法律界定尚不明确，国际社会也未形成共识和通行规则，导致企业在采集、处理、加工、使用和共享数据的过程中对产权问题存在担忧，限制了数据市场的快速发展。

（2）**数据交易市场基础要件和基础环境不成熟**。从本质上说，数据交易行为的最终达成，是伴随着数据所承载的信息内容或信息权利的交换。从这个意义上说，数据交易相较一般的实物交易而言，除了传统市场意义上的价值交换之外，还涉及数据/信息权利的交换，因此，交易双方能否有效建立相互信任的机制至关重要。当前，由于缺乏权威、统一且成熟的数据可信流通基础环境，数据交易的事前、事中、事后各个环节均面临互信机制建立难的问题。在交易事前阶段，由于缺乏针对交易对手方和数据产品的评估体系，数据质量难保障，脏数据、假数据随处可见。在交易事中阶段，由于缺乏统一的交易撮合定价体系，数据滥用、数据诈骗等现象频发；同时，交易双方对于所交易数据产品及相关技术的安全保密、隐私保护、伦理风险等缺乏有效评估，导致交易过程存在潜在风险。在交易事后阶段，对于交易双方而言，数据"买定离手"，如果缺乏可信的交易第三方监管和技术支撑，数据移交后，双方均很难控制对方的数据使用流向，因此建立信任关系十分困难。

（3）**数据交易市场激励机制不健全，各参与方缺乏积极性**。数据交易市场的活力源于参与各方持续参与的动力，而这需要建立完善的市场激励机制。激励是通过设计适当的奖惩形式和工作环境，以及一定的行为规范和惩罚性措施，并借助信息沟通，来激发、引导、保持和规范组织及其成员的行为，以有效地实现组织及个人目标。激励要明确、公开、直观、合理、及时、奖惩结合。数据交易市场的激励机制包括政策激励、市场激励和道德激励等，其中市场激励是核心。比如数据要素市场化的重要目标之一是要实现数据资产的价值增值，金融是推动数据资产价值增值的重要手段；围绕数据资产的数据资产质押融资、数据资产保险、数据资产担保、数据资产证券化等金融创新服务，构成了十分重要的市场激励机制。

（4）**缺乏有效解决数据确权、定价、安全、可信等问题的技术手段**。数据确权问题是培育数据要素市场必须解决的问题。相较实物商品，数据要素具有如混合性、复杂性、可复制性、不确定性等独特特征。目前，行业遵循的规则是"谁采集，谁拥有"，导致出售和利用个人数据获利、侵犯用户数据产权、知情权、隐私权和收益权的现象时有发生。传统的确权手段，如提交权属证明和专家评审等模式，缺乏技术可信度，且存在易被篡改等不可控因素，所以大量潜在数据供给方不敢或不愿进场交易。数据具有高固定成本、低边际成本、来源多样和结构多变等特征，数据买卖双方对数据价值评估存在"双向不确定性"特点，使得结合数据质量、完整性、稀缺性和潜在价值对数据交易产品进行定价成为一个难题。数据流通交易过程中，如何切实保障数据安全、实现可信交易，也是必须重视的问题。

综上所述，我国数据要素市场发展需要理论创新作为解决市场数据要素供给不足问题的有效方法，技术创新作为解决数据要素市场活力不足问题的有效手段，机制创新作为解决数据要素市场主体交易积极性弱问题的有效方式。

10.4 小结 >>

随着信息技术的迅猛发展和大数据时代的来临，数据已经成为新型生产要素，其重要性不言而喻。为了更有效地配置和利用数据资源，数据要素市场应运而生。国外的数据要素市场发展较早，已经逐步形成各具特色的市场体系。我国的数据要素市场也逐步走向成熟，政府正通过政策引导，数据市场机制逐步形成。数据要素市场的建设和发展对于促进数据资源的流通、推动数字经济发展具有重要意义。未来，随着技术的进步和市场的完善，数据要素市场将会发挥更大的作用，为社会和经济发展创造更多的价值。

本章案例

上海数据集团于 2022 年 9 月 28 日正式成立，主要承担上海市公共数据、国企数据、行业数据及其他社会数据的授权运营，是上海市主要数据资源、数据产品的核心供应商，也是各类数据市场化主体的服务机构。上海数据集团依托上海数据交易所可以推动数据交易流通，实现各类数据的融合治理、开发利用，集团还负责主导上海市重点行业领域的数据产业投资与布局，是上海市数据领域关键技术的布局者，也是上海市重大数据基础设施的主要投资建设者。

上海数据集团业务主要包括四大板块：一是数据基础设施建设与运营，主要负责数据采集、汇聚、存储、共享、传输与网络、安全等基础设施的建设与运营；二是数字资产供给及交易，也就是基于特许经营和授权的公共数据、国企数据与其他社会数据的供给与交易。上海数据集团针对市场需求，向数据需求方提供合规、安全的数据产品，同时提供数据标准化、评估定价、支付结算等交易服务；三是基于大数据的增值服务，基于大数据分析，集团为企业、行业和城市数字化提供数据咨询、解决方案、行业数据平台和数据信任安全等增值服务；四是数据产业生态圈的构建，上海数据集团具有投资功能，以多方式多渠道稳妥开展投资，用资本力量推动上海数据相关产业集群发展。

第 11 章 数据市场的基本机制

建立完善的数据市场是数据发挥其作为生产要素价值的重要组成部分。帮助企业挖掘数据资源价值、开发数据资产、匹配数据市场机制是企业进行 DRP 建设的重要初衷。数据市场机制涉及多方面，包括数据的产权机制、定价机制、流通与交易机制、收益分配机制以及治理机制等。这些机制相互关联，共同影响着数据市场的运行和数据价值的实现。本章将从这几方面讨论构建数据市场基本机制的方式方法。

11.1 数据的产权机制：确权、授权与登记 >>

随着数据在经济和社会中的地位日益提升，数据产权问题越发凸显其重要性。数据产权是数据释放生产要素价值的前提。数据产权不仅关乎个人隐私和企业商业利益，更可以影响国家安全和国际关系。数据资产化的前提是需要对最基本的数据价值单元进行确权和登记。

11.1.1 数据产权制度的重要性

2022 年 12 月，中共中央、国务院印发《关于构建数据基础制度更好发挥数据要素作用的意见》（简称"数据二十条"），明确提出数据产权"三权分置"的运行机制，即"建立数据资源持有权、数据加工使用权、数据产品经营权等分置运行的产权运行机制"。2023 年 12 月，财政部印发《关于加强数据资产管理的指导意见》提出依法合规管理数据资产。此后，财政部资产管理司司长侯俊明在国务院新闻办公室举行的新闻发布会上介绍道，加强数据资产全链条管理。规范数据资产的登记、存储、使用、披露、处置等环节，构建起清晰、完整的数据资产管理路径，有序推进数据资产化，更好地发挥数据资产的经济价值和社会价值。

不同于物理资产，数据的无形和易复制特性使得其确权过程复杂而具有挑战性。

数据确权是对数据的权属进行明确界定，确保数据的持有权、数据加工使用权、数据产品经营权等得到清晰划分，促进数据的合规流通交易和有效使用。数据登记是数据资产全流程管理中的关键一环，通过登记，可以建立完整的数据资产台账，有助于对数据资产进行全面监管，确保数据资产的安全性和完整性。同时，通过数据登记公共服务，还可以确保数据流通和交易的可信性和可穿透性。

对于企业而言，数据确权与登记不仅是其数字经济商业策略的一部分，也是数据资产合规管理的关键。完善的确权登记体系不仅能够增强企业的数字竞争力，还能避免因不当处理数据而引发的法律和财务风险。

现阶段，我国数据的确权与登记工作可以分为政府和企业两个层面。政府通过建立从中央到地方的各级数据登记机构（数登所），制定数据资产管理的基本规则，对企业的数据资产管理进行指导和监督，实施对数据资产的风险管控。企业建立自身的数据资产登记管理系统，一方面要与政府的数据登记体系对接，另一方面也是企业做好数据资产管理开发工作的基础。建设完善的数据登记体系还面临着技术、法律、伦理等方面的诸多挑战。技术层面，以人工智能为代表的新兴数字技术快速发展，导致数据的产生、收集、处理和应用方式都在不断变革，这对数据的确权和登记提出了更高标准的技术要求。法律层面，数据的确权和登记需要明确的数字资产管理相关法律的支持和保障，此外，不同国家和地区的数据保护法规的差异给跨国数据流动和确权带来了挑战。伦理层面，如何平衡数据利用与个人隐私保护，如何确保数据聚合提高利用率又要避免数据垄断和不公平竞争，如何确保数据确权公正透明等问题都是需要深入讨论的问题。

11.1.2　数据产权制度的国际探索

随着数字经济在全球的快速发展，数据的跨境流动越来越迫切，在数据领域的国际合作与贸易规则的制定将成为确保数据安全跨境流动的关键。

欧盟的《通用数据保护条例》（GDPR）是国际数据治理的一个里程碑，它对全球数据管理和隐私保护产生了深远影响。GDPR确立了"个人数据"和"非个人数据"的二元架构。针对任何已识别或可识别与自然人相关的"个人数据"，其权利归属于该自然人，他享有包括知情同意权、修改权、删除权、拒绝和限制处理权、遗忘权、可携权等一系列广泛且绝对的权利。针对"个人数据"以外的"非个人数据"，企业享有"数据生产者权"。虽然GDPR在提高数据保护标准和增强个人隐私方面发挥了重要作用，但也存在一些局限性。对于企业来说，遵守GDPR规定的成本可能非常高。此外，GDPR对于数据跨境传输的严格规定限制了全球数据的流动。

美国在数据产权制度方面采取了实用主义的做法，他们将个人数据确权融入传统隐私权的框架之中。在这个框架下，美国通过强调"信息隐私权"，力图解决互联网环境下个人隐私信息面临的挑战。例如在金融、医疗、通信等领域制定了行业法，辅以行业自律机制，从而形成了一个相对灵活且适应性强的数据确权体制。在此体制下，美国的数据产权机制鼓励市场发挥重要作用。美国的数据产权机制也存在一些局限性，由于数据管理过于自由和分散，不利于数据要素的规模化开发利用，尤其是在需要跨界协调和合作的情况下，分散的确权机制可能导致合作效率低下，从而阻碍数据在更多领域的应用和价值最大化。

11.1.3　数据产权制度的关键技术

与土地、房屋等资产不同，数据资产的产权制度需要应用数字技术建设完善的确权支持、登记监管系统。这一系统的关键技术包括数据资产的封装技术、登记技术、示踪技术、估值定价技术以及监管技术等。

封装技术：数据资产的经济属性是必须给所有者带来经济利益，其法律属性是必须为所有者所控制。实现这两个属性的前提之一是要保证数据资产的唯一可识别、可控制。这就需要对数据资产进行封装，以确保其唯一且不可篡改，从而为对数据资产的其他操作奠定技术基础。封装可以采用非同质化通证（Non-Fungible Token，NFT）技术，NFT 可以对数据资产进行唯一性标识，其所有权可以在区块链上被追踪和验证。NFT 的创建、交易和管理通常通过智能合约实现，明确了数据资产的所有权转移、交易条件等规则。NFT 封装的数据资产本身并不直接存储在区块链上，而是将 NFT 的元数据（如描述、图片链接等）存储在区块链上，并通过星际文件系统（IPFS）等去中心化存储系统存储实际的数据内容。

登记技术：经过封装的数据资产要通过建立一套登记系统进行管理。如前所述，登记分为企业级和政府级两个类别。数据登记所采用的技术是多方面的，包括数据加密与脱敏技术、云服务与云存储技术、数据库设计与管理技术、数据分析与挖掘技术以及安全防护与审计技术等。数据登记体系要综合利用数字技术，确保数据资产登记的安全性、准确性和高效性。

示踪技术：数据资产的流通交易需要准确记录数据资产的踪迹，这就需要应用一系列示踪相关的技术建立示踪系统。采用 NFT 封装的数据资产，通过智能合约技术就可以实现对其踪迹的追踪，在此基础上，可以做大量的定价、流通、交易模式方面的探索与创新。

估值定价技术：数据资产的估值定价不同于传统资产，传统的定价方式不能完全反映数据资产的价值。为此，需要基于区块链、人工智能等技术，研发适用于数据资产的估值定价技术。数据资产的价值具有动态性，通过对数据资产的示踪，可以建立一个动态定价模型，实现数据资产的实时或交易后定价模式。关于定价技术，在 11.2 节中做详细探讨。

监管技术：数据的海量性使得对数据资产化的监管变得尤为重要，利用区块链、人工智能等技术开发安全可靠的数据资产监管系统也是建立完善的数据要素市场的必要之举。

11.2 数据资产估值与定价 >>

数据资产的估值定价应采用市场化的方法，交易双方可以根据市场供需情况和数据的实际价值进行各种各样的协商定价。目前，资产价值评估的方法主要包括市场法、收益法和成本法等。然而，由于数据资产本身的无形化和虚拟化等特性，使得传统估值方法很难反映数据资产的实际价值。因此，我们仍需探索新的数据定价方法，以便更合理地反映数据的实际价值。

11.2.1 数据资产估值方法

2023 年 9 月，中国资产评估协会印发了《数据资产评估指导意见》，意见指出数据资产价值的评估方法包括收益法、成本法和市场法三种基本方法及其衍生方法。同时，还指出执行数据资产评估业务时，需要关注影响数据资产价值的成本因素、场景因素、市场因素和质量因素。

资产定价的市场法是指将市场上相同或相似的资产作为比较对象，分析比较对象的成交价格和交易条件，通过直接比较或类比分析进行对比调整，从而估算出被评估资产的价值。市场法的前提是资产所处的市场是活跃的，且已形成公开、透明的交易市场行情。然而，当前数据资产市场发展还未完善，使用市场法评估资产标的时可作为参照标的的样本基数相时匮乏。因此，对于现阶段的数据资产来说市场法还做不到准确评估数据资产的价值。

资产定价的成本法是指先估测被评估资产的重置成本，同时估算已存在的各种贬损因素，而后在其重置成本中扣除各项贬值，进而得出被评估资产价值的评估方法。成本法的基本思路是用重置成本减去各项实体性、功能性、经济性损耗，其实质是计算资产的各项成本，将它们进行分类归集，基于成本与价值之间的关系来评估。就数据资产而言，一方面数据生产的成本具有一定的复杂性，很多场景下难于简单归集其成本；另一方面，数据资产具有可复制性，其复制成本远远低于原始生成和加工的成本，故其价值衡量也不能简单以成本来进行估算，还需要对其成本做若干修订。

资产定价的收益法是指通过测算被评估资产未来预期收益值并折算成现值，进而确定被评估资产价值的资产评估方法。收益法基于资产未来预期收益潜力贴现来评估。

收益法定价基本公式：$P = \sum_{i=1}^{n} \dfrac{R_i}{(1+r)^i}$

其中，r 为折现率，R_i 为收益额，n 为预期收益年限。收益法充分考虑了资产的未来收益能力，可以更好地体现资产的内在经济价值。就数据资产而言，数据资产的未来收益场景可能比较复杂，不能仅凭借销售收入简单衡量，而是要依据数据交易技术，对数据资产的各种收益进行预测和追踪，才能更准确反映其价值。

传统资产估值的三种方法均可以用于数据资产估值，但也均需进行创新才能更准确反映数据资产价值，如表 11-1 所示。

表 11-1　传统资产估值方法适用条件及优缺点

估值方法	适用条件	优点	缺点
成本法	适用于市场不活跃、买方差异不大、制作成本透明、供给竞争较激烈的数据资产	计算简单且易于理解	项目成本难以准确获得；忽视了市场竞争和消费者需求等外部因素的影响
市场价格法	适用于市场上已经有类似数据资产交易作为参考的数据资产	能够客观反映资产当前的市场情况，比较容易被买方和卖方接受；评估参数、指标等从市场取得，相对真实、可靠	不同的应用场景下价值不具有可比性；现有的数据交易市场不成熟
预期收益法	适用于易知数据预期收益、折现率和收益期限的数据资产	与国民经济核算体系中相关要求符合，在交易价格可获取时准确率高，可操作性强	未来收益额度和潜在风险难以准确估算和预测；有效使用年限和收益贴现率较难选择和评估

综合法是一种结合了成本、市场需求和数据价值等多个因素的定价方法。该方法旨在平衡数据生产者的利益和市场需求，同时确保数据的质量和价值得到合理的体现。它综合考虑了多个因素，旨在平衡交易各方的利益，使各方在交易中获得合理的回报，同时要灵活应对市场需求、竞争状态等变化。综合定价法的实施需要具备专业的定价知识和经验，需要对市场进行深入的调研和分析，且需要更加成熟的数据交易市场环境作为支撑。

近几年，不少学者提出了各类衍生的综合定价方法。例如，李静萍提出要综合应用市场价格法、收益法、支付意愿法和广告收入法等估算数据资产的价值。许宪春等结合使用需求法和供给法，提出数据资产价值估算公式：成本法数据资产价值 = 直接从事数据生产活动的工作时间占其实际工作时间的平均比例 × 相关职业类型人员总数 × 职工平均工资 + 用于数据生产活动的中间投入成本 + 与数据生产活动相关的资本服务成本 + 其他生产税减补贴。李冬青等基于成本法和收益率法提出"单资产价值 = 基础成本价值 + 阶梯价值"。中国信息通信研究院认为由于数据预期产生的经济价值与数据具体应用场景、数据要素市场结构高度相关，不同主体间的潜在收益、供求关系均有较大差异，目前对数据资产的价值和价格进行统一、标准化规定几乎是不现实的。现有数据资产估值方法均有其限制，未必能客观准确反映数据资产的真实价值。

数据元件法是陆志鹏等提出的一种利用"数据元件"对数据资产进行计量和定价的机制。数据元件是连接数据供需两端的"中间态"，是原始数据与应用之间的数据初级产品和交易标的物。从技术视角来看，数据元件是具有一定的主题、对数据资源进行脱敏处理后、根据需要由若干关联字段形成的数据集，或由数据资源的关联字段通过建模形成的数据特征。从经济角度来看，作为数据与数据应用间的"中间态"，数据元件是基于数据资源形成的，形态稳定，产权清晰，适合市场化流通和规模化应用的数据初级产品。通过将数据资源开发为数据初级产品，实现数据可确权、可计量、可定价、可监管和安全流通，真正实现数据资源与数据应用解耦，进而推动数据要素市场化的高效配置。

数据元件是对数据资源加工后的结果，在加工过程中通过数据过滤、数据分选、数据灌装改变了数据的组织方式，使数据元件更便于进行界定、计量和定价。首先，通过数据过滤对数据资源进行提纯和脱敏处理，提升了数据的价值密度，减少了数据质量的波动，有助于控制风险。数据分选环节可以按照数据来源、使用价值、稀缺程度、安全等级等不同维度的考量，对数据进行分类，形成不同的数据规格。通过数据分选，不同归属、不同价值密度、不同安全性要求的数据被有效区隔，为数据权属的界定、价格的确定、流通范围的确定提供了便利。最后，经过过滤和分选的数据被灌装进不同规格的数据元件之中，封装成为方便计量和定价的基本单元。

将数据元件作为标准单元是通过构建数据元件模型和技术标准体系实现的。建立统一的标准来规范元件的范围、颗粒度和体量等，可以形成统一的计量基础，从而实现在开发过程中有相应的技术标准支撑，对数据元件的数据量、数据属性等进行严格约束。同时，配合安全审核程序和流通协议要求，通过约定数据元件这一交易标的物的规格和属性，明确其用途和交付方式，从而实现对交易的数据元件内容进行合理的计量。

动态定价法是指针对数据资产的价值多样性，利用数字技术对数据全生命周期进行追踪，根据不同应用场景中未来可能产生的价值，用智能合约等技术对数据资产的价格进行事先约定、事后定价。

动态定价的技术基础之一是数据资产的封装技术，封装过的数据资产具备了唯一性，这样在不同的场景调用该件数据资产，都能够唯一确定数据资产的产权所属。

数据资产的示踪技术是动态定价的另一个基础技术。也就是在封装软件中要能够记录数据资产的调用踪迹，这样无论经过多少次调用，都可以知道该件数据资产是在什么样的应用场景中在发挥什么样的作用，以便实现不同应用场景的价格不同。

智能合约是实现动态定价的重要手段。在数据资产封装过程中，可以在封装程序中写入智能合约，当有其他应用场景调用该数据资产时，调用方和被调用方通过智能合约自动约定回报方式，调用方依据约定条件自动把收益返还给被调用方。自动的智能合约交易，是未来数据资产交易的一种重要形式，它更能支持海量、安全、可信的数据资产交易。

11.2.2　数据资产定价的影响因素

要实现数据资产定价的合理性，我们需要考虑其特殊性质。数据既有类似商品（如煤炭、石油等大宗物资）因供求关系形成的垄断定价特征，也具备可重复交易带来的边际效应递增特征。这使得数据产品的定价机制与一般商品有所区别，在某种程度上类似专利、知识产权的定价机制，但还可以有更多创新定价方法。

未经过处理的原始数据可以产生价值，而加工处理后的数据则可能创造更高的价值。数据资产的定价与用户场景高度相关，同样的数据资产对不同用户、不同应用场景来说价格可以不同。例如，个人的基础数据如性别、年龄、身高和体重，对体育器械厂家、营养食品厂家和服装厂家来说，其价值各有不同，可能产生的交易价格也会有所不同。

数据资产的价格往往也包含了形成数据资产所需要的算法和算力的价值，所以随着算法算力技术的进步，数据资产的价格也会快速变动，这也是企业在形成数据资产时必须要考虑的影响因素。

总体来说，数据资产的定价应该充分发挥市场在数据资源配置中的决定性作用。目前关于数据市场的规律，社会各界还在积极的探索，这些规律既有与传统市场经济的一脉相承性，也有数据要素市场的独特性。数据资产定价与传统商品定价最大的不同之处，就在于它需要强有力的数字技术做支撑，做到确权、登记、追踪、定价、交易、治理等流程一体化。

11.3　数据的流通与交易 >>

2020 年，中共中央、国务院印发《关于构建更加完善的要素市场化配置体制机制的意见》明确提出，加快培育数据要素市场，推进政府数据开放共享，提升社会数据资源价值，加强数据资源整合和安全保护，同时还强调，健全要素市场化交易平台，引导培育大数据交易市场，依法合规开展数据交易。2022 年 12 月发布的"数据二十条"进一步指出，要建立合规高效、场内外结合的数据要素流通与交易制度、培育数据要素流通和交易服务生态、构建数据安全合规有序跨境流通机制。经过几年的建设，我国各类数据流通交易市场已经逐步形成，数据流通与交易的方式正在走向多元化。

11.3.1　数据流通的方式

数据作为生产要素，流通交易的方式主要依赖数据要素的开发场景。目前常见的数据流通交易方式有多种，例如数据转让、数据租赁和数据交换等。

1. 数据转让模式

数据转让是指数据所有者将数据通过数据交易场所直接转让给数据使用者，并收取相应的费用。数据转让的方式简单明了，也是数据产权完全转移方式。这种交易方式类似传统的商品交易，买方按照明确的交易价格买断数据的权限，买方可以按照购买来的数据权限进行使用。数据转让的具体内容包括。

（1）**数据资源持有权的转让**：数据资源持有权的转让是完全的数据产权交易，数据资源持有权将从数据当前所有者转移到下一个购买者，购买者取得对数据完全所有权，可以对数据进行完整的操作。

（2）**数据加工使用权的转让**：数据资源持有者保留对数据所有权，但可以授权购买者按一定价格获得对数据加工使用权。购买者按照转让约定的授权内容对数据进行加工使用，且不得再次转让该数据持有权。

（3）**数据产品经营权的转让**：数据所有者可以把数据加工成产品，然后把数据产品经营权进行转让，转让价格依据双方约定来确定。受让者获得了数据产品经营权后，可以把数据产品用到自己的各种应用场景中，但不得破坏数据产品的完整性。

2. 数据租赁模式

数据租赁是指数据资源持有者将数据使用权在一定时间内转让给租赁方，并收取一定租金的模式。数据租赁模式下数据资源持有者仍然保留数据所有权，租赁方可以在一定期限内使用数据。对于数据资源持有者，这种模式可以避免失去对数据所有权的控制，同时也可以为数据资源持有者带来一定的收益。这种模式适用于购买方需要临时性访问数据或有大量数据需求但资金有限的场景，如购买者做市场研究、数据分析、模型训练等任务时对大数据的需求。数据租赁的特点如下。

（1）**数据资源持有权的保留**：在数据租赁中，数据资源持有者仍然保留数据所有权。数据使用者仅在一定期限内享有数据使用权，且无权对数据进行修改、删除等操作。

（2）**数据价值的开发情况**：数据租赁可以实现原始数据价值的部分实现。通过数据租赁，数据资源持有者可以获得数据的部分价值，这部分价值仅限于数据租赁者的应用场景。

（3）**数据租赁的非排他性**：一般而言，数据租赁不具有排他性，即数据持有者可以把同一个数据集出租给多个不同对象。从租赁者的角度来看，数据租赁模式的非排他性可以满足数据使用者对数据使用时间和方式的灵活需求，从而降低数据使用成本。

3. 数据交换模式

数据交换模式是一种非货币化的数据流通方式，它是指两个或多个组织之间通过交换彼此的数据来获取自己需要数据资源的模式。这种模式不涉及直接的定价交易，而是各交换主体基于数字技术所达成数据交换规则，然后各方数据按规则完成数据交换。这种交易模式可以是数据资源持有权的完全交换，也可以是加工使用权或者数据产品的交换。数据交换模式的特点如下。

（1）**数据资源持有权的变化**：在数据交换中，是否变换数据资源持有权，依据交换规则来确定。一般而言，市场上的数据交换往往不涉及改变数据的所有权，交换的通常是数据的加工使用权，交换方不能对原始数据进行修改、删除等操作。

（2）**数据价值的开发情况**：数据交换模式可以实现数据资源持有者数据的部分价值，其价值不是以货币形式体现，而是用对方数据资源来体现的。

（3）**数据交换的非排他性**：数据交换是一种合作行为，数据所有者可以和多个合作伙伴交换数据，一般而言，数据交换不具备排他性。

11.3.2　数据交易场所

"数据二十条"指出，要"统筹构建规范高效的数据交易场所。加强数据交易场所体系设计，统筹优化数据交易场所的规划布局，严控交易场所数量。出台数据交易场所管理办法，建立健全数据交易规则，制定全国统一的数据交易、安全等标准体系，降低交易成本。引导多种类型的数据交易场所共同发展，突出国家级数据交易场所合规监管和基础服务功能，强化其公共属性和公益定位，推进数据交易场所与数据商功能分离，鼓励各类数据商进场交易。规范各地区各部门设立的区域性数据交易场所和行业性数据交易平台，构建多层次市场交易体系，推动区域性、行业性数据流通使用。促进区域性数据交易场所和行业性数据交易平台与国家级数据交易场所互联互通。构建集约高效的数据流通基础设施，为场内集中交易和场外分散交易提供低成本、高效率、可信赖的流通环境。"根据国家的统一规划，我国的数据交易场所可以分为如下几类。

1. 国家级数据交易所（场内）

国家级数据交易所是国家高质量数据要素市场的重要组成部分，主要负责数据市场交易规则的制定、监管和实施。近年来，在严控数据交易所数量的同时，全国已经建立数十家国家级数据交易所，数据交易制度体系在摸索中逐渐完善，交易规模持续增长。例如，深圳数据交易所在2023年底累计交易总额达65亿元人民币。其他如北京国际大数据交易所、上海数据交易所、广州数据交易所和贵阳大数据交易所等也均实现了显著的交易增长。这些交易所为中国数据要素市场的规则建立作出了贡献，其交易额和交易规模的增长，反映了我国数据交易市场的活跃度和潜力。

2. 国家级行业性数据交易平台（场外）

国家级行业性数据交易平台是面向国民经济中的重点行业，由国家组织建立的面向行业数据要素市场的交易平台。该类数据交易平台不一定需要放在交易所内，而是可以在国家统一监管下，在行业生态内由龙头企业或者是第三方建设运营。该类数据交易平台可以与产业互联网平台整合，专注于某一特定行业的数据交易服务，如金融数据、医疗数据、科研数据等，可以满足特定领域数据使用者的相关需求，通过设定行业数据交易的相关规则，可以实现数据交易的自动化、智能化，从而为相关行业的数字化转型奠定数据要素市场的基础。

3. 区域性数据交易所（场内）

区域性数据交易所是国家级数据交易所的重要补充，主要服务于地方数字经济的发展，是地方在国家统一规划下建立的数据要素市场基础设施。按照国家级数据交易所制定的规则，地方政府根据地方经济社会的特点，建立区域性数据交易所，服务地方企事业单位和个人的数据交易。区域性数据交易所与国家数据交易所按照统一的技术平台规则建立，确保数据交易的合规、安全、可控，以支持地方建立规范、高效的数据要素市场。

4. 区域性行业数据交易平台（场外）

与国家级行业数据交易平台相对应，地方政府也可以引导当地产业围绕产业生态开展数据的场外交易，建设区域性行业数据交易平台。该类数据交易平台在国家和地方数据交易规则指导下，重点聚焦于地方构建产业互联网所必需的数据交易基础设施，建立各方数据智能交易的规则和技术平台。区域性行业数据交易平台可以由政府牵头，当地龙头企业或者第三方组织建设，与国家"星火链网"等基础设施建设同步，开发区域性行业数据交易平台市场。

11.3.3 数据商

数据商，也即数商，这一概念由上海数据交易所在 2021 年上海"全球数商大会"上首次提出，并被全国各地接纳和采用。

数据商是指以提升数据要素市场效率为目标，从事数据采集、治理、数据资产或产品开发、中介经纪、交付、技术服务等业务，为数据要素提供附加价值的法人企业。同时，也有观点认为，数据商是从各种合法来源收集或维护数据，经汇总、加工、分析等处理转换为交易标的，向买方出售数据权益的企业；或者为促成并顺利履行各类数据交易，向委托人提供交易标的发布、承销等服务，合规开展数据交易业务的法人企业。

上海数据交易所在《全国数商产业发展报告 2023》中将数据商分为两大类共 12 个类型。两大类分别是数据商和第三方专业服务机构。数据商包括数据采集、数据治理、数据安全、数据产品开发 / 资产管理、数据发布、数据中介（数据经纪）、数据交付、数据资产应用 8 个类型；第三方专业服务机构包括数据合规评估、数据资产审计与评估、数据质量评估、数据风险评估 4 个类型。上海市印发的《立足数字经济新赛道推动数据要素产业创新发展行动方案（2023—2025 年）》将数据商分为数据资源类数据商、技术驱动型数据商、第三方服务类数据商。

数据商在数字要素市场中扮演着重要角色，是推动数据要素流通转化、释放数据要素潜在价值的关键力量。数据商的主要功能体现在以下几方面：

- 提供数据要素交易的基础服务；
- 辅助各方把数据资源变成数据资产；
- 高效撮合数据供需双方的交易；
- 保障数据流通交易的安全性。

数据商可以是独立于传统产业的新一类企业，也可以是传统企业来承担数据商的职能。数据商需要从数据供给端和需求端双向发力，并结合不同市场的不同诉求来最大化发掘数据要素价值。

近年来，我国数据交易市场规模快速增长，数据商数量大幅增加，已经开始形成独立的市场体系。我国政府高度重视数据产业的发展，出台了一系列政策文件以支持数据商的发展。数据商在数据采集、处理、分析等方面不断取得技术创新，推动了数据技术的应用和普及。同时，数据商还进行了大量应用场景和商业模式创新，为我国数据要素市场的建立积累了经验。

目前来看，我国数据商在各地的发展还不太均衡，东部地区由于经济发达、科技实力雄厚，数据商数量较多且发展水平较高。而中西部地区则相对滞后，但近年来也在加快数据产业的发展步伐。由于建设数据要素市场是全新领域，我国数据商在发展过程中仍面临一些挑战，如数据交易基础制度尚未健全、场内交易市场供需双方动力有待增强、场外交易的基本规则还未建立、既有的数据交易场所持续运营能力薄弱等。随着数据要素市场的日益成熟，这些问题在政府、企业和社会各界共同努力下，有望尽快得到解决。

11.4 数据要素收益分配 >>

"数据二十条"指出要建立体现效率、促进公平的数据要素收益分配制度。要顺应数字产业化、产业数字化发展趋势，充分发挥市场在资源配置中的决定性作用，更好地发挥政府作用。完善数据要素市场化配置机制，扩大数据要素市场化配置范围和按价值贡献参与分配渠道。完善数据要素收益的再分配调节机制，让全体人民更好共享数字经济发展成果。

首先，要健全数据要素由市场评价贡献、按贡献决定报酬的机制。结合数据要素特征，优化分配结构，构建公平、高效、激励与规范相结合的数据价值分配机制。坚持"两个毫不动摇"，按照"谁投入、谁贡献、谁受益"的原则，着重保护数据要素各参与方的投入产出收益，依法依规维护数据资源资产权益，探索个人、企业、公共数据分享价值收益的方式，建立健全更加合理的市场评价机制，促进劳动者贡献和劳动报酬相匹配。推动数据要素收益向数据价值和使用价值的创造者合理倾斜，确保在开发挖掘数据价值各环节的投入有相应回报，强化基于数据价值创造和价值实现的激励导向。通过分红、提成等多种收益共享方式，平衡兼顾数据内容采集、加工、流通、应用等不同环节相关主体之间的利益分配。

其次，要更好地发挥政府在数据要素收益分配中的引导调节作用。逐步建立保障公平的数据要素收益分配体制机制，更加关注公共利益和相对弱势群体。加大政府引导调节力度，探索建立公共数据资源开放收益合理分享机制，允许并鼓励各类企业依法依规依托公共数据提供公益服务。推动大型数据企业积极承担社会责任，强化对弱势群体的保障帮扶，有力有效应对数字化转型过程中的各类风险挑战。不断健全数据要素市场体系和制度规则，防止和依法依规规制资本在数据领域无序扩张形成市场垄断等问题。统筹使用多渠道资金资源，开展数据知识普及和教育培训，提高社会整体数字素养，着力消除不同区域间、人群间数字鸿沟，增进社会公平、保障民生福祉、促进共同富裕。

全球各国都在尝试数据要素收益分配的新模式，其中美国 1980 年通过的用于知识产权收益分配领域的《拜杜法案》(*Bayh-Dole Act*) 值得我们借鉴参考。《拜杜法案》是一种知识产权分配模式，它允许小型企业和非营利组织（包括大学）保留通过联邦资金支持的研究获得的知识产权。《拜杜法案》出台后，确定形成了知识产权收益 1/3 归投资者、1/3 归发明者、1/3 归转化机构这一基本格局。参照这一逻辑，数据要素的收益分配也可以对数据要素的各参与方分别进行考量。

黄奇帆曾在第三届上海外滩峰会上演讲时表示，作为拥有大量个人数据的平台，也应当将数据交易收益的 20%～30% 返还给数据的生产者。他认为，互联网平台采集了个人数据形成了产品和服务，这个过程中，个人扮演了"数据贡献者"的角色，平台将个人数据进行了二次加工，在这个过程中也付出了人力、物力、财力，最终呈现的数据产品 / 服务是两者的共同创造，所以理论上随之产生的收益应当分配给参与生产环节的各相关者，不应由任何一方独享全部收益，这样有违公平原则。基于数据贡献者产生的原始数据，数据开发利用主体主要分为三类：数据资源持有者、数据加工使用者及数据产品经营者。

11.4.1　数据资源持有者

对于不同类型的持有主体，数据资源持有权的设置状况也存在差异：首先，对于公共数据而言，其由政府部门、企事业单位在日常运行、履行各类职责、生产经营过程中产生，这些数据应当做到权责清晰。在具体管理上，由国家指定公共数据管辖机关行使数据管理职责，并承担公共数据向有关部门乃至社会开放和授权使用的权责；对于企业数据而言，企业在合法合规的各类经济事务中归集处理的、不关乎个人隐私、不涉及公共安全或侵害公共利益的数据，企业可以获得合理的数据权益；对于个人数据而言，涉及个人隐私的数据，应当由个人直接持有，各个数据采集、处理平台，如互联网应用平台，如需使用个人数据，需向个人申请并在授权范围内依照相关法律法规使用数据。

数据资源持有权的内涵至少包括以下三点内容。

一是自主处置权，即某主体对具备持有权的数据进行保存、管理、维护和防止其他主体侵害的权利。

二是数据转让权，即某主体同意其他主体获取或转移其具备持有权的数据的权利，这一点是基于第一点的衍生权利。

三是数据持有时限，即数据资源持有权并不是永久的，而是存在一定的时间期限，任何主体的数据持有权应遵守或不超过相关条例设置的数据储存时间期限。

11.4.2　数据加工使用者

数据加工使用指的是通过一系列人工或自动化方式对数据进行筛选、清洗、分类、排序、加密、标记、计算等各类的处理活动。数据加工使用者可以依照相关法律法规对数据进行加工、使用。

数据加工使用者需要遵守一定的规则：一是受法律、合同的限制，即各类数据处理活动必须在法律授权或合同约定的范围内进行；二是符合数据安全要求，数据处理者对于加工、使用的数据承担有数据安全保障义务，应当采取加密、标识去除、匿名化等技术措施消除数据中的个人隐私，并通过其他必要措施来保障数据安全，并设置数据安全事件应急预案，在发生数据泄露等数据安全事件时，数据处理者应当立即启动应急预案、采取处置措施，及时告知数据相关用户并向负责相关事务的部门报告；三是应用场景限制，举例而言，《个人信息保护法》第二十四条要求，个人信息处理者利用个人数据进行自动化决策时应确保公平公正，避免不合理的差别待遇。

11.4.3　数据产品经营者

数据产品以及数据资源相关服务是对数据资源利用的直接呈现，也是从原始数据的收集到一系列数据开发处理过程后最终的成果形式。依据洛克劳动财产理论和市场激励理论，数据产品经营者在数据产品流通上存在劳动、资金投入，应当对数据产品享有一定的财产权益，而这也可以激励数据产品经营者更好地经营数据产品。

目前，在企业获取数据资源的法律实践中，我国已经确立了"三重授权原则"，即要求数据资源获取方在获取数据资源时需要同时满足三方授权，分别是用户授权、数据持有方授权以及用户对数据持有方企业的授权。此外，企业的数据产品经营权也要遵循相关法规限制，企业在行使经营权过程中需要保护个人隐私安全、维护公共利益，避免因数据产品经营权的过度使用而产生负面影响。

11.5　DRP 支持的数据资产确权、定价、交易模型 >>

11.5.1　封装、确权与登记

权属明确是数据资产管理的前提条件。数据资源来源复杂多样，在传统互联网平台上很难确定数据资产的所有权，但对大量的传统企业而言，数据资产还是要尽可能进行有效确权，明确企业数据资产的所有权、开发权、经营权。与其他资产不同，数据资产自持的确权需要坚实的技术平台作支撑，DRP 就是这样的平台，它通过对企业数据的封装、登记，明确企业数据资产的权属。数据资产的封装和登记技术是 DRP 平台最基本的数据资产管理技术，其基本原理如图 11-1 所示。

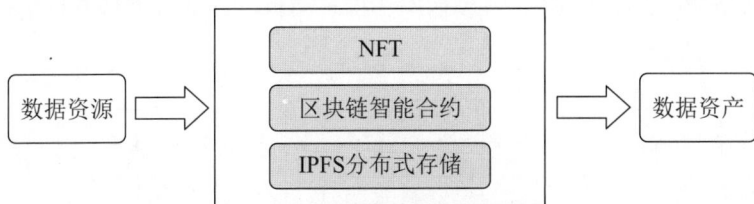

图 11-1　数据资产封装技术原理

DRP 支持的数据资产封装技术是以区块链技术为底层支持，依托 NFT、智能合约等算法，构建数据资产的确权和授权体系。NFT 是可用于数据资产封装的一项重要技术，通过 NFT 算法把数据资产变成唯一、不可篡改的数据资产单元，该单元具有明确的权益所属，并可以被其他开发使用者调用。在用 NFT 封装数据的同时，还要与智能合约进行捆绑，约定数据资产被交易、开发、使用时的一些基本规则，让数据资产实现自动、智能的流通。

封装起来的数据资产可以采用第 7 章介绍过的 IPFS 实现分布式存储，以确保数据资产存储的安全性。IPFS 是一种点对点的传输协议，通过分布式存储确保数据的安全性和隐私性。使用自主可控知识产权的 IPFS 传输协议，既保证数据资产的存储安全，也可保证基础设施的技术安全，避免核心关键技术"卡脖子"问题。在进行数据检索时，可以根据多点分布以及防篡改的内容标识 CID 直接在存储网络中寻址，更加安全可靠。

11.5.2　"估价—报价—议价"动态价格生成模式

数据资源通常需要与具体业务场景相结合，通过产品数据化和数据产品化实现其潜在价值。在此过程中，数据资产价格的形成机制需遵循市场化的基本原则，交易机构一般不对数据资源进行直接定价，而是在清晰界定数据资源用途的基础上，围绕参与交易数据的开发成本、数据质量、安全控制等信息释放可能影响价格的信号，各类市场交易主体可以通过各种定价策略参与定价博弈，最后由市场主体在充分竞争中形成价格共识。

从价格形成的原理出发，探索涵盖数据买卖方、数据交易市场、第三方机构等主体的数据资产价格形成机制，比如先由第三方估价，然后卖方报价，最后买卖双方议价确定最终成交价。

数据要素的定价与传统要素定价有三方面不同（如图 11-2 所示）：首先从价格形成主体之间的关系看，数据交易市场与传统的要素商品市场存在差异。传统要素商品的价格形成遵循"报价—定价"模式，依赖供需关系和竞争机制形成价格体系。对数据要素而言，数据资源市场的不同需求方利用数据资源的方式不一样，其报价也会有所不同，无法用统一标准来衡量。其次从影响价格的因素看，影响数据产品价格的因素与传统要素商品也有不同。数据产品以买方个性化需求为导向，非标准化程度高、时效性强，难以统一定价。最后从促进市场充分竞争的角度看，与传统要素市场相比数据要素市场尚未成熟，存在竞争不充分和信息不对称的问题。

因此，传统"报价—议价"模式可能导致数据市场的"价格失灵"，即价格与价值的背离。解决这一问题可以引入第三方"估价"机制，科学评估数据资产价值，确保价格信号的真实性和有效性。

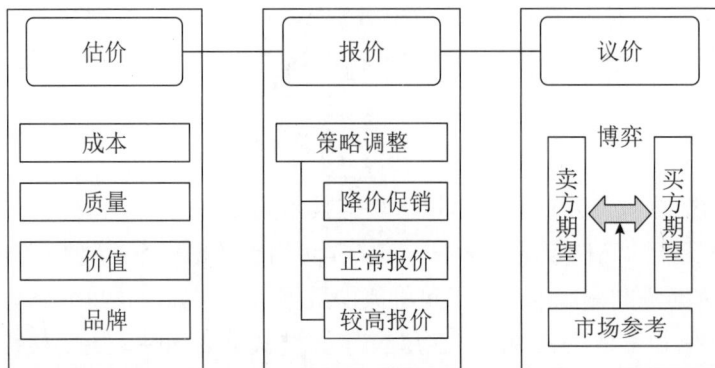

图 11-2　数据资产定价模型

"估价—报价—议价"的实现路径，可以参考股票发行市场的经验。股票在上市发行前由发行人和券商预估发行价，再通过一级市场投资者询价议价形成最终发行价格。在这个价格形成过程中，券商作为第三方机构发挥了专业性较强的"估价"作用，从而大大提高了市场成交效率。在数据资产交易市场的定价流程设计上，初期可结合第三方估价、数据卖方报价、数据买卖双方议价等多种方式，在数据交易场所完成对数据资产的协商定价。

"估价—报价—议价"的进一步定价模式，就是要根据不同的数据应用场景，应用DRP 对数据资产进行封装、登记，形成唯一的封装好的数据资产。然后把"估价—报价—议价"的可能过程提前写入双方的智能合约，由智能合约自动完成"估价—报价—议价"的过程。

数据资产通过不断地定价交易，就逐渐拥有了被市场认可的公允价值。在此基础上，数据资产的所有人可对定价的数据资产进行其他权益的处置，例如抵押、质押等。

11.5.3　流通交易

DRP 要能够支持各种类型的数据资产交易。一般而言，数据资产交易可分为所有权交易和使用权交易，其中使用权还可分为授权访问和授权计算等。

1. 智能合约类型

DRP 支持各种数据流通交易的各类智能合约，常见的智能合约类型包括以下几种。

1）所有权交易合约
所有权交易合约是为数据资产所有权交易而设计的，例如音乐、视频、图像等文化产品的版权等。所有权交易智能合约实际上就是一个数据资产的转让过程，将用户 A 确权的某个数据资产转移给用户 B，当用户 B 完成支付时，生成新的用于证明用户 B 与某数据资产的所有权关系的智能合约，并将原始证明用户 A 与某数据资产的所有权关系的智能合约标记为失效。

2）授权访问合约

在某种情况下，需求方仅希望使用某种数据资产，并不需要数据所有权，这个时候就需要建立使用授权访问智能合约，供需双方自动完成数据访问权的交易，如购买一部电影的播放权。

3）授权计算型合约

有时需求方希望获得的并不是数据本身，而是数据计算出来的结果，这个时候就需要使用授权计算型合约。该类合约实际上是按约定调用了隐私计算模块，实现数据的"可用不可见"。

2. 智能合约的操作过程

DRP 在构建可信数据平台的基础上，依据不同应用场景建立相应的智能合约，具体操作过程包括以下几种。

1）DRP 支持的所有权交易

在 DRP 建立的数据资产联盟链上，将产生证明数据资产内容标识（Content Identification，CID）与对应数据资产法人主体用户身份证明（User Identification，UID）之间所有权关系的智能合约。根据数据资产的行业属性等数据，智能合约在进入交易池时，将被分配到对应的数据资产目录中。

如图 11-3 所示，在数据资产所有权的交易过程中，买方通过下订单的方式发起交易需求，该需求进入业务层的撮合系统后，系统确认了需求并在交易池中匹配相应供给，匹配成功后，撮合系统将向数据资产卖方对应的法人主体发送通知，卖方同意后，该交易同时被同步到数据资产联盟链上。之后，撮合系统向买方发送通知，代表交易撮合成功。若卖方不同意交易，撮合系统将进行重新匹配，直至交易撮合成功为止。交易成功后，买方向卖方支付费用，该支付流程也将被同步至数据资产联盟链上。支付成功后，该联盟链将生产新的凭证，用于证明被交易数据资产 CID 与买方 UID 的所有权关系。以上过程中，卖方统一出售资产、买方支付费用以及新所有权关系证明都发生在 DRP 可信计算平台上，交易过程是可被追溯且不可被篡改的。这个业务逻辑流程如图 11-4 所示。

2）DRP 支持的使用权交易

如图 11-5 所示，数据资产的使用权交易流程与所有权的交易流程相似，不同点在于支持使用权的智能合约更加多样化，包括计算权交易、访问权交易等。在使用权的交易过程中，当买方发送使用权交易需求时，首先要经过智能合约计算系统，执行后生成数据调用交易需求，该需求被发送至撮合系统进行交易撮合。

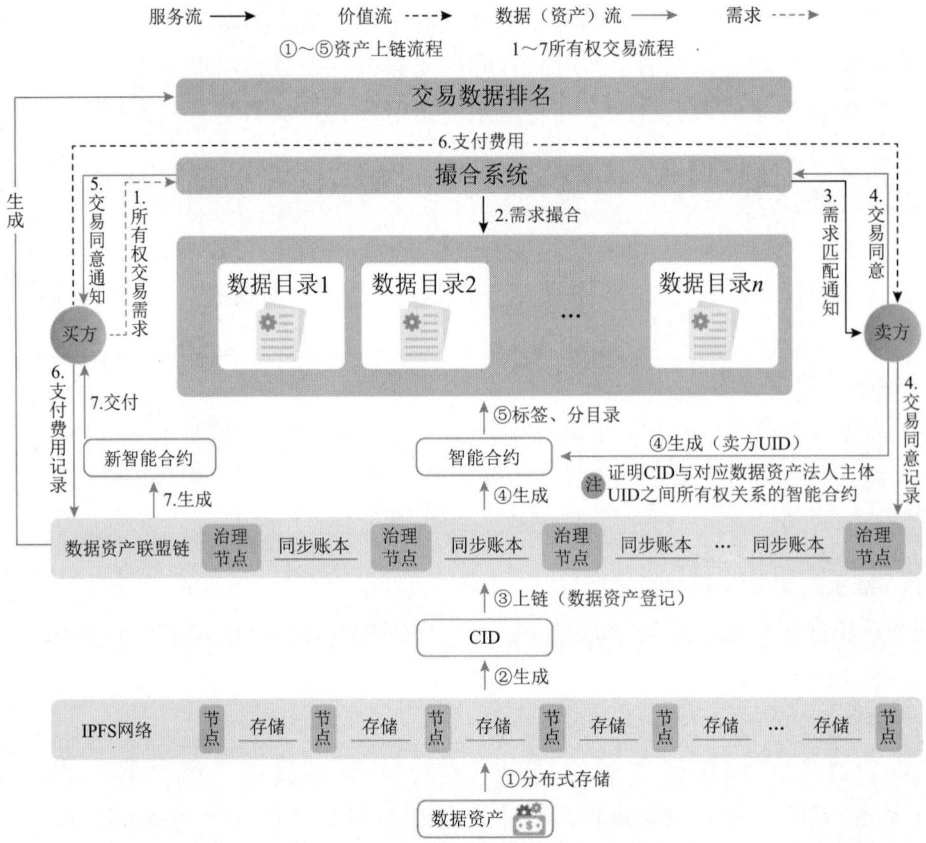

服务流 ——→ 价值流 ----▶ 数据（资产）流 ——→ 需求 ----▶

①～⑤资产上链流程 1～7所有权交易流程

图 11-3　数据资产所有权交易示例

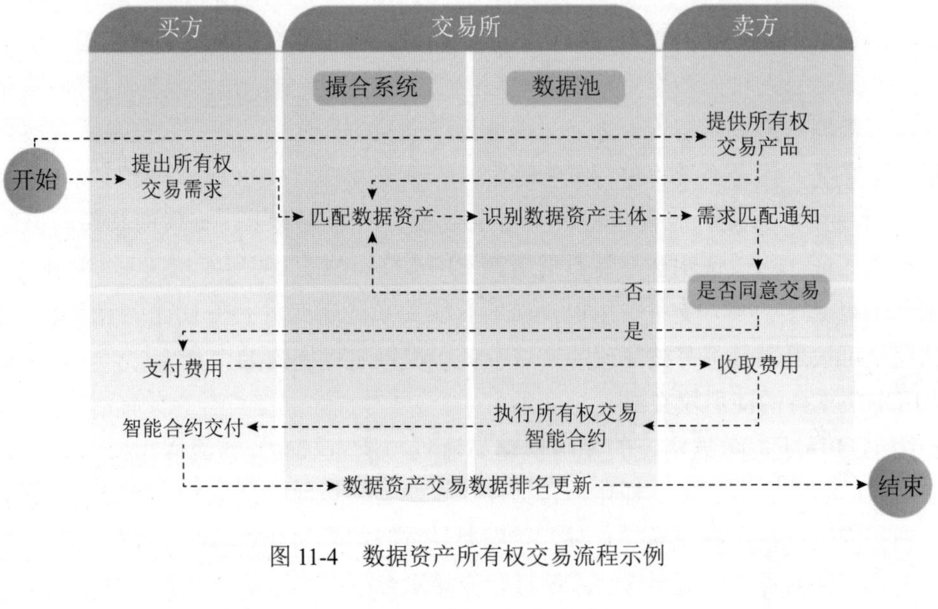

图 11-4　数据资产所有权交易流程示例

服务流 ━━▶　　　价值流 ┄┄▶　　　数据（资产）流 ━━▶　　　需求 ┄┄▶
①～⑤资产上链流程　　　1～8使用权交易流程

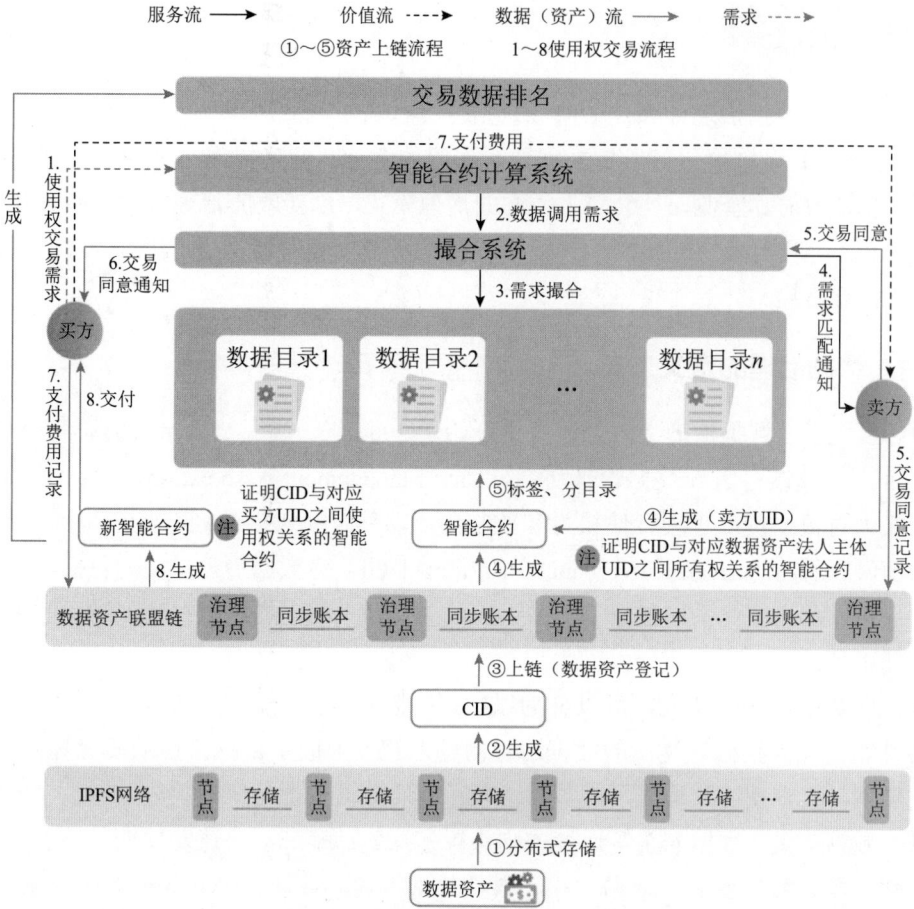

图 11-5　数据资产使用权交易示例

该交易在买方完成支付后，将在数据资产联盟链上产生被交易资产 CID 与买方 UID 使用权关系的新智能合约，数据资产使用权交易的业务逻辑流程如图 11-6 所示。

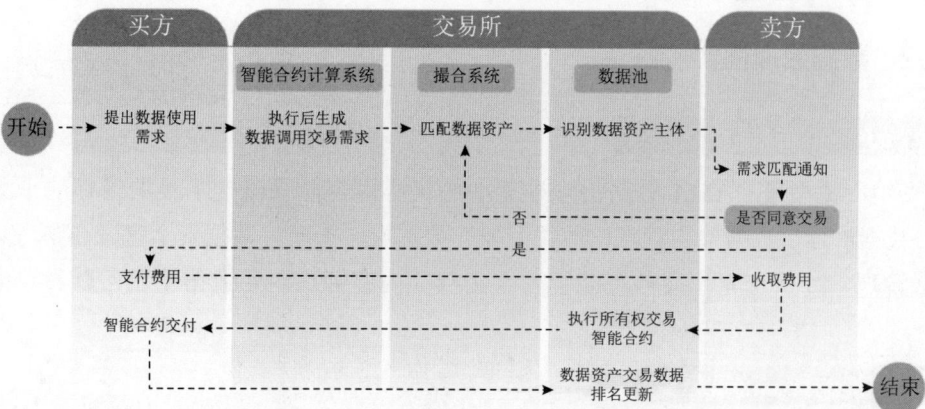

图 11-6　数据资产使用权交易流程图

11.6 数据治理 >>

安全可靠的数据治理体系是 DRP 的重要工作内容。2022 年，中共中央、国务院印发《关于构建数据基础制度更好发挥数据要素作用的意见》明确提出，把安全贯穿数据治理全过程，构建政府、企业、社会多方协同的治理模式，创新政府治理方式，明确各方主体责任和义务，完善行业自律机制，规范市场发展秩序，形成有效市场和有为政府相结合的数据要素治理格局。

11.6.1 数据治理的定义

国际上关于"数据治理"的全面讨论开始于 2004 年。国际数据治理的研究包含政府、企业、个人等领域。国际数据管理协会（Data Management Association，DAMA）将数据治理定义为对数据资产管理行使权力和控制的活动集合（包括计划、监督和执行）。国际数据治理研究所（The Data Governance Institute，DGI）将数据治理定义为包括与数据相关过程的决策权及责任体系，根据基于共识的数据管理模型，描述数据治理过程的关键行为以及治理工具。

国内对数据治理的研究，可以分为以下三个阶段。第一，研究探索期。在这段时间，研究者开始关注大数据环境下的数据治理问题，初步形成了数据治理的研究体系；第二，平稳发展期。在该期逐渐形成了大数据治理、政府数据治理等研究主题，对数字政府、数字经济、数据质量、数据安全等研究方向进行了探索；第三，快速发展期。该阶段学术界对数字化转型、数据要素、数据主权、科学数据治理、数据金融数等研究主题予以关注，在深化数据治理理论框架的同时，进一步拓展了数据治理的应用场景，并且更加关注数据治理的效果评价。

总体来看，数据治理是一个跨学科的研究领域，其定义和范围也在不断变化，随着对数据治理实践经验的积累，数据治理的理论体系也会逐渐完善。

11.6.2 数据治理框架

1. DAMA 的数据治理框架

"飞轮"模型是 DAMA 数据治理框架中的核心内容，它概括了数据管理的十大功能模块：数据治理、数据架构管理、数据开发、数据操作管理、数据安全管理、参考数据和主数据管理、数据仓库和商务智能管理、文档和内容管理、元数据管理，以及数据质量管理。

2. DGI 的数据治理框架

DGI 的数据治理框架由美国的数据治理研究所（The Data Governance Institute）提出，包括 10 个基本组件及其间的逻辑关系，并给出了从治理方法到实施步骤的完整系统，如图 11-7 所示。

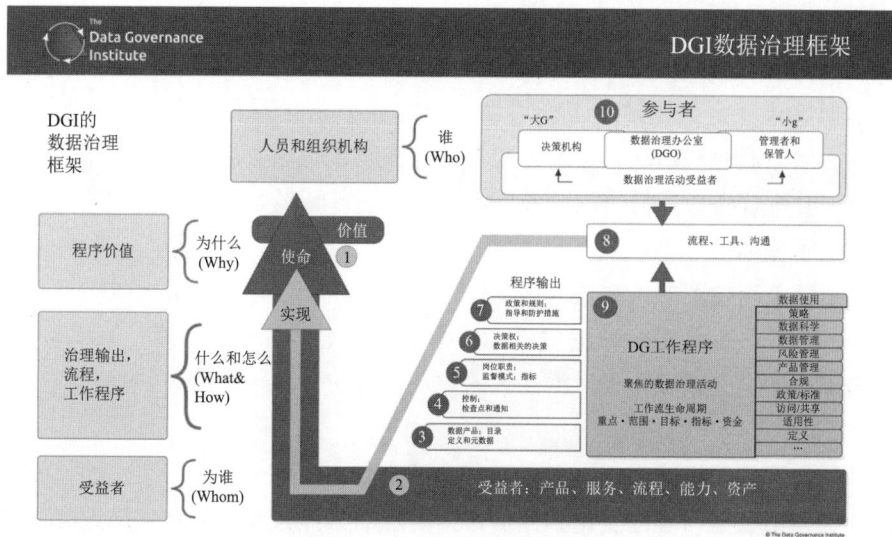

图 11-7　DGI 数据治理框架

DGI 的数据治理框架以价值驱动为核心，通过"小 g"治理（关注数据产品、元数据、控制等）和"大 G"治理（关注决策权、问责制、政策等）两个层面，构建全面的数据治理方案，以实现提升组织效率、清晰度和有效性，并确保合规性的最终目标。

3. CALib 的数据治理框架

CALib 的数据治理框架（China Academic Library DG Framework）是包冬梅等基于国际权威机构的数据治理框架并结合高校图书馆的行业特点，提出的符合我国高校图书馆数据治理需要的数据治理框架。该框架由促成因素、范围、实施与评估三个子框架组成，如图 11-8 所示。

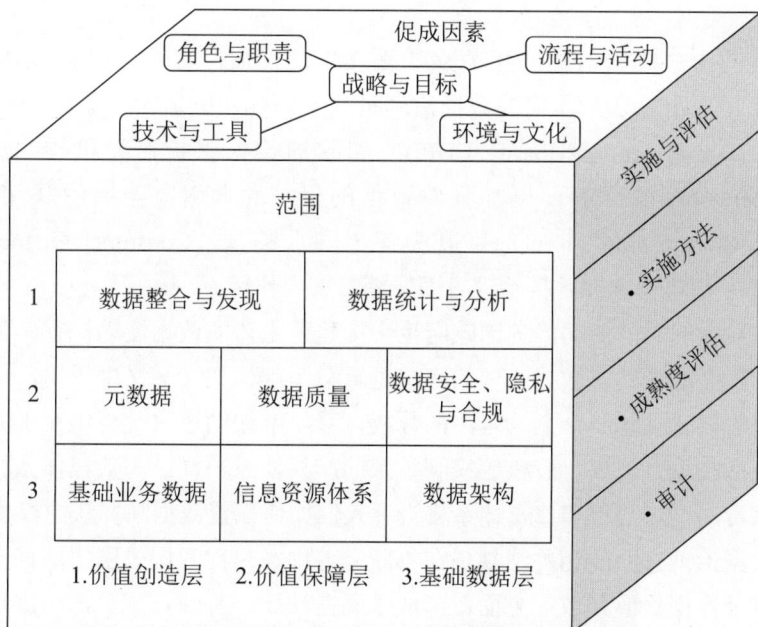

图 11-8　CALib 的高校图书馆数据治理框架

177

具体来说，CALib 的数据治理框架包括以下三个子框架。

（1）促成因素子框架。

该子框架聚焦决定数据治理工作成功与否的五个关键因素：战略与目标、角色与职责、环境与文化、流程与活动、技术与工具。这些因素确保数据治理活动能够围绕核心战略有序开展，并有效支撑图书馆的服务目标。

（2）范围子框架。

该子框架涵盖高校图书馆数据治理工作的八个关注领域，包括数据架构、基础业务数据、信息资源体系、元数据、数据质量、数据安全、隐私与合规管理、数据整合与发现、数据统计与分析。这些领域构成数据治理的重点，旨在保障数据质量、安全及数据资源的高效利用。

（3）实施与评估子框架。

该部分描述了数据治理的实施和评估数据治理的具体方法，包括实施方法、成熟度评估和审计，帮助决策层了解治理的执行情况和成效，以推动数据治理的持续改进。

CALib 的数据治理框架为高校图书馆在大数据环境下的数据管理与创新服务提供了指导，力求通过数据治理实现图书馆数据资产的高效管理和服务价值的最大化。

11.6.3　数据治理的政策与法规环境

数据治理不仅关系到前沿的数字技术，而且与法律、伦理等社会科学紧密相关。

从法律角度看，数据治理是指在政府、企业和个人等不同数据关系主体之间科学配置与数据相关的权利、义务和责任。全球数据治理的相关立法内容主要包含三方面：一是建立一体化的数据治理机构，为数据价值释放提供组织保障；二是构建跨主体间数据流动机制，为数据价值释放提供公平环境；三是开发多元化的模式和方案，为数据价值释放提供落地方案。

在全球范围内，数据治理的相关立法正在快速发展，许多国家已经认识到数据治理的重要性，并开始建立一体化的数据治理机构。例如，欧盟设立了欧洲数据保护委员会（European Data Protection Board，EDPB）和欧洲数据保护监管机构（European Data Protection Supervisor，EDPS），以加强对数据的保护和监管；美国的联邦贸易委员会（Federal Trade Commission，FTC）和消费者金融保护局（Consumer Financial Protection Bureau，CFPB）等机构也在数据治理方面发挥着重要作用。

为了促进数据的规范流动，各国政府也在构建跨主体的数据流动机制。国务院发展研究中心研究员张文魁在其《数据治理的底层逻辑与基础构架》一文中提出，从长远角度出发，数据治理需要建立起一个全球范围的数权体系，就如同过去几百年在工业革命浪潮中建立起来的包括物权、债权、股权等权利主张的产权体系一样。与数权体系相配套，可能还需要建立算责制度。数权和算责体系将告诉人们如何配置数据和算法的权责利。

我国在数据治理方面的相关法规仍在不断完善中。目前我国已围绕数据安全保障、用户权益保护以及数据价值释放等方面，形成了涵盖法律、行政法规、部门规章等不同层级的数据制度规则。在数据安全保障体系方面，我国已先后实行了《中华人民共和国国家安全法》《中华人民共和国网络安全法》《中华人民共和国数据安全法》及相关配套规定，构建了数据分类分级与重要数据保护、数据安全风险评估与工作协调、数据安全应急处置、数据安全审查等制度；在用户权益保护体系方面，我国已实行了《中华人民共和国民法典》《中华人民共和国个人信息保护法》及相关配套规定，明确了个人信息处理规则，完善了个人信息跨境提供规则，规定了个人信息处理活动中个人的权利和处理者义务；在数据价值释放体系方面，近年来，地方数据法规开始大量涌现，贵州、深圳、天津、海南、山西、吉林、安徽、山东、上海等地先后出台地方数据条例，制定了公共数据共享和开放、数据交易流通等规则。

此外，在数据监管机构建设方面，国家互联网信息办公室、工业和信息化部等部门，已经承担起对数据活动的监管职能。2023 年 10 月 25 日，国家数据局正式揭牌，意味着中国的数据治理进入一个全新的发展阶段。国家数据局的主要职责是负责协调推进数据基础制度建设，统筹数据资源整合共享和开发利用，统筹推进数字中国、数字经济、数字社会规划和建设等。

11.6.4　企业数据治理

DRP 支持的企业数据治理制度，是企业面向产业链和产业生态上的数据要素开发，建立的规范企业数据资源全生命周期管理的制度体系。2024 年 9 月 27 日国家数据局印发了《关于促进企业数据资源开发利用的意见（征求意见稿）》，开启了我国企业规范开展数据治理的新时代。建立完善的数据治理技术平台和制度体系是企业 DRP 的重要组成部分，一般而言，DRP 系统所包含的企业数据治理内容可以包括以下几方面。

1. 支持建立"企业数据管理制度"

企业数据管理制度是指导 DRP 建设的文件，反过来，DRP 也要把企业数据管理制度落实到系统规划之中。完善的企业数据管理制度就如同企业的财务管理制度一样，是数字时代企业运营的基本制度。企业数据管理制度一般包括数据采集标准、云数据系统、数据流通规范、数据资产标准、数据资产管理规则、企业间的数据交易基本规范、数据产品开发规范等。

2. 支持"首席数据官"制度的运行

DRP 支持的组织架构中，一般会设立"首席数据官"（Chief Data Officer，CDO）职位，该职位负责综合考虑企业的数据发展战略，并面向产业生态规划实施企业数据要素的全生命周期管理工作。首席数据官的工作包括但不限于数字化转型战略、数据基础设施规划建设、资产数据化、数据资产化、数据流通与交易、数据可信服务等内容。

3. 用 DRP 打造企业可信数据底座

企业数据治理需要一个坚实的可信数据底座，DRP 的重要功能就是面向产业生态建立企业的数据云、数据链，建设一个可信的数据底座。在此基础上，DRP 支持企业建立数字信用体系、数据资源优化系统等，支持数据产品化和产品数据化，辅助企业兑现数据价值。

4. 用DRP建立"企业数据资产管理体系"

企业数据资产管理体系是企业数据治理的重要内容，DRP要支持企业建立全生命周期的数据资产管理体系，包括数据资源的清洗整理、数据资产的生成、数据资产的封装和登记、数据资产的跟踪、数据资产的定价模型、数据资产的流通交易智能合约，以及数据资产的收益分配模式等。

5. 用DRP搭建"企业基础可信数据体系"

企业自身的有形和无形资产是企业明确拥有的资产，DRP支持把这些资产的数据进行客观、实时的采集，实现资产的数据化。这些数据产权结构相对清晰，是企业基础可信数据体系主要内容。有了企业基础可信数据体系，便于企业下一步开展面向产业生态的数据服务、实现数据资产化。

6. 用DRP打造"企业数字空间"

企业数字空间是企业运营发展的新领域，它基于企业的数据整体规划，把企业和各合作伙伴在数字空间中链接在一起，形成新的合作模式和价值创造方式。用DRP打造的企业数字空间，是DRP价值的重要体现，也是人类社会走向数字时代的重要标志。

本章案例

某省属国资大型商业集团委托数安云智及玛泽咨询，通过DRP平台建设，汇聚融合集团公司、下属国资、混合所有制股份有限公司、集团数字科技公司等多方数据，开发数据资产，生成数据产品并实现交易流通，提升企业价值。

1. 数据资产描述

（1）由该集团数字科技公司牵头，从集团公司、下属48家业务实体所运营的企业ERP系统、CRM系统、采购平台、物流管理系统、销售管理系统、电商平台、银行客户关系系统、财务系统等数十个相对独立的IT系统中，抽取超过30万条客商信息主数据（客商指企业的供应商、客户、代理商、分销商、第三方业务合作伙伴、政府机构、投资对象、股东等业务对象）。

（2）对抽取的客商主数据进行统一的数据治理，对有效数据进行提取、合并，形成统一的客商主数据标准，包括客商在企业内提交的注册信息、财务系统中记录的财务往来信息、业务系统中存留的交易记录等。

（3）对客商主数据按主数据标准进行重置，并开展数据清洗、去重、去空、冗余信息校正等，形成有效客商主数据超过14万条，每条主数据对应唯一客商。

（4）对客商主数据进行外部数据扩充，通过外部数据源获取客商工商注册、公开市场披露数据等信息，按财务、经营、司法、税务、舆情等维度，结合客商所在地的经济与债务信息，通过与专业机构联合研发的大数据模型，依据主数据形成客商画像。画像指标超过 180 个，其中超过 30 个指标可用于客户评级或风险评定。

2. 数据产品及交易变现

（1）依据客商画像，对内部下属企业业务获客、采购寻源、财务信用控制等内部管理控制流程进行升级，提供统一、精确、定量化的内部风险控制手段，并通过 DRP 实现集团内统一授权与系统化流程控制。

（2）依据客商主数据中的应收、应付等数据，与客商权属关系数据，在企业下属子公司与客商关联企业之间，开展穿透式债务清理。在当年共识别债务压降路径 789 条，当年累计压降债务合计人民币 11.2 亿元。

（3）对客商主数据中包含的债务与交易数据，以及客商画像中的风险指标，经脱敏后以数据产品形式交付商业银行，协助银行实现精准信贷落地，当年累计发放贷款超过人民币 5 亿元；其他金融产品落地超过人民币 1 亿元；当年产生直接效益超过人民币 1600 万元。

（4）通过对客商主数据与客商画像的精准分析与数据归并，形成行业相关的国内债务地图，提供给相关监管机构、行业研究机构等进行政策研究、监管措施制定等。

第四篇 | 基于DRP的企业创新

┤ 开篇案例 ├

美国运动服饰巨头耐克（Nike）公司旗下的区块链运动鞋初创公司 RTFKT Studios 于 2022 年 12 月宣布推出 Cryptokicks iRL 运动鞋，首次将"融合数字世界和实体世界"的愿景付诸实践。Cryptokicks iRL 是一款结合区块链与智能技术的 Web 3 运动鞋，包括 AI 算法支持的自动系带、增强照明、触觉反馈、行走检测等功能。这款运动鞋限量发售 19 000 双，同时以数字收藏品的形式出售，并有四种独特颜色组合的实物对应。

早在 2019 年，耐克公司就公布了一项名为"CryptoKicks"的专利技术，可以将鞋子虚拟化：消费者买到一双正品的 Nike 球鞋，就会获得相应数字化的球鞋，并分配一个虚拟代币。运动鞋出售之后，它关联的数据资产也将转移到购买者手中，这些数据资产都存储在 Digital Locker 中（一个加密货币钱包类型的应用程序），拥有绝对的安全性。当时耐克公司更多地是想将这项技术应用在运动鞋确权及真伪鉴别上，而随着元宇宙概念及数据资产意识的普及，将实体产品与数字产品结合的重大价值逐渐凸显出来。Cryptokicks iRL 的发布为传统的球鞋赋予了数字属性，它在数字空间中的价值甚至有可能超越实体，耐克公司的数字产品收入目前已经达到了品牌总收入的 26%。

第12章 数据资产入表

数据资产入表，意味着数据完成了从自然资源到经济资产的跨越，这是基于 DRP 企业创新的关键内容，是企业以数据资产为新价值源泉的重要体现。作为数字经济时代的生产要素，数据一方面有望成为政企收入的重要支撑，另一方面数据资产入表有利于企业加大对挖掘数据价值的投入，推动数据要素市场发展。

12.1 数据资产入表的内涵 >>

数据资产入表是指将数据确认为企业资产负债表中"资产"一项，即数据资产纳入资产负债表，在财务报表中体现其真实价值与业务贡献。资产负债表也称作财务状况表，是反映企业在某一特定日期（通常是每个会计期末）的财务状况的主要会计报表。资产负债表运用会计平衡原则，将符合会计原则的资产、负债和股东权益的交易分为"资产"和"负债和股东权益"两大块。资产负债表，能够帮助管理人员了解企业持有的资产项目、资金金额、资产状况、设备配置等信息，从而客观地评估企业资产质量。根据资产负债表中资产所有者权益项目，管理人员还能掌握某个阶段企业的财务情况，从而更加准确地分析企业的资产与负债，为管理人员作出正确的财务决策提供严谨、客观的参考信息。

2023 年之前对数据资源没有明确的会计核算规定，很多企业数据产品研究和开发阶段所产生的支出大都是费用化，直接计入损益表，对财务报表的影响很大。现在数据资源可以计入资产，有利于公司改善资产负债率，减少投入期对利润的影响。

如图 12-1 所示，企业数据资产的形成是一个动态的、持续的价值增长过程，它涵盖了从数据资料的收集、数据资源加工到最终形成具有经济价值的数据资产的各个阶段。数据资料，作为未经加工或处理的原始数据，是从现实世界中直接获取的数据；而数据资源则是经过一定加工处理后，具有现实或潜在经济价值的数据集合；数据资产则是由企业在经营活动中形成的，能够为企业带来未来经济利益的数据资源，它们以物理或电子形式被记录和管理。值得注意的是，只有那些能够确立权利的数据才能被定义为数据资产。

数据资产的入表，标志着企业对数据要素从数据资料到数据资源再到数据资产的系统化、专业化的管理。一旦数据资产被纳入财务报表，它不仅代表了数据价值化的阶段性成果，也预示着更深层次价值创造的起点。需要注意的是，并非所有企业的数据资产都需要入表。例如，一些互联网创业企业所拥有的大量运营数据，尽管可能并未全部体现在财务报表中，但其对未来潜在价值的预期，往往能够吸引风险投资给予公司较高估值。因此，数据资产入表不应仅为了满足企业会计要求，而应视为推动企业持续增长和提升竞争力的战略举措。

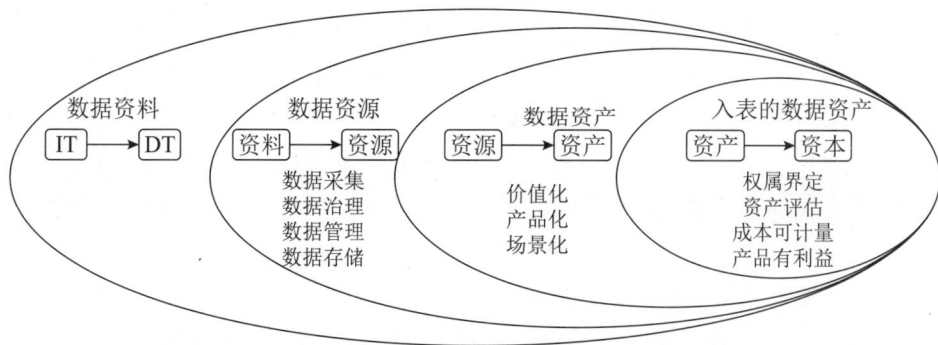

图 12-1 数据价值挖掘路径

12.2 数据资产入表情况 >>

数据资产入表情况与政策和社会行动密切相关。在数据资产管理领域，中央政策的持续发布起着关键作用。这些政策为数据资产的管理提供了指导和规范，推动了数据资产入表的实践。同时，地方性政策的不断落地也对数据资产入表产生了重要影响。地方政府在制定和执行本地的数据资产管理政策时，考虑地方特点和需求，为数据资产入表提供了具体的操作指南。此外，社会行动也是数据资产入表情况的重要因素。社会各界对于数据资产管理的重视程度和参与度，直接影响着数据资产入表的实施情况。政策的发布和社会行动的展开相互交织，共同推动了数据资产入表的进程。因此，理解中央政策持续发布、地方性政策不断落地以及社会行动情况对于深入探讨数据资产入表情况具有重要意义。

12.2.1 中央政策持续发布

2022 年 12 月 1 日，财政部办公厅发布《企业数据资源相关会计处理暂行规定（征求意见稿）》广泛征求意见，文件明确指出企业内部使用的数据资源符合无形资产准则的，可以定义为无形资产；企业日常活动中拥有持有或者说最终目的用于出售的数据资源，符合相关规定的也可以确认为存货，即数据资产确认为存货。

2022 年 12 月 19 日，中共中央、国务院发布的"数据二十条"，提出构建四个制度，并明确提出探索数据资产入表新模式。

2023 年 8 月 21 日，财政部发布了《企业数据资源相关会计处理暂行规定》（下称《暂行规定》），自 2024 年 1 月 1 日起施行，这被业内视为数据资产入表正式落地。《暂行规定》包含适用范围、数据资源会计处理适用准则、列示和披露要求、附则等四部分内容。《暂行规定》要求，企业在编制资产负债表时，应当根据重要性原则并结合本企业的实际情况，在"存货"项目下增设反映资产负债表日确认为存货的数据资源的期末账面价值；在"无形资产"项目下增设"其中：数据资源"项目，反映资产负债表日确认为无形资产的数据资源的期末账面价值；在"开发支出"项目下增设"其中：数据资源"项目，反映资产负债表日正在进行数据资源研究开发项目满足资本化条件的支出金额。数据资产入表最终是计入"无形资产"科目还是计入"存货"科目，本质上要看企业在对外服务或者交易的过程中，数据产品权属是否发生转移。比如，如果企业是为客户提供定制型的数据产品，采用卖断的方式交易，那么这部分如满足"资产"确认条件，则一般计入"存货"；如果企业的数据产品可以提供给多个客户，客户一般只有数据产品使用权，卖给 A 客户不影响再卖给 B 客户，那么该类型的数据产品满足"资产"确认条件，一般是计入"无形资产"。

此外，数据资产入表还需要进行相关披露。根据会计准则的规定，企业应当单独披露对企业财务报表具有重要影响的单项数据资源存货的内容、账面价值和可变现净值。同样地，企业也应当单独披露对企业财务报表具有重要影响的单项数据资源无形资产的内容、账面价值和剩余摊销期限。此外，如果对数据资源无形资产的摊销期、摊销方法或残值进行了变更，企业还应当披露变更内容、原因以及对当期和未来期间的影响。就此，数据资产入表正式提上日程。《暂行规定》对于推动数据要素市场化配置、提高相关会计信息支撑、激活数据价值方面有重大意义。

2023 年 10 月 1 日，中国资产评估协会制定的《数据资产评估指导意见》（下称《指导意见》）正式施行，这也是继财政部 8 月发布《暂行规定》后，又一部推动数据资产化的财会文件。数据资产指特定主体合法拥有或者控制的，能进行货币计量的，且能带来直接或者间接经济利益的数据资源。《指导意见》明确了数据资产的属性定义、评估对象、操作要求、评估方法和披露要求等，并且提出，执行数据资产评估业务，还需要关注影响数据资产价值的成本、场景、市场和质量等因素。《指导意见》与《暂行规定》相辅相成，为数据资产入表以及定价和后续交易环节的运行夯实了基础。

12.2.2 地方性政策不断落地

"数据二十条"是完善数据全流程合规与监管规则体系的顶层设计，《暂行规定》和《指导意见》两份旨在推动数据资产化的财会文件出台，是对"数据二十条"的进一步落实，有利于激活数据市场供需双方的积极性，开启了数据要素市场化的全竞争时代，结合此前国家数据局组建、地方及产业对数据确权落地的探索等一系列政策，数据要素顶层设计正在进一步完善。各地正积极推进数据资产化评估，地方性数据产业集团及数据要素政策也在不断落地。

2023 年 7 月 5 日中共北京市委、北京市人民政府印发《关于更好发挥数据要素作用进一步加快发展数字经济的实施意见》，要求"建立社会数据资产登记中心，建设数据资产评估服务站，先行探索开展数据资产入表"。2023 年 7 月 21 日，广州市政务服务数据管理局发布《广州市数据条例（征求意见稿）》，明确提及推动数据要素纳入国民经济和社会发展的统计核算体系。2023 年 8 月 15 日，上海市浦东新区科经委与张江管委会联合发布《立足数字经济新赛道推动数据要素产业创新发展行动方案（2023—2025 年）》，要"探索形成以上海数据交易所场内交易为纽带的数据资产评估机制，在金融、通信、能源等领域开展试点"。2023 年 8 月 21 日，上海数据交易所发布"数据要素市场繁荣计划"，促进数据市场发展，包括首次登记挂牌补贴、数据产品交易示范补贴、优质数商培育补贴。2023 年 11 月 5 日，由浙江省财政厅归口，浙江省标准化研究院牵头制定的《数据资产确认工作指南》地方标准正式发布。该标准是国内首个针对数据资产确认制定的省级地方性标准，于 2023 年 12 月 5 日起正式实施。该标准的制定及实施将促进数据资产化进程，为浙江省国有数据资产管理办法的出台提供标准配套服务。《数据资产确认工作指南》明确规定初始确认（资产识别、确认条件判断确认流程）；变更确认（变更识别、变更判断、变更确认流程）；终止确认（终止识别、终止判断、终止确认流程）相关细节，在数据资源开发、数据要素市场化和产业化进程中强化标准实施应用，推进以标准为依据开展宏观调控、产业推进、行业管理、市场准入和质量监管。2023 年 11 月 15 日，贵州省大数据局印发《贵州省数据要素登记服务管理办法（试行）》，提出登记服务机构应运用云计算、区块链等技术，建设安全可信的数据要素登记对象标识符（Object Identifier，OID）服务平台，支撑数据要素登记服务申请、合规审核、在线公示、凭证发放、存证溯源等全流程登记服务工作，记录数据生产、流通、使用过程中各参与方享有的合法权益。

从这些地方政策可以看到，一方面数据资产入表相关的问题都得到了突破和创新，另一方面地方标准进一步落实了 2022 年底发布的"数据二十条"，加强了各地区公共数据、企业数据开发利用的相关内容。

在数据产权确认方面，山东、浙江、深圳等多个地方政府出台了数据资产登记和数据知识产权登记制度，四川、山东等地建立数据资产登记平台，北京、深圳等地建立了数据资产知识产权登记平台，初步解决了数据资产权属不清的问题。而中国电子也正在开展以数据元件作为新型数据要素流通交易标的和数据资产化标的物的路径探索，并在四川德阳、浙江温州、河南郑州等地开展联合实践。

贵阳大数据交易所是国内最早成立的大数据交易所。该交易所初步制定了数据资产入表"路线图"，构建了全流程闭环式服务体系，包括配合大数据管理部门开展数据要素型企业认定及数据资产登记工作，与金融机构共同开展数据金融产品开发合作，推进数据产品交易价格计算器商业化，推动专业版企业资产评估报告服务，解决企业数据资产认定、披露实操难题，并针对不同类型的企业制定专业化数据资产入表路径。

12.3 企业数据资产入表准备 >>

数据资产入表给企业既带来了机遇，也带来了挑战。在充分认识到这些机遇和挑战的基础上，企业需要进一步的探索，以制定适合自身情况的入表策略和准备工作。了解数据资产入表的机遇与挑战有助于企业更好地把握数字化时代的机遇，同时有效应对可能出现的问题。

12.3.1 数据资产入表的机遇与挑战

数据资产入表后对于企业最直观的改变，就是企业资产规模的提升，将会间接提高企业的信用评级和融资能力，进而提高企业在资本市场的竞争力。拥有丰富数据资源的企业，其财务报表的内容将会大幅改变，从财务角度和业务角度都将提升数据资产密集型企业的价值，进而有利于数据资源密集型企业及相关产业链的发展。

同时，数据资产入表还可以强化企业对数据的收集、存储和管理能力，以及企业对数据的挖掘、利用和分析能力，增强企业对数据进行深度开发利用的动力，推动在资本市场中形成以数据资产为核心的商业模式，进一步释放数据资产的金融价值。

尽管数据资产入表政策落地节奏超预期，标志着国家把数据作为新生产要素的坚定决心，但在具体实施上仍面临诸多挑战。从数据资产入表的路径来看，入表是数据资产治理环节的最后一步，其前置条件包括数据资产确认、数据资产评估、数据资产计量、数据资产披露等环节。为了更好地反映企业对经济资源的拥有或控制，促进数据资产全面入表成为未来的发展趋势。然而，从现实角度看，数据资产入表仍然面临一系列重大挑战，需要企业做好准备，积极应对。

1. 数据确权的重大挑战

随着数字经济产业的蓬勃发展，数据确权问题变得不可忽视。首要难题是清晰确定数据主体，我国目前缺乏统一的数据确权规则，直接妨碍了数据资产入表。此外，确权流程涉及跨部门或跨企业协调，复杂多变，需要法律支持，这推高了确权的时间和资金成本。数据要素市场化体系和跨领域合作不足，加剧了数据确权的复杂性，因为各领域间的合作相对匮乏，增加了操作难度。

2. 数据资源价值计量的重大挑战

在数字经济时代，数据资源的价值日益凸显，但价值计量面临重大挑战，增加了数据资产入表的难度。数据资源的非竞争性使其适用于多种商业模式，导致会计计量属性无法明确。当前数据交易市场不成熟，缺乏统一的交易规范，使得使用成本法进行数据资源价值评估仅能保守地反映数据资产的价值下限，而使用基于公允价值的方法进行估值时则更为复杂，增加了不确定性和风险。

3. 数据资产审计的重大挑战

数据资产入表将使审计工作变得更为复杂。对于被审计单位在资产负债表中体现的数据资源，审计师需要核对更多的会计处理凭证和交易记录，增加了审计工作量。传统的审计工具和方法可能不足以应对数据资产的特殊性，因此审计师需要考虑采用更先进的审计工具和技术以适应这一新的审计业务。审计师面临更高的错报风险，需要更谨慎地评估数据资产的合规性和价值，依赖更多外部证据和行业专家意见，进行更深入的风险评估和内部控制测试。

4. 数据安全问题的制约

首先，数据安全问题直接增加了企业将数据资源纳入财务报表的成本。企业需要投入更多资源来实施一系列复杂的安全措施，可能会承担更高的审计费用，增加了数据资源管理的复杂性，降低了数据资产入表的经济可行性。数据资产入表还会增加企业的数据安全风险，一旦发生安全事件，数据的独特性和商业价值可能迅速下降，导致企业声誉下降、合作关系破裂等负面影响。数据安全问题还可能导致企业面临法律责任和巨额罚款，增加了数据资产入表的风险。

12.3.2 数据资产入表的企业探索

1. 上市公司

2024 年一季度作为观察"数据资产入表"成果的第一个窗口期，有 25 家上市公司首次披露了"数据资产"的财务数据。从行业分布看，计算机行业最多，共有 9 家公司，但也出现了钢铁、建筑装饰、机械设备等传统制造行业。从会计科目看，有 11 家公司将数据资产计入无形资产、8 家公司计入存货、4 家公司计入开发支出、2 家公司分别计入无形资产和开发支出。

需要注意的是，有 7 家上市公司在披露一季报后发布了更正报告，大多为制造企业，且此前均将数据资产计入"存货"。其中中信重工公司和金龙汽车公司更正的"数据资产"金额较高，分别为 7.16 亿元、5.84 亿元。这些企业在更正后的报告中将"数据资产"一栏的数额转填入"合同资产"一栏，"存货"中不再包含数据资产的相关填报。

剩余 18 家公司大多将数据资产计入无形资产或开发支出，仅海天瑞声公司将数据资产计入存货。存货指的是"企业在日常活动中持有以备出售的产成品或商品、处在生产过程中的在产品、在生产过程或提供劳务过程中耗用的材料、物料等"。所以，可以将直接用于对外出售的数据资产计入存货，如数据产品、数据报告等，如图 12-2 所示。

证券代码	证券简称	所属申万一级行业名称	数据资源计入类目	指标值/亿元	备注
001359.SZ	平安电工	基础化工	无形资产	0.0078	
002044.SZ	美年健康	医药生物	开发支出	0.0546	
002061.SZ	浙江交科	建筑装饰	开发支出	0.0024	
002401.SZ	中远海科	计算机	无形资产	0.0902	
300081.SZ	恒信东方	通信	无形资产	0.2460	
300229.SZ	拓尔思	计算机	开发支出	0.0628	
300364.SZ	中文在线	传媒	无形资产	0.0045	
300766.SZ	每日互动	计算机	无形资产	0.1284	
301299.SZ	卓创资讯	传媒	无形资产	0.0941	
600282.SH	南钢股份	钢铁	无形资产	0.0015	
			开发支出	0.0102	
600350.SH	山东高速	交通运输	无形资产	0.0036	
600720.SH	中交设计	建筑装饰	无形资产	0.0038	
601298.SH	青岛港	交通运输	无形资产	0.0026	
603936.SH	博敏电子	电子	无形资产	0.0182	
688051.SH	佳华科技	计算机	开发支出	0.0171	
688066.SH	航天宏图	计算机	无形资产	0.1717	
688228.SH	开普云	计算机	无形资产	0.0142	
688787.SH	海天瑞声	计算机	开发支出	0.0296	
			存货	0.0690	
002849.SZ	威星智能	机械设备	存货	0.3918	更正公告，取消"数据资源"入表
688651.SH	盛邦安全	计算机	存货	0.1793	更正公告，取消"数据资源"入表
600163.SH	中闽能源	公用事业	存货	0.4188	更正公告，取消"数据资源"入表
603008.SH	喜临门	轻工制造	存货	0.1416	更正公告，取消"数据资源"入表
600686.SH	金龙汽车	汽车	存货	5.8427	更正公告，取消"数据资源"入表
600022.SH	山东钢铁	钢铁	存货	0.1736	更正公告，取消"数据资源"入表
601608.SH	中信重工	机械设备	存货	7.1629	更正公告，取消"数据资源"入表

图 12-2　A 股上市公司数据资产入表情况

这些上市企业目前入表的数据资产相对公司总资产占比很低，但在披露之后依然带来了较为明显的股价提升，显示出市场给予的巨大期待，也预示着数据资源在整个国民经济中的重要性正在发生着革命性的改变。数据到底如何成为领导型的要素，从而盘活企业管理，摆脱传统经济增长模式，是摆在我们面前的重要课题。

多家上市公司先后更正"数据资产入表"的背后，也是我国推进"数据资产入表"工作任重道远的现实写照。无论是将"数据资源"从"存货"调整至"合同资产"还是直接删除"数据资产"，都意味着把不该计入数据类别的资产扩大化地计入其中或这部分金额尚未产生商业合同。

对于数据资产入表在会计处理流程上遇到的困难，首要的就是数据资源的确权。存货、无形资产以及开发支出在资产负债表中属于资产类科目，所以不管将数据资源确认为哪一类资产，都必须先满足资产的定义。把数据资源确认为资产时，要求企业拥有或者控制该数据资源，而数据资源如何确权目前也还处于探索阶段。

另一个困难是企业"数据资产入表"的后续计量，这对企业数据治理水平有很高的要求。如果将数据资产确认成存货，后续需要结转成本；如果将数据资产确认成无形资产，需要确定数据资产的使用寿命以及如何进行后续计量。

2. 地方平台公司

目前一些国内省份和城市，如杭州、上海、广东、海南、贵州、成都等，已经开始采取试点措施，通过制定地方政策、建设运营平台、创新应用场景等方式，积极探索公共数据的授权运营，致力于在政策、技术和实践层面进行创新，以促进公共数据的社会化开发和更广泛的利用。

广东交通集团所属联合电子服务股份公司自主研发的"高速公路重点车辆监控产品""高速公路车流量产品"和"高速公路道路安全产品"三个系列共计11个数据产品，在上海数据交易所完成挂牌交易，并完成场内3笔交易，交易金额接近100万元，成为全国首批"数据资产入表"的企业之一。

青岛华通集团将公共数据融合社会数据治理的数据资源——企业信息核验数据集，列入无形资产——数据资源科目，计入企业总资产，成为青岛市首个实现企业"数据资产入表"的实践案例。

成都市金牛城市建设投资经营集团利用内部智慧水务监测数据以及运营数据等城市治理数据作为入表对象，设计打造一批数据应用场景，成为国内首批完成"数据资产入表"的企业。

类似以上三家公司的例子已经如雨后春笋般涌现，然而要充分发挥"数据资产入表"的优势，克服入表过程中的困难和风险，企业还有很多工作要做。

从"数据资产入表"的角度看，基础会计工作的重要性体现在以下几方面：一是审慎的从成本的角度梳理数据资产的规模，一方面提升全社会对数据要素的认知，另一方面又不至于引起数据资产泡沫；二是提高企业数据资产信息披露的质量，企业可以通过梳理内部满足资产确认条件、真正有发展潜力的数据产品来提高数据资产的管理水平；三是提升报表质量，减少数据要素型企业与投资者之间信息不对称，进一步推进数据资产化创新应用，帮助企业吸引投资、优化财务结构、提升公司估值，等等。

从企业的角度，对于如何推动"数据资产入表"落地涉及两方面的问题，一是意愿，二是顾虑。从意愿来说，"数据资产入表"有利于客观评价数据价值，对企业资产、投融资、业绩报等方面存在有利因素；顾虑方面，需要解决伴随"数据资产入表"带来的敏感信息披露、商业机密泄露等风险。

为了积极应对"数据资产入表"带来的机遇与挑战，企业还需要在以下三方面进行探索和建设。

（1）数据资源的合规管理。

企业应从数据来源、数据内容、数据处理、数据管理及数据经营等五个主要维度对待入表的数据资源进行梳理，查缺补漏，建立企业数据合规管理机制，确保数据资源的合法、合规。

（2）全流程的风险监管机制。

企业应建立健全数据资源成本核算制度，明确数据资源权属，合理确定数据资源运营模式以及依法合规完成信息披露。遵守《个人信息保护法》等法律法规，确保数据资源采集、处理、存储的全部流程均符合法律法规规定。在个人信息保护、数据安全、数据跨境转移等方面建立全流程的风险监管机制。

（3）重视信息披露。

《暂行规定》要求企业根据重要性原则并结合实际情况增设报表子项目，并通过表格方式细化披露。此外，企业可根据实际情况自愿披露数据资源的应用场景或业务模式、原始数据类型来源、加工维护和安全保护情况、涉及的重大交易事项、相关权利失效和受限等相关信息，引导企业主动加强数据资源相关信息披露。

12.4 小结 >>

数据资产入表对企业盘活数据资产有着重要意义，有利于展示企业数字竞争优势，为企业依据数据资产开展投融资提供依据，有效促进内外部会计信息使用者提升决策水平，优化市场资源配置。然而要做好数据资产入表工作需要从政府到企业做大量的准备：各级政府需要不断完善政策法规，提供数据资产入表的可执行依据；各个企业要基于 DRP 从数据确权、计量、审计及安全等方面为数据资产入表做好准备。

本章案例

广东联合电子服务股份有限公司（简称"联合电服公司"）作为行业首家、全国首批数据资产入表的企业之一，于 2024 年 1 月 1 日正式将数据资产计入财务报表。

2023 年 4 月，联合电服公司前瞻性提出"数据资产入表路径的研究与实践"提案，围绕"数据资产确认—数据资产评估—数据资产计量与披露"等三个环节，探索数据资源入表的实践模式和实现路径。

项目小组聚焦政策趋势，制定"三步走"入表方案。搭建了涵盖数据来源、数据内容、数据处理、数据管理、数据经营等维度的数据合规体系，确保数据资源的合法、合规。结合实际制定了入表资产的类别判断、计量、列表与披露的核算管理体系。专班推进升级迭代已具备成熟商业价值的广东省高速公路出口、入口及路网车流量数据服务项目，从项目立项、人工成本投入、上线验收等环节规范核算，于 2024 年 1 月 1 日成功上线，标志着数据资产正式入表。

第 13 章　DRP 驱动的数实融合

随着数据成为生产资料，传统产品的内涵已经不只存在于实体空间，还必须包括数字空间。随着一般意义上产品定义的变化，企业的商业模式也正在发生革命性改变。数据驱动下企业运营的底层逻辑，是围绕着企业数据资源的整体规划展开的，DRP 的理念推动了企业走向以数据要素为新生产资料、以数字空间为新发展领域、以数据资产为新价值源泉的方向，如图 13-1 所示。

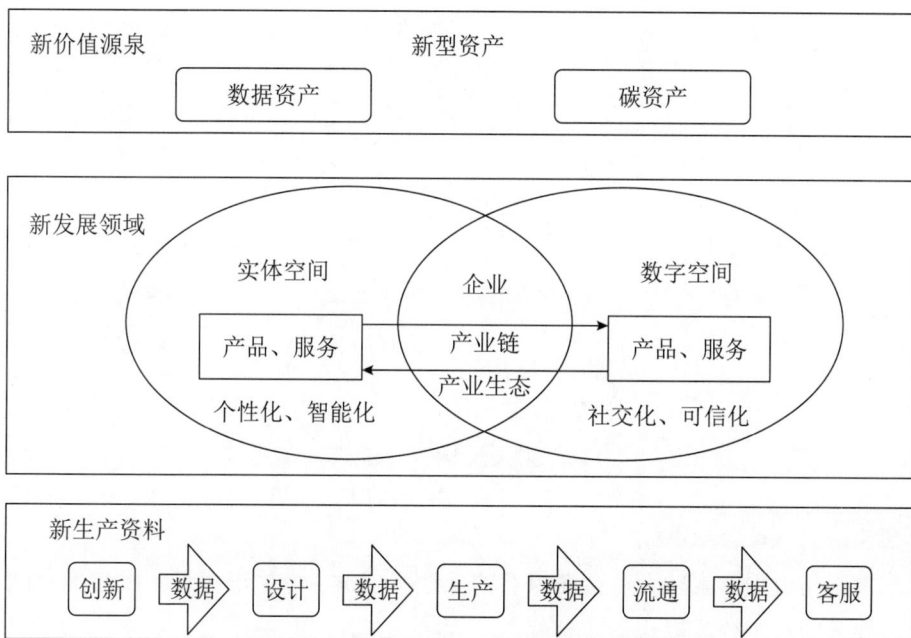

图 13-1　DRP 驱动的企业数实融合逻辑

数实融合，即数字经济和实体经济的融合，将推动产业革命性重构，这种重构包括基本生产要素的变革、企业运营空间的改变、企业价值创造模式的变化等方面。数实融合的企业将横跨实体空间和数字空间开展经营活动，连接两个空间的基础就是数据。如前所述，DRP 就是对数据要素的全面规划，从而支撑企业开展数实融合的经营活动。

13.1　实体空间的数字化 >>

实体空间的数字化是指将现实世界中的实体空间转换为数字形式的过程。在企业数字化转型的背景下，如何对实体空间进行数字化成为企业发展的重要挑战。数字化转型是指企业、组织或城市等实体利用数字技术和数据驱动的方法来改变业务模式和价值模型，是传统要素与数据要素融合的过程。传统要素的数据化，是把土地、资本、科技、人才等要素与数据要素做深度融合，从而改变要素内涵和运营模式的过程。

13.1.1　传统要素的数据化

传统产业的数字化转型是一个向数字空间拓展的过程，数字空间中的要素运营模式与实体空间有很多不同，如图 13-2 所示。

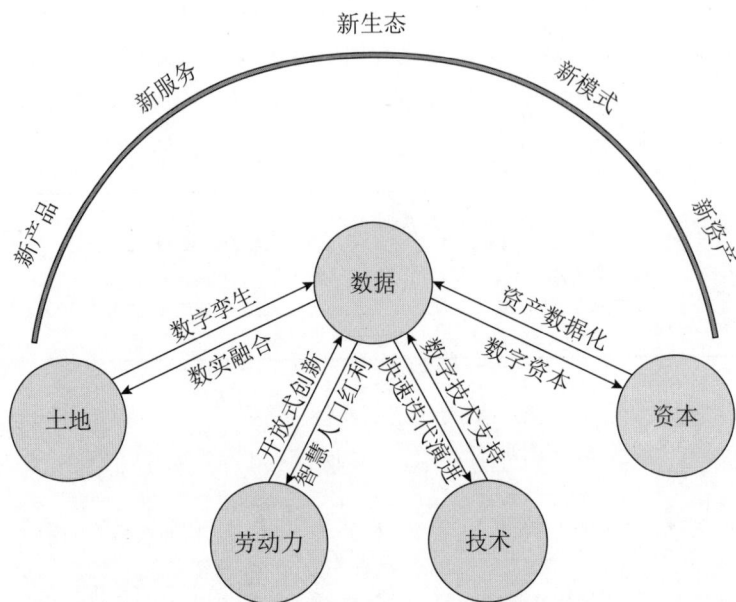

图 13-2　要素数据化与数据要素化

> **1. 土地要素的数据化**

土地要素与数据要素融合，会在原有的土地基础上，衍生出大量新的市场空间，创造大量土地要素的数字经营模式。

一是土地自身带来的数字空间。在物联网、卫星遥感、地理信息系统（Geographic Information System，GIS）、建筑信息建模（Building Information Modelling，BIM）、城市信息建模（City Information Modelling，CIM）、大数据、云计算、人工智能、区块链等新兴数字技术的支持下，可以对土地自身、土地上的建筑物和设备等物理空间的数据进行采集和整合，形成"城市一张图""农村一张图""园区一张图""建筑一张图"等，基于这些数据构成了多种多样的土地的数字空间映射。在这些土地数字空间中，蕴含着数据要素开发的巨大机会，通过激活数字空间中的市场需求能够创造丰富多彩的数字经济新业态、新模式，如数字 CBD、直播农田、数字化车间、数字城市治理等。

以房地产企业为例。传统土地要素开发模式中，房地产商的基本定位是提供房屋这个物理产品，房屋一旦卖出交到住户手里，只要房屋质量和购房交易不存在问题，房地产商就基本终止了与住户的联系，是一种商品买卖型的交易。而在数字经济形态下，房地产商可以转换角色，成为房地产项目的数字空间运营商。通过将整个社区物理空间做数字化映射、智能化服务，房地产商可以更全面、深入地了解和发掘住户的数字需求，并为之提供更多的产品和服务；反之，住户也可以充分利用自己小区的数字空间，把自己的装修方案、创意美食、生活直播等通过房地产商搭建起的平台分享出去。推而广之，如果房地产商拥有多个楼盘、多栋物业，那么可以构建起更为庞大的数字社区运营服务平台，创造数字空间中更多的运营模式。

二是土地要素数字空间里的新机遇。当前，日益发展壮大的网络数字空间成为数字经济的"新土地要素"，从而创造了大量新产品、新业务、新模式，比如基于微信社群的微商，基于网络社区的文化创意交易，基于游戏空间的装备交易以及数字城市第二人生（Secondlife.com）等。"绿水青山就是金山银山"理念不仅适用于自然界的实体的绿水青山，也适用于网络数字空间的绿色生态体系建设。数字化新土地治理好了、运用好了，将能产生巨大价值，形成巨大的发展新空间。

近年来兴起的元宇宙（Metaverse）概念的基础，在某种程度上就是土地要素的数字空间拓展。比如，土地要素开发的一个代表——中央商务区（Central Business District，CBD），其主要的传统产业就是写字楼等企业服务和商业街等生活服务。因为 CBD 的土地资源有限，其经济承载能力也是有限的。但如果把 CBD 延展到数字空间中，就可以突破土地资源的限制，数字 CBD 既是物理 CBD 的映射，又可以在虚拟世界中不断拓展自身的数字空间，并在数字 CBD 中开发数字文旅、电商购物、办公共享、游戏交友等大量新商业模式，从而大大提升 CBD 传统土地要素的经济承载力。

2. 资本要素的数据化

资本要素和数据要素具有天然的关联性，在数字经济时代到来之前，资本要素也是以数据的形式体现，只不过处理数据的工具和方法与今天大不相同。所以，资本要素的市场本质在数据时代没有大的变化，或者说人类利用资本要素创造价值的基本逻辑并没有太大改变。资本要素的基本逻辑还是如何促进资金的有效循环，提高资本在社会经济系统循环中的价值贡献。在引入数据要素后，一方面数据改变了资本循环的范围、内容和方式，另一方面数据自身也会逐渐变成资本，参与到资本循环过程中。资本要素的一个重要应用领域就是金融系统，金融系统的本质是由信用、杠杆、风控相互作用的资本要素流通系统，以风控为边界、以杠杆为手段、以信用为基石。所以，信用是资本要素市场化配置的立身之本，是资本要素的生命线。当数据要素与资本要素融合之后，海量数据和丰富的数字技术手段改变了社会信用的评价内容和方式，进而会改变资本市场的运行方式。

（1）数据改变了曾经的高风险交易。

改革开放四十多年来，中国资本市场几乎从零起步，从单一结构走向门类齐全、功能完备的资本市场，对经济高速增长发挥了关键作用。进入新发展阶段，全球资本市场都面临着如何加强与实体经济深度融合避免脱实向虚，如何解决中小企业融资难、融资贵等问题的巨大挑战。

普华永道的研究报告《产融2025：共生共赢，从容应变》指出，从体量上来看，2025年中国境内企业的融资需求将超过人民币100万亿元。中国人民银行的统计数据显示，从满足度角度来看，现在制造业企业的合理融资需求满足度小于58%，满足度明显偏低；从社会价值角度来看，中小民营企业的日常经营融资需求未满足率大于7成。

数字时代，中小微企业的数量还在不断增加，它们的资产总量不容忽视，现代资本市场必须要找到为它们服务的路径，资本要素与数据要素的融合至关重要。资本市场有了海量数据和数字技术，中小微企业原本散乱的交易行为就有了新的衡量方法，通过搭建可信的数据穿透系统，能有效控制中小微企业的资本使用风险。

可信的数据穿透系统要解决现今产业资本服务存在的三个痛点：不信任，企业主体信用度不高；不清楚，产业链错综复杂，看不清交易真伪；不透明，企业底层资产不透明，无法穿透。为此，新系统要通过运用多方可信计算、区块链等技术对企业的动态资产进行全生命周期的管理，解决它的碎片化、不真实等问题，把物理世界中的行为映射到虚拟世界中去，通过虚拟世界的算法分析得出物理世界中企业的不可信行为，从而判定是否可以给企业提供服务。

（2）用DRP服务资本市场的数字创新。

如前所述，数字科技与资本市场的融合并不会改变资本市场监管的基本逻辑，任何打着科技创新的幌子搞非法集资或是资本无序扩张的行为都应该被禁止。数据要素的引入也会极大提升政府的资本监管能力，近期涌现的"监管沙箱"就是大数据数字监管的典范。政府要花大力气建立这样的数字监管体系，对违反资本市场基本逻辑的行为进行全面遏制。

当然，资本要素市场的科技创新最合理、最有前途的模式是产业互联网或物联网形成的数字平台（大数据、云计算、人工智能）与各类资本要素市场机构的有机结合，各尽所能、各展所长，形成各资本要素的数字化平台，并与各类实体经济的产业链、供应链、价值链相结合，建立基于产业互联网平台的产业链金融。

基于此，在产业互联网时代，一个有作为的数据平台公司，应当发挥自己的长处，深耕各类产业的产业链、供应链、价值链，形成各行业全空域、全流程、全场景、全解析和全价值的"五全信息"，提供给相应的金融战略伙伴，使产业链金融平台服务效率得到最大化提升、资源得到优化配置、运行风险得到有效控制、坏账率得以显著降低。

3. 科技要素的数据化

科技要素与数据要素的融合，会进一步提高科技研发的效率和效果，变革科技创新体制机制，充分调动各方面力量突破"卡脖子"技术、增强国家科技战略力量。同时，可信科技创新大数据系统的建立，也有助于建立科技成果的多样化交易机制。

数据要素时代，"数据＋算法＋算力"成为科技创新的新动力，开源、共享、协同成为科技创新的新模式。

随着实体空间和数字空间的融合发展，人类的科技创新将面对更复杂的场景、更巨量的信息，需要创新者具备一定的创新链协调处理能力、一定的算法能力或者海量的信息处理能力。也就是说，人类创新的基础设施在发生着革命性改变，从图书馆变成了数据库、从研讨会变成了开放社区、从实验室变成了算力模拟、从单一设备变成了设备网络。这些创新基础设施的变化，对政府、企业、个体都提出了全新的要求。政府会将一部分算力、算法、数据变成公共创新资源，并开放给相应创新主体，为他们提供创新的数字土壤。企业将打破原有的学科和产业界限，通过可信数据空间进行协同创新，打造共建共享共治的科技创新新模式。个体创新者的智慧也将通过数字手段得到最大限度地释放，形成个体互联的数字创新社区。

科技创新活动从无中生有到产业化，大致可分为三个阶段。

第一阶段是"0—1"，是原始创新、基础创新、无中生有的科技创新。这是基于高层次专业人才在科研院所的实验室、在大专院校的工程中心、在大企业集团的研发中心协同创造出来的，需要国家科研经费、企业科研经费以及种子基金、天使基金的投入。

创新的第二阶段是"1—100"，是技术转化创新，对基础原理转化为生产技术专利的创新，包括小试、中试，也包括技术成果转化为产品开发形成功能性样机，确立生产工艺等。这是各种科创中心、孵化基地、加速器的主要业务。

创新的第三阶段是"100—100 万"，是将转化成果变成大规模生产能力的过程。比如一个手机雏形，怎么变成几百万台、几千万台最后卖到全世界去？既要有大规模的生产基地，这是各种开发区、大型企业投资的结果；也要通过产业链水平整合、垂直整合，形成具有国际竞争力的产业集群。

近年来，中国全社会研发投入年均增长超过 10%，总规模已经跃居世界第二位，2024年研发投入总量达到人民币 3.61 万亿元，占 GDP 的比重达 2.68%，涌现出大批重大科技成果。但科技成果产业化方面仍然不尽如人意，科技成果转化率低、科学研究与产业发展之间两张皮的现象较为突出，贯穿从科学研究到技术开发再到市场推广的创新链条没有完全打通。其中，缺乏训练有素的技术转移机构和技术经理人是一大痛点。

数据要素与科技要素的融合，在技术转移机构设置和技术经理人培育上，都会产生许多新模式。基于 DRP 的创新数据平台和创新网络的建立，将会直接链接创新供给者和需求者，通过区块链等可信计算环境记录每一个参与创新者的贡献，从而把传统的技术转移机构分散化、网络化，以充分发挥各机构的能力。此外，技术经理人体系在大数据支持下也会变得更广泛和高效，从而能更好地激活市场创新投入能力和创新者的创新潜力。建立面向不同创新阶段的数字化创新成果转化模式，是提升国家、企业、个体创新能力的关键所在，是保持持续创新动力的根本所在。

4. 劳动力要素的数据化

劳动力要素在引入数据要素之后，因为有了海量基础数据和大量数字化工具，在劳动力的培养、开发、管理、评价等方面都会有许多新方法，这可以使我们从靠劳动力数量取胜，逐渐走向靠劳动力质量取胜，也就是要提高单一劳动力的价值贡献率。从生理学上看，人的大脑还有无穷的潜力等待我们去挖掘，原有的工作方式只能开发人类智力的20%～30%。如果通过DRP用数据给每个人更多的机会，充分开发他们的智慧潜力，每个人将会有更均等的机会做自己最擅长的事情，从而大大开发人的大脑潜力，形成所谓"智慧人口红利"。

根据麦肯锡的研究，预测到2030年，中国可能有多达2.2亿劳动者（占劳动力总数的30%）需要变更职业，其中可能对前沿创新者的需求增长46%，熟练专业人才增长28%，一线服务人员增长23%，制造业工人减少27%，建筑和农业劳动者减少28%；体力和人工操作技能以及基础认知技能的需求将分别下降18%和11%，社会和情感沟通技能以及技术技能需求则会分别增加18%和51%。这种变化趋势也说明，人类的劳动已经从体力劳动逐渐向脑力劳动转变，而脑力劳动需要数据作为原料、软件和算法技能作为工具。这些脑力工作者的培养、组织、考评、激励模式也会和以往大不相同，需要重新设计。

在开发智慧人口红利的过程中，应秉持以人为本的原则，重视人的全面发展，运用数字技术和海量数据，建立劳动力大数据体系和公共就业信息服务体系，加快培养数字化劳动力等数字经济专门人才；培育数字空间的灵活就业形态，鼓励实体和数字空间中的创新创业；推进农村劳动力城镇落户、高质量就业。释放"智慧人口红利"，可以从以下几个角度进行。

一是提高劳动力数字化能力素养。加大人力资本投资，深化教育改革，出台优惠扶持政策，营造鼓励基础理论研究的社会环境。实施精英人才培养工程。进一步加大职业教育和技能培训，全面提升劳动者素质。

二是优化劳动力数字化发展环境。建立劳动力年假数字化管理、全民健身运动管理、健康体检管理、心理辅导服务等平台和机制，让劳动力身心更加健康向上。

三是探索培养数字化新劳动力。运用人工智能、大数据、AR/VR等新一代信息技术，探索培养和使用数字教师、数字医生、数字服务员等数字空间劳动力的方法和机制。

四是加快培养数字经济专业人才。未来，数字经济各领域将需要以下几类关键人才：数字化的基础研发人才、数字化的交叉融合型人才、数字化的治理型人才。为此，要深度开展产教融合创新，人才引进和外脑联合，建设便利于学员合作创新的服务体系，以全面、系统、专业的数字经济人才培养体系，提高全民全社会的数字经济素质素养和技能，夯实我国数字经济发展的社会基础。

13.1.2 基于CIM的城市空间数据化

城市空间是人群聚集的地方，也是人类生产、生活的场所。在城市发展历程中，城市空间的建立和更新主要是以土地要素主导的城市实体空间的扩充和改造，城市的规划建设也主要是围绕城市所拥有的产业来建造城市。随着经济的发展，城市所带来的人口聚集效应，产生了大量新的需求，呼唤大量新兴产业。数字时代的城市人群不只是聚集于实体空间之中，还同时聚集于数字空间之中，一座城市的数字空间建设与开发，正在成为城市发展的新领域。

城市数字空间依托下一代数字技术，通过开发数据要素市场，引导土地、资本、科技、劳动力等传统要素向线上集聚，并通过数字空间的生产活动，满足人群在数字空间中不断涌现的新需求。

城市信息模型（City Information Modeling，CIM）技术的发展为实现城市实体空间的数字化奠定了基础，目前大量城市新建项目都已经构建了城市信息模型，实现了从实体空间到数字空间的初步映射。但要真正构建城市的数字空间，仅仅有这些建筑工程数据是不够的，这些数据要能够依据人在数字空间中的行为特征和具体需求，进行加工处理，从而支持人与组织在数字空间中的各类活动。

事实上，实体空间也不只是一些物理设施，还有城市运营的各种规则，这些规则也要根据社会数字化重构的需要，映射到数字空间中。也就是要构建数字空间中的社会运营基本规则，形成对人类数字活动空间的规范化管理。

数字空间的逐步建立是人类进入数字文明的重要标志。首先，互联网已经渗透到每个人的生活中，人们已经开始在互联网上形成虚拟社会（Virtual Society）。在虚拟社会中，人们的沟通、工作、学习的方式都和现实世界不完全一样，并因此产生了新文化、新价值、新消费，形成了人群的新聚集。其次，人工智能、大数据、云计算等新型数字技术可以感知、采集、分析和整合人们更多的需求。在数字空间中，这种需求整合规模更大、速度更快，从而促使相同兴趣圈层人群越来越多走入数字空间，借助多样化数字工具形成更大范围、更持久的数字聚集。最后，数字空间中更容易开发数据要素，并通过数据要素市场给人们带来大量新职业，比如，表情包设计市场、虚拟服饰市场、数字藏品市场等。

数字空间与实体空间的融合发展为人类社会带来了全新的发展领域和价值创造模式。首先，数实空间的融合优化了人类既有的生活空间。数实空间的融合是以实体空间为基础的，有了数字空间，人类原有的生活空间所承载的功能在发生改变，借助数字空间中丰富的数据市场，可以更加优化实体空间的布局、功能。其次，数实空间的融合为人类带来了全新的数字化生活模式。通过开发数字空间，改变了人类社会交往的方式，创造了人们在数字世界生活的能力，提供了组织全新的工作方式，例如 Second Life 等数字空间的建立，使得人类可以在数字空间开设公司、创造价值。最后，数实空间的融合改变了个人的生活和工作方式。互联网平台的发展已经证实了数字空间给人类所带来的便利性，使人们在数字空间中的交流、搜索、分析等行为都会变得更加高效，从而为人类带来不一样的生活和工作模式，这些新模式将会极大地促进实体空间中组织的数字化转型，进一步加速释放数据要素的价值。

13.1.3 实体空间数字化案例

大运河数智未来城位于杭州市拱墅区北部，园区规划总面积 22.05 平方千米，由北部软件园片区、智慧网谷片区和北城智汇园片区三个产业功能区块组成，着力发展数字经济、生命健康和智能制造三大产业。截至目前，园区拥有汽车互联网小镇、智慧网谷小镇等特色小镇平台，国家级高新技术企业 227 家，重点农业企业研究院等省级以上企业研发机构 30 家。

大运河数智未来城 CIM 平台建设与应用研究由拱墅区政府牵头，联合新中大科技共创共建，共分为三期：第一期核心围绕智慧网谷进行先行试点，智慧网谷总用地面积约1.82 平方千米，规划总建筑面积 294.2 万平方米，除少量地块外其余均为新建项目。智慧网谷分为北片区（综合创新服务区）、南片区（生活配套服务区）、东片区（休闲体验服务区）三个片区，主要新建项目 19 个。

大运河数智未来城 CIM 平台在整体设计中更加突出"CIM+"的作用，具体架构如图 13-3 所示。第一期智慧网谷基于数字孪生的新型智慧园区发展理念，充分发挥园区 5G网络覆盖的优势，基于 DRP 理念，以 CIM 平台为载体，集成和融合应用于建筑信息模型（Building Information Modeling，BIM）、地理信息系统（Geographic Information System，GIS）、物联网、5G、云计算、大数据、AI 等新一代信息技术，整合园区各类应用服务，实现园区服务的数实空间融合，助推园区向精细化、智能化、人性化管理转型，为打造基于数字孪生的智慧园区奠定了良好基础。数实融合园区的主要建设与运营内容包括"基础设施智能化、基于'CIM+BIM'的园区数字孪生、基于'CIM+ 智能建造'的园区数智管理平台建设、基于'CIM+ 多方协同'的投建营管理等部分"。

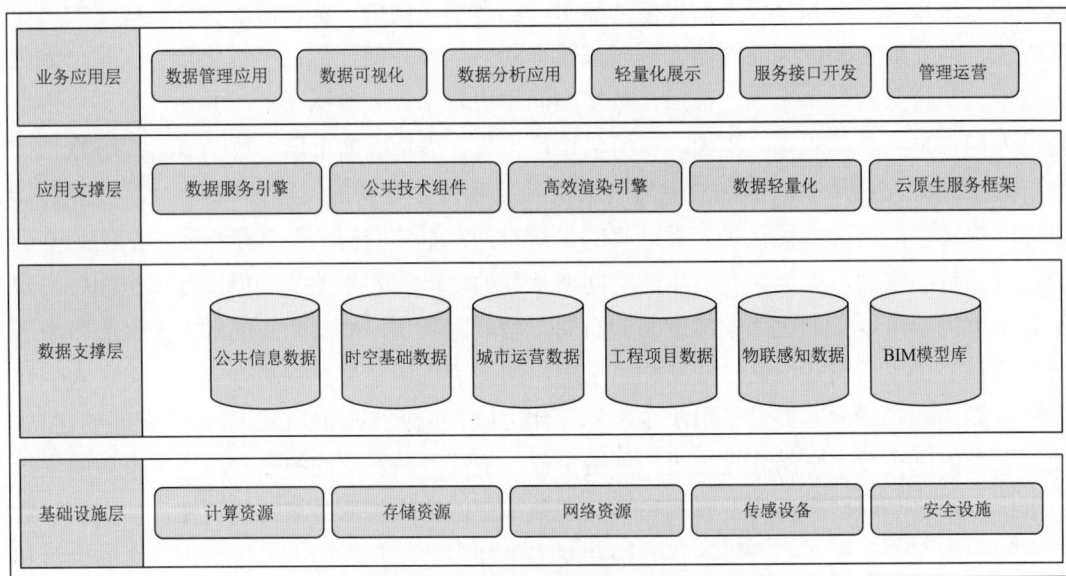

图 13-3　基于 DRP 理念的 CIM 技术平台总体架构

1. 基础设施数据化、智能化

项目前期对于市政基础设施（如给排水、雨污水、电力、通信、燃气、消防、环卫、综合防灾等）的数据化、智能化建设已进行整体规划设计。同时在新建项目和已建工程上加装传感器等智能设备，结合定量指标对设施运行状态进行动态数据采集，同时也为园区入驻企业及住户提供相关数据，并与智慧园区的设施模型关联，动态评估设施运行潜在隐患，自动预警设施运行安全风险。结合安全、宜居、健康理念，应用通信、物联网和智能控制等技术，构建针对智能监控、智慧管网、智慧防灾、智能消防、能耗监测、智慧停车、智能门禁等不同应用场景的智能化设备与数据采集系统。为实现数实融合的智慧园区奠定了物理基础。

2. 基于 "CIM+BIM" 的园区数字孪生

CIM 平台的应用离不开 BIM，整个大运河数智未来城，除智慧网谷为新建外，其他片区存在大量已建项目，所以基于 "CIM+BIM" 的园区数字孪生项目，分为已建区域的建模以及新项目建模两部分。

对已建区域的建筑、交通设施、植被、重要园区部件进行三维建模是一项非常困难的工作。需基于业主提供的计算机辅助设计（Computer Aided Design，CAD）图、BIM，对园区写字楼、住宅、学校等进行重新测量，结合现场实际情况，新建/深化 BIM，包括 BIM 建筑模型、BIM 机电模型、内装模型、景观模型、施工资料、运维资料、设备信息、监控信息、规范信息等图形及信息数据。第一期建设规划中先用倾斜摄影完成实景建模，存量建筑建模工作将同步推进。

关于新建项目的建设，核心是建立 BIM 和数字化交付标准。内容主要包括两大块：建立 CIM 与 BIM 应用标准规范体系、BIM 的审核与融合处理机制。通过建立标准和机制，新项目的 BIM 和数据能够符合 CIM 技术底座的要求，为园区数实空间的融合搭建了三维空间数字底座。

3. 基于 "CIM+ 智能建造" 的园区数实融合智慧大脑建设

园区数实融合智慧大脑建设包括底层 CIM 时空信息子系统、智能建造管理子系统、运营服务子系统三个板块。

CIM 时空信息子系统，作为数字园区的操作系统，涵盖地上、地面、地下和过去、现在、未来的全时空、全尺度的园区信息模型，形成园区数字化档案，积累园区数据资产。

智能建造管理子系统，基于底层 CIM 平台，在园区建设过程中同时服务拱墅区园区管委会和建设施工单位，通过集成和接入各种智能硬件对项目生产全要素"人、机、料、法、环、测"进行智能化管理。另外智能建造管理子系统与杭州市实名制管理平台、智慧工地综合监管平台打通，全面实现政企数据互通，服务与监管一体化。

运营服务子系统，从建设过程直接延续，通过建设"设备设施管理、物业管理、招商管理"等模块，并与气象局监测平台、公安流动人口监管平台、消防管理平台打通，实现园区基础设置、管理运营、产业发展、社区服务、旅游服务、文化服务六大要素的信息化、数字化和智能化。从而构建可视化、可诊断、可预测、可决策的运营平台数字化应用场景的自适应生长环境。

4. 基于数实空间中 "CIM+ 多方协同" 的投建营管理

在数实空间建设过程中，利用多方协同平台完成建设单位、设计单位、勘查单位、施工单位、供应商等多方参建主体的可信数据空间协同机制，包括可研报告、项目策划、合同签订执行、施工生产、资金结算、质量安全、竣工验收等全过程内外协同，提高了园区建设效率，降低了建造过程的管理成本，通过建设过程的多方协同，完整的数字化交付，沉淀的数据资产为后续运营服务提供支撑。

13.2 数字空间的实体化 >>

数字空间的实体化是指在数字空间中，要类似在实体空间一样来运作，把数字空间作为人类的一个新的生活、生产空间。数字空间的实体意义是数字时代的重要议题，它涉及数字技术的发展和应用对于现实世界的影响，以及数字空间在各个领域的实际应用和效果。在城市领域，城市数字空间的实体化为城市规划、交通管理、公共服务等方面带来了巨大的改变和机遇。城市数字空间的实体化意味着城市发展的范围得到拓展，可以解决城市实体空间不足以及实体空间难于解决的一些问题。例如，产业社区是数字空间实体化的一个重要应用领域。通过数字空间中的产业社区能够聚合产业链和产业生态，实现数据共享、产业协同和价值创新。

13.2.1 数字空间的产生及实体意义

工业时代经济发展的核心载体是实体空间，互联网时代的到来让人们意识到数字空间的客观存在。消费互联网时代平台经济的快速发展，让人们对以流量为核心的数字空间的市场规律有了初步的认识。数字空间最初主要产生于零售、社交等领域，随着数字经济与实体经济的深度融合，其范围逐渐拓展至更广泛的传统产业以及政府部门。企业级和政府级的数字空间将成为人类活动的新场所、数字经济发展的新市场。这个新市场遵循着不同于消费互联网时代的规律，需要以信用为核心来思考如何规范数字空间的市场供需，从而进一步推动数字经济的高质量发展。

新冠疫情的暴发，让全世界看到实体空间的局限性，并更加重视全球产业数字空间的开发和利用，以建立新型的全球产业链协同机制。数字空间中的规律逐渐为大家所认知和重视，并开始尝试把数字空间和实体空间做紧密融合。通过几年的探索，数字空间对实体企业的价值逐渐显现。

首先，数字空间为实体企业提供了更灵活的人才聚集空间，可助力实体企业实现开放式创新。数字空间可通过虚拟的方式提供大规模的实验场景、工作团队、研发模式，从而形成人才和资金等资源聚集的新模式，进而构建开放式创新生态。

其次，发展数字空间为实体经济提供了新的发展场景，能助力企业在全球产业链重构过程中"换道领跑"。在数实融合的空间中重构产业链，对全球所有经济体都是个新课题，中国企业可以借助中国巨大的市场优势，通过创新数实融合、公平共赢的产业链协作新模式，在全球产业链重构中创新赛道，引领全球经济的数字化发展。

最后，数字空间的开发有助于企业自身加速构建符合自身需要的产业互联网。产业互联网是产业集群化发展的必然，数字空间就是产业互联网给企业带来的新空间，在这一空间中，企业将重新思考以信用为核心的企业数字化经营新模式，实现基于 DRP 的数据资源全生命周期价值开发。

13.2.2　城市数字空间与产业社区

城市数字空间是数字技术、城市社会关系和经济发展的必然产物，是人类社会聚集的新空间形态。城市数字空间是人类在可信网络基础上，建立的用于服务城市居民、企业、政府的，如同实体空间一样具有法律法规、城市功能、经济价值的人类聚集场所。在数字空间中，土地、资本、科技、劳动力、数据等要素具有不一样的运营规律，以数据要素驱动并形成各生产要素的创新型配置，通过数实融合创造出大量的数字化新业态与新场景。

为此，数字经济时代的企业需要兼顾实体和数字两个市场，在实体市场上延续并创造新的实体消费，在数字层面释放大量的数字消费，能够做到这一点的企业称为数实融合型企业。数实融合型企业能够把分布于全球的员工、合作伙伴、消费者等用数字社区的方式整合起来，并用社交网络的组织方式把所有的利益相关者、产品、服务在数字空间中链接在一起。

数字空间是一个无物理边界的空间，也是一个开放创新的体系，它打破了城市实体空间中地域、学科等的限制，实现了更大范围的人群聚集。城市数字空间的"居民"数量可能远远大于实体空间中的居民数，而这些"临时"居民通过贡献他们的智慧为城市创造大量新价值，比如他们可以成为城市的数字旅游者、企业的数字雇员、政府的数字顾问、研发机构的数字参与者等。因此企业在城市数字空间中也构建了新的运营模式，产业社区的建设也会成为产业发展的必然。

13.3　数据资产：连通实体和数字空间的资产桥梁 ▶▶

数据资产的确立为企业搭建了连通实体空间与数字空间的资产桥梁。数据资产化使得数字空间具有和实体空间相同的资产创造能力，同时也使得实体空间通过产生数据资产进一步融入数字空间中。DRP 对数据资产全生命周期规划管理的理念，也是对企业在实体和数字空间中融合运营模式的支持。

13.3.1　泛在多元的数据资产

数据的泛在多元是数字时代的基本特征，也是数字经济快速发展的前提。"泛在"是指海量的数据规模庞大、无处不在；"多元"是指数据来源广泛，数据类型丰富。从数据来源角度，以数字空间和实体空间的划分为依据，数据可以分为数字空间原生数据和实体空间采集数据两类。

1. 数字空间原生数据

在地球上，人类每天生成 5 亿条推文、2940 亿封电子邮件、400 万 GB 的脸书数据、650 亿条即时通信消息和 720 000h 的 YouTube 新视频。据统计，2023 年我国数据产量高达 32ZB，居全球第二位，仅次于美国。另据互联网数据中心（International Data Corporation，IDC）预测，到 2025 年，我国产生的数据总量将达到 48.6ZB，占全球数据总产量的 27.8%，排名位居全球第一。

中国数字空间原生数据的多样性和应用的广泛性也令人瞩目。在商业领域，电子商务平台的交易数据、消费者行为数据等为相关企业提供了洞察市场和精准营销的能力。根据中国电子商务研究中心的数据，2023 年中国电子商务交易规模达到了 50.57 万亿元人民币，移动端交易占比超过 85%。在城市管理领域，智慧城市建设为城市积累了大量数据，这些数据可以用来优化交通管理、提高环境治理效率、增强城市安全等。此外，医疗健康、金融、农业等领域也广泛应用数据技术，产生了海量数据。

2. 实体空间采集数据

物联网的发展，让产生数据的终端由个人电脑、智能手机、平板电脑等，扩展到各种传感器。传感器客观采集到准确的数据，然后输送给各类应用系统。于是，人和物的客观数据形成了无所不在的数据网络。

中国蜂窝网络连接数增长迅速，截至 2024 年 8 月底物联网终端数超过 25.65 亿个，在公用事业、智能制造、车联网、智能家居等领域有着广泛应用。根据 IDC 的预测（如图 13-4 所示），我国物联网终端数将以 21% 的增速增长，预计到 2026 年达到 36.3 亿个。低功耗连接商用传感器的应用也不断加速，2021 年连接数近 6 亿个，预计到 2026 年将达 14.9 亿个。

中国物联网连接规模预测（2022—2026年）

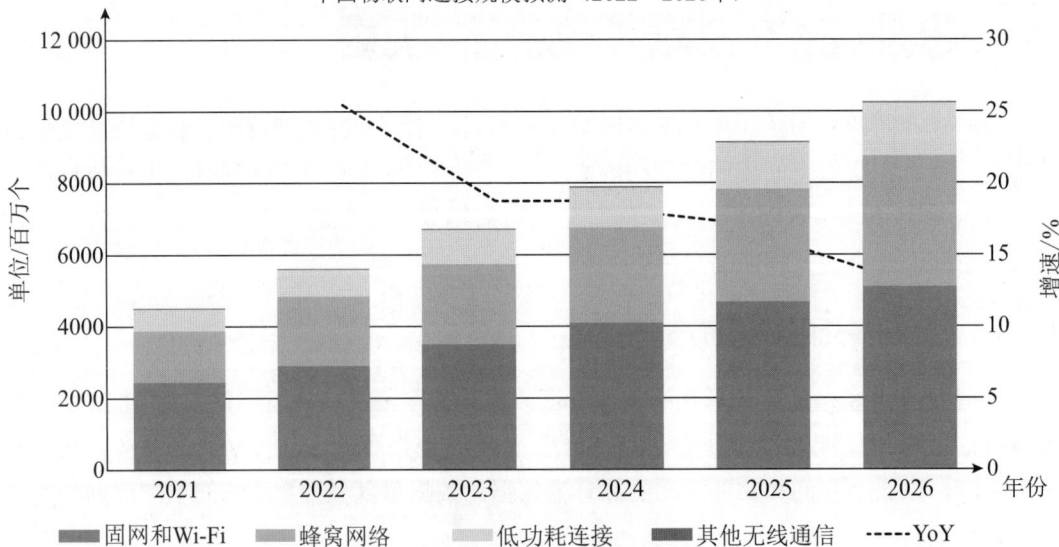

图 13-4　中国物联网连接规模

智能家居、可穿戴设备依然是物联网的重要增长点，到 2026 年连接数量预计将近 59.8 亿个。公共设施行业物联网连接数在 2022 年约 14.4 亿个，预计到 2026 年将达 22 亿个。未来五年，物联网部署重点将从一二线城市有序拓展至三四线城市及县城农村。

各级政府也往往将物联网纳入城市基础设施进行统一规划建设，重点应用领域包括安防监控，如道路、桥梁、隧道、照明、V2X 等，2021 年这些领域的物联网连接数超 1.3 亿个，并将以 31.6% 的速度增长，至 2026 年连接数将会接近 5.3 亿个。

制造业物联网连接数到 2026 年将超 3 亿个。众多中小型企业正在加快规划部署物联网，以期在企业运营过程中产生更多客观的、高质量的数据。

数实空间中快速增长的数据资源已经成为企业数字化转型的核心要素。根据市场研究公司 Gartner 的统计数据显示，2022 年全球企业投资超过 2000 亿美元用于数据管理和分析。以电子商务行业为例，亚马逊、阿里巴巴等电商巨头公司通过大数据分析用户行为和购买偏好，提供个性化推荐和定制化服务，不仅提升了用户黏性，还实现了销售额的大幅增长。

13.3.2　用 DRP 做好数据资产的全生命周期管理

数据资产的价值需要在流通交易中体现，作为面向数据全生命周期管理的 DRP，是企业开发、利用和管理数据资产的关键手段。2024 年是我国数据资产进入企业财务报表的元年，各类企业正积极探索数据资产进入财务报表的路径，数据资产的确权方式、登记方式、定价方式、流通交易方式及监管方式等问题，都需要以产业链为单位通过 DRP 来协调解决。

2023 年底，财政部印发《关于加强数据资产管理的指导意见》，提出要完善数据资产收益分配与再分配机制。按照"谁投入、谁贡献、谁受益"原则，依法依规维护各相关主体数据资产权益。支持合法合规对数据资产价值进行再次开发挖掘，尊重数据资产价值再创造、再分配，支持数据资产使用权利，各个环节的投入有相应回报。探索建立公共数据资产治理投入和收益分配机制，通过公共数据资产运营公司对公共数据资产进行专业化运营，推动公共数据资源开发利用和价值实现。探索公共数据资产收益按授权许可约定向提供方等进行比例分成，保障公共数据资产提供享有收益的权利。

这些政策对开发利用数据资源有着重大意义，企业原来以实体产品、资产作为价值源泉，现在需要转入以数据资产作为新价值源泉，企业掌握的数据资源规模、鲜活程度，以及对数据的采集、分析、处理、挖掘能力决定了企业未来的核心竞争力。要实现对数据资产的全过程管理，还需要做好科学有效的 DRP 系统开发与设计工作。

支持企业的数据资产管理是 DRP 的核心能力之一。DRP 从企业数据资产全生命周期的角度，完成对企业数据资产管理的支撑工作。如图 13-5 所示，这一过程包括企业数据资产的确权登记、数据产品的定义开发、数据资产的流通交易、数据收益的分配机制、数据安全和可信平台建设等，具体模型已在第 11 章做过详细的介绍。

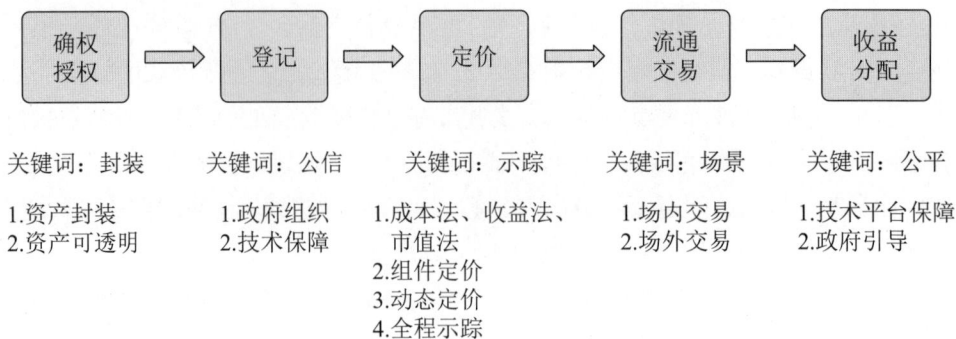

图 13-5　DRP 支持数据资产全过程管理

DRP 能够建立完整的数据资产目录，将企业的所有数据资产进行统一分类、标签和索引。这样的目录不仅方便用户快速找到所需数据，还能帮助企业更好地了解自身数据资产的整体和分布情况。通过数据资产目录，企业可以更有效地进行数据资产的调度和分配，并对接数据要素市场进行确权和登记。

DRP 能够通过数据使用频率、用户满意度、业务贡献度等指标，对数据资产的价值进行综合评估。这样的评估不仅帮助企业了解哪些数据资产具有高价值，还能为数据定价、数据交易等商业活动提供依据，推动数据资产的货币化和商业化进程。

数据的流通与交易是实现数据价值的关键环节。DRP 通过建立安全、高效的数据流通渠道和共享机制，匹配数据要素市场，促进企业内部以及企业之间的数据交换和合作，促进跨部门、跨行业的协同创新，为企业带来了更多的商业机会和竞争优势。

在数据资产运营过程中，确保数据资产安全和交易合规非常重要。DRP 通过严格的访问控制、分布式存储、可信计算等手段，确保数据资产从开发到交易各个环节的安全性。同时，DRP 还能帮助企业遵守相关法律法规和行业规范，避免因违规操作而引发的法律风险和声誉损失。这样的安全与合规保障为企业数据资产运营提供了稳定可靠的环境支持。

本章案例

中国二十二冶集团十余年的数字化建设之路，一直着力于基于全生命周期项目管理过程的数据资源管理。从 2019 年开始，该集团开始进行 BIM 数实融合的探索，主要解决全过程融合、智能化融合、产业化融合三个问题。

全过程融合。通过将 BIM 融入设计，尤其针对工程总承包（Engineering、Procurement、Construction，EPC）项目进行了正向设计，通过一模到底的尝试。二十二冶集团下属雄安公司通过搭建 BIM 多专业协同设计平台，保证设计快速准确，所有设计沟通记录、多版本图纸数据全部沉淀在 BIM 协同设计平台并且延续到施工项目管理平台，通过 BIM 和进度、质量、安全、技术、物资等方面的数据融合，进一步完善数据全面性要求，同时直接通过下单到下属金结公司钢结构装配式工厂，将"施工—制造"拉通，并可监测创造过程及构件物流运输过程，后续将逐步延续到产业园运维管理中，逐步达到全过程融合的目的。

　　基于 DRP 理念，通过融合 BIM 智能建造平台的搭建，将智能建造的所有生产要素"人、机、料、法、环、测"与 BIM 融合，尤其利用 AI、物联网、北斗、移动互联网等新技术实现自动化采集、智能化融合，减少人的干预，提高融合数据的真实性，比如实名制劳动力投入数据与 BIM 融合可以反映施工作业面的形象进度，物料智能地磅验收及消耗数据与 BIM 融合可以辅助对下计量成本的归集，无人机及质安＋资料智能巡检数据与 BIM 融合可以可视化反馈项目问题等。

　　数实融合不是一方的行为，而应该是项目各参建单位、产业链各方的协同行为，二十二冶集团通过智能建造平台逐步延伸多方协同产业链平台，将项目各参建主体"业主、监理、设计、施工、分包分供、现场班组／工人"等连接起来，线上协作，且协作过程不再局限于文档资料及沟通消息的传递，而是基于 BIM 的数字化交付过程管理，所有过程数据都可以在 BIM 模型中反映，让各个产业方沟通更便捷，更可视。

　　通过如图 13-6 所示的"一中心四平台"数实融合管理，可以显著提升现场施工和运营的智能化水平，包括对项目的实时监控与可视化管理，精确模拟进度跟踪与优化，高精度仿真预测施工质量问题，用数字孪生模型识别安全隐患，通过实时数据采集分析资源调度与优化，BIM 融合大数据辅助决策支持，多方协同的工作高效沟通等。数字孪生技术在项目现场管理中的应用，不仅提高了工作效率和工程质量，还增强了项目的可控性和预见性，促进了数实融合下的精细化、智能化项目管理进程。

图 13-6　二十二冶集团数实融合智能建造模式

第 14 章　基于 DRP 的企业管理创新

　　企业管理创新的目的是不断提高企业运行效率、降低生产成本、提高产品质量和效益。DRP 从数据资源优化的角度支撑企业的管理创新，DRP 通过构建完善的数据资源管理体系，为企业规划面向数据要素市场的新价值模型，从而使企业走向数据驱动的管理模式，企业传统的战略管理、创新管理、人力资源管理、产品管理等方式，都因为有了数据资源而发生了革命性改变。

14.1　基于 DRP 的战略管理 >>

　　战略管理是企业根据一定的战略目标，在对外部环境和内部资源进行充分分析的基础上，对企业未来发展方向、实现路径和竞争策略做出的战略性选择，并由此制定相应的政策、措施、计划和预算等的过程。在数字经济的新形势下，企业的内部条件瞬息万变，外部环境更是复杂多样，企业面临新生产资料、新发展领域和新价值源泉的重大战略选择。DRP 系统的一项重要使命就是帮助企业从产业链的角度，面向数据要素市场，以数据为依托进行战略管理，通过对数据资源的规划制定并执行灵活、敏捷的企业数字化战略。DRP 系统支持的战略管理，是支持企业数字化战略动态调整的过程，是对传统战略管理理论的创新。

14.1.1　传统的企业战略管理模式

　　战略管理不仅涉及战略的制定和规划，而且包含将制定出的战略付诸实施过程的管理，因此是对战略制定和实施全过程的管理。战略管理不是静态的、一次性的管理，而是循环的、往复性的动态管理过程，需要根据外部环境的变化、企业内部条件的改变以及战略执行结果的反馈等信息，重复进行管理。

　　传统战略管理的过程可大体分为四个阶段，如图 14-1 所示，分别为确定企业使命阶段、战略环境分析阶段、战略评价及选择阶段、战略实施及控制阶段。确定企业使命是管理的起点，战略环境分析是管理的重点，战略评价及选择是管理的核心，战略实施及控制是管理的落脚点。

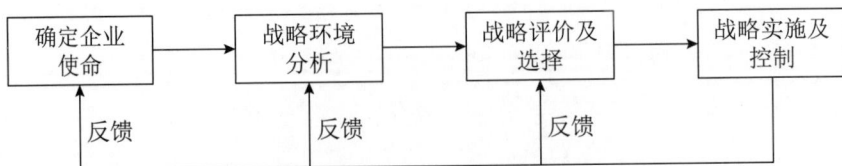

图 14-1　战略管理过程四阶段

1. 确定企业使命

企业使命是企业在社会进步和社会经济发展中所应担当的角色和承担的责任，也就是企业存在的价值。一般来说，一个企业的使命包括两方面的内容，即企业信念和企业宗旨。所谓企业信念，是指一个企业为其经营活动或方式所确立的价值观、态度、信念和行为准则，是企业在社会活动及经营过程中，起何种作用或如何起这种作用的一个抽象反映。所谓企业宗旨，是指企业现在和将来应从事什么样的事业活动，以及应成为什么性质的企业或组织。确定企业使命也是制定企业战略目标的前提，是战略方案制定和选择的依据，也是企业分配资源的基础。

2. 战略环境分析

战略环境分析是指对影响企业现在和未来生存与发展的一些关键因素进行分析，主要包括企业外部环境分析和企业内部环境分析两大部分。

1）企业外部环境分析

企业外部环境分析包括宏观环境分析、行业（产业）环境分析以及竞争对手分析等。进行外部环境分析的目的是要了解企业所处的战略环境，掌握各环境因素的变化规律和发展趋势。

2）企业内部环境分析

企业内部环境分析包括企业资源分析、企业能力分析以及企业的核心能力分析等。具体包括确定企业在同行业中所处的相对位置，分析企业的资源和能力，明确企业内部条件的优劣势，以及不同的利益相关者对企业的期望等。

3. 战略评价及选择

战略评价及选择过程是战略决策的过程，这个过程主要包括三方面：一是拟定多种可供选择的战略方案；二是利用一定的战略评价方法对拟定的各战略方案进行评价；三是选择满意的供执行的战略决策。

企业战略选择应当解决以下两个基本的战略问题：一是明确企业的经营范围或战略经营领域，即确定企业从事生产经营活动的行业，明确企业的性质和所从事的事业，确定企业以什么样的产品或服务来满足哪一类顾客的需求；二是突出企业在某一特定经营领域的竞争优势，即要确定企业提供的特定产品或服务的类型，要在什么基础上取得超越竞争对手的优势。

4. 战略实施及控制

一个企业的战略决策确定后，必须通过具体化的实际行动，才能实现战略目标。战略实施与控制过程就是把战略决策付诸行动，保持经营活动朝着既定战略目标不断前进。这个阶段的主要工作包括计划、组织、领导和控制四种管理职能的活动。

14.1.2　数字时代企业战略管理面临的挑战

在数据要素的驱动下，企业运营环境发生了改变，企业在做战略管理时所考虑的内容和采用的方法也必然会发生改变。基于数据要素的企业战略管理，必须考虑下述三个问题。

1. 企业连接范围急剧扩大

万物互联使得企业连接的范围从企业内部扩大到企业外部，从企业自身扩大到企业所在生态。泛在的连接使企业所在产业生态的信息和沟通成本下降、业务范围拓广、价值空间放大。

2. 供需逻辑的转变

企业与合作伙伴、企业与客户的紧密连接改变了供需关系的内在逻辑。客户和合作伙伴在产业生态中的参与度不断增加，企业要通过DRP构建数据协同机制，充分集成合作伙伴与客户，让需求方成为企业经营的参与者。

3. 商业模式的颠覆式变化

数据要素市场的成熟使得企业的价值模型发生颠覆，企业需要关注产业链、产业生态内的数据协同所带来的新商业机会，产品数据化和数据产品化为企业进行商业模式创新开辟了新的空间。

面对这些新课题，战略管理的内容必须涵盖数据战略。企业要从战略的高度，重新审视数据要素在企业经营中的作用，并充分应用数字技术，采用快速迭代的方法进行企业战略管理。

面向数据要素的敏捷战略管理方法如图14-2所示。在充分进行数据资源规划的前提下，企业要不断探索不同的战略假设，对假设进行快速验证与迭代，灵活调整战略实施路径。

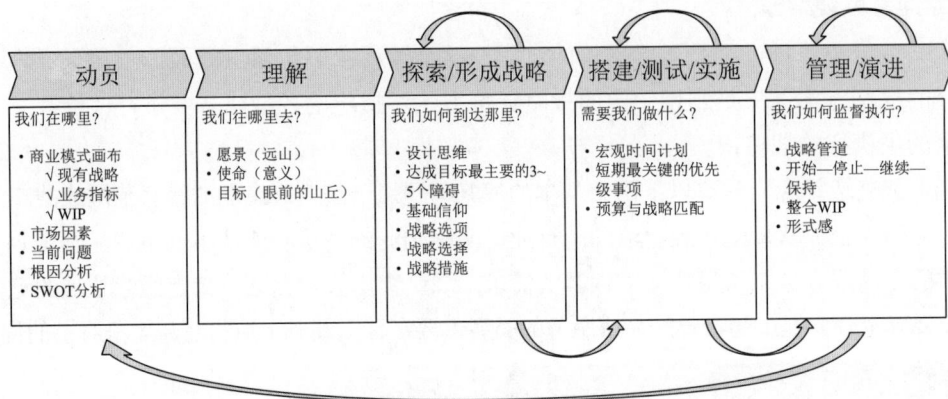

图 14-2　敏捷战略管理流程

14.1.3　基于 DRP 的战略管理

DRP 是企业在数字时代进行数字化战略管理的关键抓手。基于 DRP，企业可以通过建立一体化的数据资源体系，实现组织内外部结构、流程、商业模式的数字化转型。企业通过数据的产品化和产品的数据化，重新定义企业经营的战略要素，构造新的价值模型。

如图 14-3 所示，基于 DRP 的数字化战略管理要帮助企业实现对产品、劳动、企业本身及产业链的重新定义。企业不再仅仅关注企业内部具体职能和流程，更要关注其在市场上面向数据资源的整体竞争力、差异化能力、连接和影响消费者的能力，以及融合、维护、拓展数字生态的能力。在经典战略管理步骤的基础上，基于 DRP 的企业战略管理要重点关注如下问题。

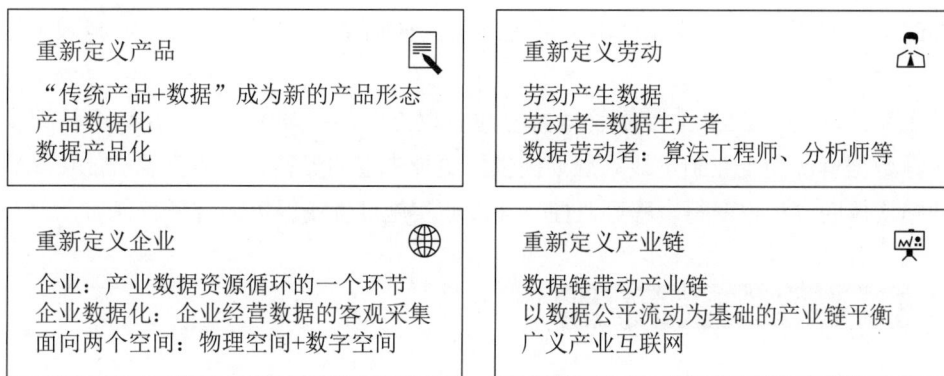

重新定义产品	重新定义劳动
"传统产品+数据"成为新的产品形态 产品数据化 数据产品化	劳动产生数据 劳动者=数据生产者 数据劳动者：算法工程师、分析师等
重新定义企业	重新定义产业链
企业：产业数据资源循环的一个环节 企业数据化：企业经营数据的客观采集 面向两个空间：物理空间+数字空间	数据链带动产业链 以数据公平流动为基础的产业链平衡 广义产业互联网

图 14-3　DRP 战略管理内容

1. 战略目标的数据化

战略目标反映了对战略规划的期望值，基于 DRP 的战略管理要注重把战略目标数据化，依据坚实的数据制定企业的战略目标，并对战略目标进行有效分解，让各子目标之间满足"相互独立、完全穷尽"的要求，符合"SMART"特点，即具体的（Specific）、可量化的（Measurable）、可达成的（Attainable）、相关的（Relevant）和有时限的（Time-bound）。

2. 战略任务的动态分解

在明确了一整套量化的战略目标体系后，要制定相应的战略任务，并分配给对应的责任主体。DRP 允许企业在充分数据共享的基础上进行战略任务的动态分解，将目标转换为若干项"最小可执行任务单元"，颗粒度需要细化至明确的责任主体。这样一来，目标被分解为子目标，任务被分解为子任务，目标和任务层层关联、责任层层压实，避免出现从战略到战术的"结构性断层"。

3. 更多相关者的紧密协同

企业的战略实施涉及多资源要素配置、产业链及产业生态各利益相关者的协同。不同类型、不同层级的多种主体之间，协同效率的高低直接影响战略的实施成效。过去，由于缺少将各关联方协同起来的技术手段，企业内外部协同的链路较长、透明度较差、效率偏低。依托 DRP 平台，各关联主体可以做到数据层面的协同，从而改变产业生态以及企业运营的方式，降低生态内每个企业的运营成本。

4. 全实施过程的可信数据管理

要实现战略目标，对实施过程的关注和管控必不可少。基于 DRP 战略管理，对战略实施的全过程，收集可信数据，做到全过程可评估。一旦发现问题，就可以及时分析症结并优化工作安排。

5. 智能化的实施结果评估

正确评价战略结果，是检验战略、优化战略的重要方式。过去，囿于指标体系不完善、数据资源缺乏等因素，企业战略结果评价在全面性、精准性和时效性方面受限。通过实施DRP，企业基于人工智能技术可以建立智能评估系统，自动对战略实施效果进行及时评估。

综上所述，基于DRP的战略管理内容和管理方法都在发生转变，在这个快速变化的环境中，数据资源为企业制定战略规划提供了更加丰富的资料并有望实现智能化调整，同时，战略实施的过程也变得全程可监控，让战略实施过程变得更加公平、灵活。

14.2 基于 DRP 的创新管理 >>

当数据成为新的生产资料，数据产品成为新的市场需求，企业就需要在数字化发展战略的引领下持续不断地寻求新的突破，利用数据生产资料，创新产品和服务，以满足市场多样化的需求。DRP对企业的创新管理也带来了深远的影响，通过对创新数据的可信记录，企业的创新管理过程走向开放化、可度量，创新管理的范围不断扩大，创新效果更加显现。

14.2.1 创新及创新管理的概念及内涵

经济学家约瑟夫·熊彼特（Joseph Schumpeter）在《经济发展理论》一书中系统定义了创新的概念，认为创新是指把一种从来没有过的关于"生产要素的新组合"引入生产体系。创新的目的在于获取未来的潜在利润。熊彼特从创新的内在机理出发，解释了资本主义经济运行呈现"繁荣—衰退—萧条—复苏"四阶段循环的原因，说明了不同程度的创新，会导致长短不等的三种经济周期。熊彼特将创新概括为以下五种形式：

（1）引入新的产品或提高产品的质量；

（2）采用新的生产方法、新的工艺过程；

（3）开辟新的市场；

（4）开拓并利用新的原材料或半制成品的新供给来源；

（5）采用新的组织形式。

在实践中，创新是基于技术的进步从新思想（创意）的产生，到产品的研究、开发、试制、制造，再到首次商业化的过程，是将远见、知识和冒险精神转换为财富的能力，特别是将科技知识和商业知识有效结合并转换为价值的产业活动。广义上说，一切创造新的商业价值或社会价值的活动都可以被称为创新。

创新管理是企业以培养核心竞争力为中心，以价值为目标，以战略为导向，以技术为基础，以数据为原料，实现企业各个领域的不断创新，包括体制创新、战略创新、管理创新、市场创新、文化创新、组织创新等。一般而言，创新管理需要从战略、组织、资源、文化（制度）四方面进行设计，使得以解构为主的"创造性破坏"和以建构为主的"组织重建、规则复构"管理活动合理互动，持续地推动企业的数字化发展。

数字经济时代的企业创新管理需要重点关注以下几点。

（1）全要素创新。

企业需要系统和全面地考虑组织、文化、制度、战略、技术等要素，使各要素在创新目标指引下达到全面协调。通过把土地、资本、科技、人才、数据等生产要素优化组合，打造持续创新型企业。

（2）全员创新。

数字时代的企业创新不局限于技术人员和研发人员，而应该是全体员工、全部生态相关者共同参与的创新。通过创新管理系统，企业的研发人员、生产制造人员、销售人员等所有人员，以及各个合作伙伴、客户等，都可以成为企业的创新者。

（3）全时空创新。

全时空创新是指创新成为企业发展的永恒主题，全时空创新已经成为各个部门和每个员工的日常工作，是每时每刻的创新而不是偶然发生的创新。全空间创新是指通过数字技术，企业既要在全球实体空间范围内布局创新机制，同时也要在数字空间中建立创新管理机制。

组织的创新行为是在总体战略的指导下通过创新战略确定发展方向，并对创新战略进行详细的计划分解之后，按项目展开运作。从组织确定创新战略到创新成果商业化的创新管理流程如图 14-4 所示，可分为以下四个阶段、八个过程。

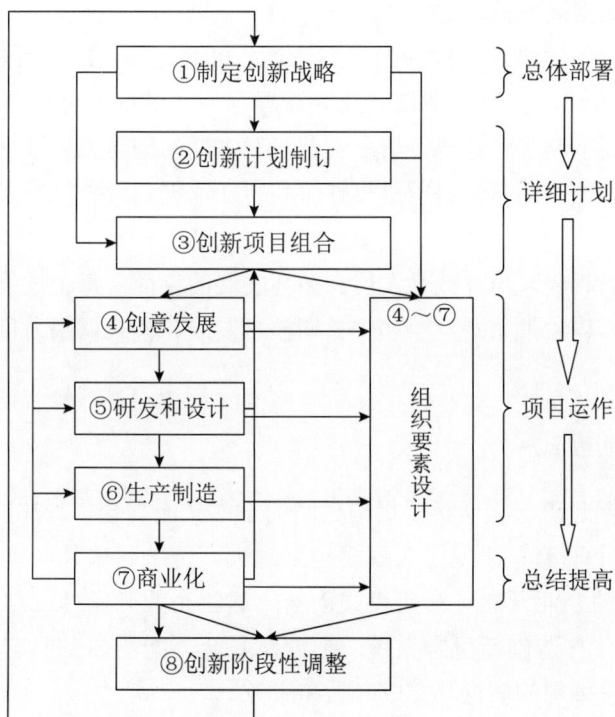

图 14-4　创新管理流程

第一阶段：创新的总体部署阶段。

该阶段包括过程①"制定创新战略"。过程①的任务主要表现为：根据组织内外环境特征、组织整体战略等选择发展方向，并据此制定创新战略。通常来说，创新战略除要包括创新发展的有关内容外，还必须包括各类资源规划以及对相关组织要素的设计和再设计规划。

第二阶段：创新战略执行的详细计划阶段。

该阶段包括过程②"创新计划制订"和过程③"创新项目组合"。其中，过程②的任务是按照创新战略设定阶段创新目标，并据此形成阶段性创新项目评价标准，同时设计创新技术的执行部署。过程③的任务是按照创新战略部署确定中长期创新项目，并按照本阶段创新计划确定阶段性创新项目，并将短期、中期、长期创新项目合理组合。

第三阶段：具体项目运作阶段。

该阶段包括过程④"创意发展"、过程⑤"研发和设计"、过程⑥"生产制造"、过程⑦"商业化"，以及过程④～⑦的并行过程"组织要素设计"。

过程④～⑦都可以根据实际情况提前作出放弃或修改项目的决策，并据此对创新项目组合进行重新调整。同时，过程④～⑦之间是一个循环过程，每一个过程是下一个过程的输入，对于不合理的输入，后续过程有权作出修改请求或者放弃请求。

过程④～⑦的并行过程"组织要素设计"的任务是在过程④～⑦开展的过程中，根据创新项目开展的需要，对按照创新战略、计划和项目组合确定的组织要素进行调整，最常见的组织要素调整为人员的调整。

第四阶段：总结提高阶段。

该阶段包括过程⑧"创新阶段性调整"。过程⑧的任务是在本阶段期末对本期的创新及其管理结果进行审计，并对本期创新及其管理行为（过程）进行评价，总结经验和教训。同时，按照创新战略和计划执行情况进一步对本期的创新成果进行处理，如将某些商业化不够理想的项目留作后备项目或进行许可和转让，据此调整创新战略并成为下一技术创新过程的重要输入。

创新管理的全过程表现出非线性发展和循环发展的特征，每个过程阶段的任务特征各有异同并相互衔接，以短期市场竞争和中长期技术发展、模式调整为目标共同完成组织持续创新职能。

14.2.2 开放创新模式

开放式创新早期起源于大学科研机构之间的学术交流与合作。20世纪90年代，不少科技企业曾发现一个现象，研发团队规模越来越大，传统科研体制管理难以提升创新效率，于是率先觉悟的企业开展了科研模式创新。这些企业开始建立自己的内部创新加速器、风险投资基金，打造创新生态系统，把创新基金分配给内部具有突破性想法的工程师，鼓励他们将奇思妙想的创意开发成产品和服务。

科技产业大量运用开放式创新模式，并取得了爆发式的创新效果。现在，更多机构开始研究更加广泛、可度量的开放创新平台，不仅打破了部门界限，也突破了企业界限、学科界限，既释放了每个个体的创造潜力，也突破了过去的创新瓶颈。

开放式创新的本质是通过新的组织结构和协作机制释放创新主体潜力、降低创新成本、提高创新回报。随着数据要素市场日趋成熟，数字产权市场逐渐形成，更多参与者能够受保护地参与研发创新活动、获得均等的创新机会。通过搭建基于区块链技术的开放创新体系，创新活动的全过程得以被忠实记录，每一个创新步骤的价值都可以被有效评估，从而形成全新的创新团队组织模式、创新成果转化模式、创新价值回报机制。开放式创新系统包含六个组成部分：可信计算底座、创新基础资源管理、创新主体管理、创新过程管理、创新价值评估、创新成果转化。

开放式创新服务组织的方式可分为裂变模式和聚变模式两种。

1. 开放式创新的裂变模式

如图 14-5 所示，裂变模式是指创新知识产权来源于开放创新核心机构（高校、科研机构、研发部门等），用开放组织的方式从该知识产权裂变出适应组织需要的创新内容。

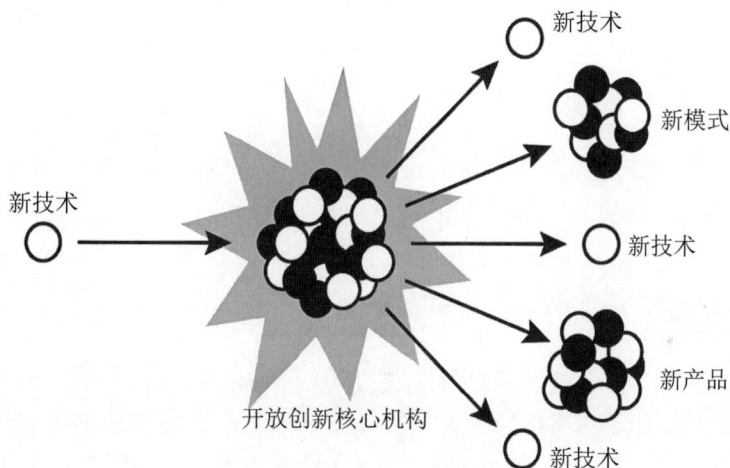

图 14-5　开放式创新裂变模式

裂变模式要求组织要紧跟科技前沿，及时引入前沿技术进入自己的开放创新体系。比如大模型技术，企业发现大模型技术与自己的业务战略相一致，就可以确定大模型为裂变源泉，在组织的开放创新系统中，引入大模型创新任务，通过对各创新团队的激励措施，推动企业大模型研发的裂变效应。再如，企业如果有自己的核心技术，也可以以自己的核心技术为出发点，让开放创新体系围绕这一核心技术进行运作，由各创新主体研发出一系列基于该核心技术的创新产品。

2. 开放创新的聚变模式

如图 14-6 所示，聚变模式是一个更加开放的创新模式，开放创新平台不设定具体的技术题目，而是收集来自平台上任何创新主体所做的微小创新，平台通过聚合这些微小创新，智能化分析微小创新的组合能够给组织所带来的更大创新，并把它们变成现实。

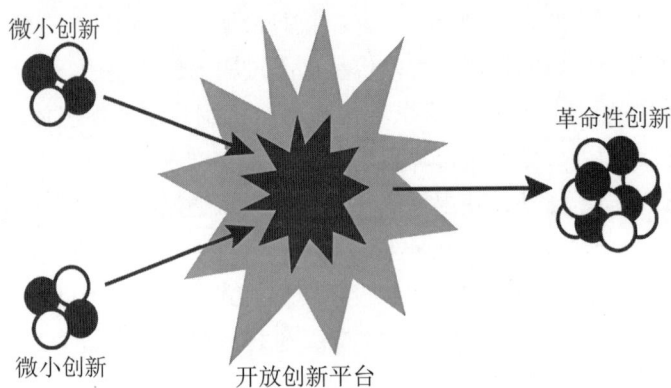

图 14-6　开放式创新聚变模式

聚变模式的关键是有效组织更广泛的创新者。聚变模式的成功需要解决好四个问题：数字产权认证机制、市场真实问题需求、人才社会网络组织、价值共享评价机制。在开放创新平台上创新主体能够以自发的创造力发现市场真实问题，在兴趣共享和利益分担的驱动下，创新主体形成人才社会网络组织，通过建立价值共享评价机制，使创新结果得到尊重和全方位的保护。

14.2.3　基于 DRP 的创新管理模式

数据作为一种崭新的生产要素进入企业管理的全过程，意味着在 DRP 驱动下企业创新管理涉及的范围、规模和方式发生了变化。基于 DRP 的企业创新管理模式包括以下几方面。

1. 平台化创新

企业数字化转型的一个重要方向就是平台化，通过平台化战略的事实，企业会形成基于 DRP 的数据协同平台。DRP 数据协同平台为企业实施开放式创新奠定了基础，企业的创新活动都在该平台上完成，同时该平台提供了创新数据记录、创新者管理、创新结果管理等功能，从而激活平台上的所有创新参与者。

2. 生态化创新

DRP 支持企业以数据为纽带构建、融入产业生态。平台经济培育和壮大了企业所在的生态系统，企业员工、合作伙伴、消费者等所有参与方都汇聚到同一产业生态中，形成一个全员互动、公平开放的产业生态社交网络化工作环境。企业的创新工作也是在产业生态中进行，所有生态参与者也都会是创新的主体。

3. 共享化创新

DRP 本身就是一个数据共享平台，在数据共享的基础上，可以开放相应的知识共享、创造共享机制，通过支持更大范围的共享，推动产业生态、企业内的资源复用，从而降低创新者的创新成本、提高创新效率。

4. 去中心化创新

DRP 高效的数据协同机制，充分支持每一个创新主体都可以是创新的中心，而不是原来以创新机构为主体的中心化创新模式。去中心化创新需要建立创新结果的评价与保护机制，以确保创新的效率和效果。

14.3 基于 DRP 的人力资源管理：智慧人口红利 >>

基于数据资源的人力资源管理，因为有了海量人才基础数据和大量数字化分析工具，在劳动力的培养、开发、管理、评价等方面都会有许多新方法，从而能够进一步释放劳动力要素的价值。与此同时，在数字经济时代劳动者自身的属性和特征也有了新的变化，数字技术为每个劳动者提供了对等工作的可能性，从而最大限度地释放每个劳动者的工作能力，进而产生数字时代巨大的"智慧人口红利"。企业通过 DRP 系统，基于数据、连接和算法开发"智慧人口红利"，是数字时代开发人力资源的巨大机会。

14.3.1 智慧人口红利

数字经济中面向数实融合的空间，一种全新的劳动形式正在形成：算法成为重要的劳动工具、数据成为重要的劳动对象，每个个体都具备远高于从前的知识获取能力和信息掌握能力且具有一专多能的工作能力。具备这种能力的劳动者为企业和社会带来了新的活力，组织通过每个劳动者能力的提升，给他们更多的创造价值的机会。这种释放每个劳动者智慧所产生的社会经济价值，称为"智慧人口红利"。

"智慧人口红利"是从以体力劳动为主的"劳动力人口红利"演变来的，人的智慧潜力的开发和释放，需要数据资源（无处不在的课程、知识等）、算法技术（大模型社群学习、社交网络工作等）等的支撑，其具体价值体现在如下几方面。

1. 个体能力增强：社交学习与大数据学习

数字时代知识的创造和传播方式都发生了变化，个体具有前所未有的社交范围和数据资源获取能力，从而能够通过大模型知识共享平台、社交网络和大数据分析获得更多的知识。过去人类主要通过大学等科研机构创造知识，然后通过学校和媒体等渠道传播知识，最终形成了现有的教育体系。这种教育模式是一种"1 对 N"的知识传播模式，也就是一个老师对 N 个学生。网络化的组织模式可以让每个人都变成老师，同时每个人也都是学生，个体可以从知识平台或者社交网络中的老师那里获取知识，逐步形成"N 对 N"的学习模式。

近些年所涌现的在线学习热潮，就是"N 对 N"学习模式的一种体现。在线学习首先扩大了知识传播的范围。通过大规模在线课程，一位老师的授课可以有数以十万、百万计的学生来听课，大大扩展了传统课堂的广度，扩大了知识传播的范围和速度。其次，在线学习是一种社交学习，通过与朋友之间的交流、取长补短，能够让个体的学习效率大幅提升。同时，因为个体也可以根据自身兴趣爱好的不同，选择更广泛学科领域的学习社区，让自己变得一专多能。最后，在线学习平台上丰富的大数据，可以揭示学习规律、提高学习效率。

2. 创新模式改变：头脑互联

人的大脑是人类社会中最为重要的信息处理单元，是一台绿色高效的并行计算机。当所有人的头脑计算机都可以通过网络连接，分享观念并协同劳动，所带来的价值创造能力是以往的劳动方式无法实现的。每个个体通过头脑互联，在提升了自身能力的同时，也给组织带来了实现开放式创新的可能。

具体而言，一个人的创造力不再局限于某个专业领域，而是可以延伸到个体兴趣所涉及的每一个领域。个体所要求的创新回报也不再只是简单的物质回报，而是可以包括兴趣满足、社交满足等多种回报形式。社会经济系统也必须基于 DRP 来调整其价值分配系统，让每个劳动者的创造都得到尊重和全方位的回报。

对一家企业而言，其创新也不再只是研发部门的工作，或者与某个科研机构的合作。基于 DRP 可以采用众包的模式，利用个体的头脑互联，提高创新的效能。因为没有原来的专业限制，不同领域的创新力量可以相互借鉴，因而会大大拓宽企业创新的思路和范围，提高企业开发新产品的能力。

3. 组织效率提升：自组织

基于"智慧人口红利"的开发，个体在组织关系上不再必须隶属于某一个特定企业，而是可以根据需要随时加入某个企业的某项工作之中。于是，企业的组织模式也会逐渐向大众参与的自组织方向发展。无论是企业的研发还是设计、营销等经营活动，都可以用"众包"的形式分发给企业内外的新型劳动者，DRP 会忠实记录每个劳动者的贡献，并按照市场化的方式为劳动者提供回报。那些并没有与企业签订传统劳动合同的线上劳动者，对企业而言就变成了"虚拟人力资源"。数字时代一个企业竞争力的高低不只取决于拥有的实体人力资源数量和质量，还要看开发虚拟人力资源的能力。

企业的自组织管理模式充分调动了组织内外相互关联的个体力量，从而改变了组织的架构和基本能力。因为组织流程的变化和劳动者参与方式的不同，组织运行的成本也会出现很大的变化，传统的组织运营成本可能会降低，但也会增加新型运营成本。

14.3.2 DRP 支持的数字人力资源管理

数字时代的人力资源管理，需要实现人力资源管理与企业战略的浑然一体、协同共振，以助力企业适应数字时代的变革，持续获得竞争优势。其实现方式是以战略为核心的人力资源管理"组织—人—机"的交互（如图 14-7 所示），即组织、员工以及数字技术的交融。在这样的战略转型过程中，人力资源管理形成了员工与组织之间雇佣关系灵活化、组织通过技术的应用实现管理决策的智能化、人机协作的纵深化格局。

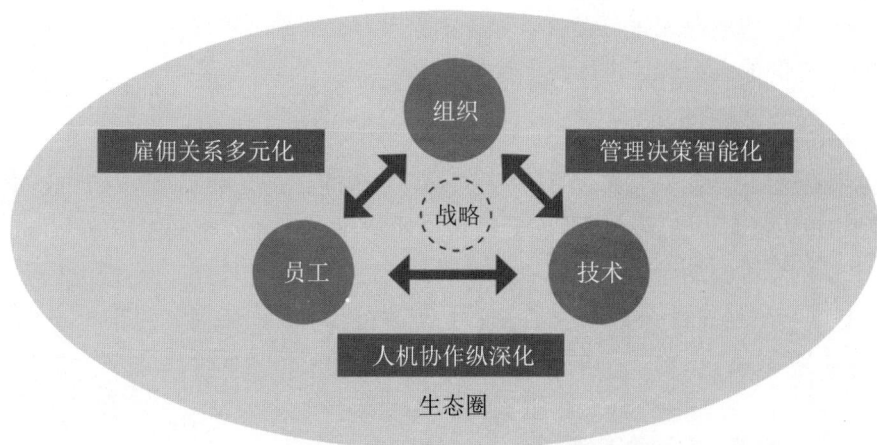

图 14-7　数字化人力资源管理

基于 DRP 的人力资源管理是用数字化技术、业务流程再造、生态思维等塑造人力资源管理数字变革的"金字塔"（如图 14-8 所示）。其中，位于金字塔底层的数字化技术是变革的基础性支撑，位于中间层的业务流程再造是变革的具体方法，位于顶层的生态思维是变革的深层次理念。

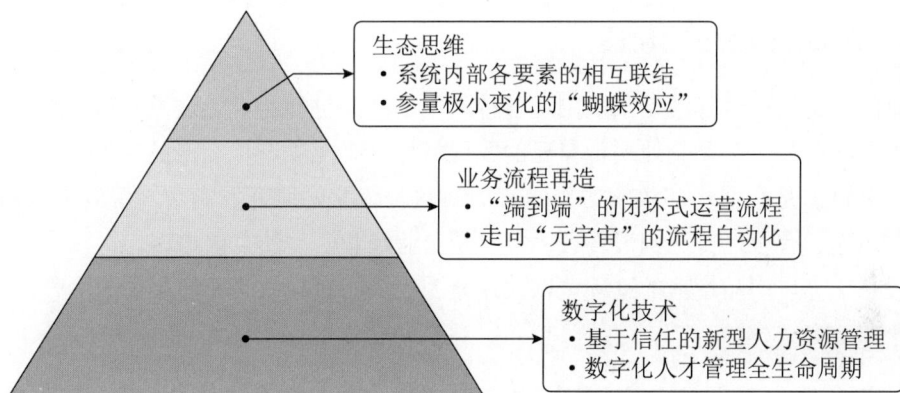

图 14-8　人力资源管理的数字变革"金字塔"

1. 人力资源管理的数字化技术

基于 DRP 的人力资源管理数字化技术为组织带来了前所未有的人力资源管理模式和效率。通过数字化技术，人力资源管理的全生命周期——选人、育人、用人、留人——都实现了基于 DRP 的管理创新。比如，AI 技术可应用于简历筛选，快速生成人才画像，精确定位合适的候选人；数字化培训和绩效考核使得员工的能力发展和业绩评估更加客观和公正；而个性化的激励机制则有助于留住人才。

2. 数字驱动的业务流程再造

数字驱动的业务流程再造，目的是重塑人力资源管理的运作方式。在数字环境下，人力资源管理流程变得更加丰富，实现了在线化、自动化和智能化。通过丰富客观的人力资源基础数据管理，用业务流程再造可以解决传统人力资源管理单线流程的痛点，让组织可以对数实两个空间的人力资源进行统一管理。

3. 人力资源管理的生态思维

在数字经济时代，组织横跨了实体空间和数字空间，是在数实空间中形成的新生态。因此，基于 DRP 的人力资源管理也必须采用生态思维，在数实空间中探索人力资源管理的新模式。生态思维强调生态中各因素之间的相互联系和相互作用，系统中任何参数的微小变化都可能引发系统整体的改变。在这样的思维模式下，组织内外的劳动者不再仅是组织的雇员，而是成为组织的直接参与者，与组织共创价值、共享收益。

14.4 基于 DRP 的产品管理 >>

企业的产品管理涉及对产品的策划、设计、定价、推广、销售、售后服务等方面的综合管理。产品管理的主要目标是确保企业能够提供具有市场竞争力的产品，满足市场需求，并实现企业的持续盈利。DRP 系统有助于企业基于科学高效的数据管理，做好数实产品的全生命周期管理。

14.4.1 产品管理的三个阶段

企业的一切生产经营活动都是围绕各种类型的产品进行的，通过及时有效地提供消费市场所需要的产品，帮助企业实现自己的发展目标。企业生产什么产品？为谁生产产品？生产多少产品？是企业产品策略必须回答的问题。企业如何开发满足消费者需求的产品，并将产品迅速、有效地传送到消费者手中，是企业经营活动的主要内容。

一般意义上，产品管理的过程可以大致分为三个相对独立又密切相关的阶段。

1. 产品开发阶段

这一阶段从产品的创意形成开始，经过创意筛选、概念定位、商业分析、产品开发，再到小批量试产，直到大批量生产。这是一个产品从无到有、从抽象到具体、从设想到工业化生产的全过程，这一过程也叫投放市场周期（Time To Market，TTM）。产品是否能成功，直接取决于该阶段工作的有效性和创造性。在产品管理概念出现之前，这一过程过去被研究与开发等部门所主宰。在以产品经理为核心的产品管理组织中，产品经理从一开始就主导这一过程，其他部门配合产品经理完成对产品的开发设计。

2. 产品销售阶段

这一阶段主要包括产品的试销和规模化销售两个子阶段。将产品及时有效地送到恰当的顾客手中的过程叫交付客户周期（Time To Customer，TTC）。它包括制定价格政策，建立物流体系和分销渠道，进行有效的促销及沟通策略等一系列的活动。产品销售的好坏直接取决于该阶段的策略是否得当、组织是否有效、计划是否周密。因为营销运作涉及许多职能部门如营销、广告和公关策划、财务、销售管理等，还涉及地区组织和地区经理，由于职责和利益的关系,这种跨部门的协同总是很难。DRP 系统有助于建立产品销售阶段的跨部门协作机制,从而创造全新的产品销售管理模式。

3. 产品售后服务阶段

这一阶段包括了顾客购买产品之后的所有服务活动。该阶段的主要任务是让消费者满意,因此也叫客户满意周期(Time to Satisfaction,TTS)。顾客的满意是企业长期发展的基础,而顾客的忠诚可以为企业带来长期的利润。售后服务和顾客管理不仅可以提高顾客的满意度,而且还可以了解顾客的需要,成为新产品开发和老产品改进的创意源泉,同时这些工作还可以延长产品的生命周期,尽量挖掘产品的市场潜力。

上述三个阶段虽然相对独立,但不是截然分开的。它们是一个有机的整体,只是在不同的阶段,产品管理的重点不同。

14.4.2 基于 DRP 的产品管理

制造业数字化转型的关键是提升企业应对市场变化的应对能力。产品研发作为决定产品能否满足市场需要的关键环节,是制造业数字化转型的重要突破口。用户直连制造(Customer to Automated Machines,C2M)业务,通过把用户集成到制造系统中,发挥用户的主动性、创造性,并通过对用户数据的解析,把用户需求直接作用于企业的产品研发。基于 DRP 的产品和用户数据资源的开发,能够为企业的产品管理带来全新的理念和方法。

1. 产品开发阶段

需求和设计环节出现问题的概率分别占到全流程的 70% 和 20%,且随着研发流程的不断推进,产品的纠错成本会持续增加。DRP 对产品研发的全面支持,可为产品研发全过程提供丰富的数据支撑,并支持对数据产品的研发。把用户、市场、人力资源、生产过程等各类数据进行集成和分析,DRP 帮助企业实现多样化的产品设计模式。

例如京东公司结合其主站合规数据、站内商品搜索、销售等情况,配合全网舆情洞察,能准确把握消费者的偏好、需求,为合作企业提供适合的新品策略,提升了企业产品市场调研、研发、设计、生产等环节的效率并减少了资源浪费,助力企业实现更合理的库存安排和履约规划。同时,数据平台还能聚合需求,串联下游具有柔性供应链能力的供应商接单生产并快速交付,实现订单驱动的生产。京东公司已累计与超 2000 个品牌达成合作,节省了 75% 的产品需求调研时间,使新品上市周期缩短 67%。

DRP 在产品管理方面的价值还体现在计算机辅助设计、3D 打印、数字孪生等技术在产品研发环节的应用方面。利用虚拟模型进行可重复、参数可变的仿真实验,测试、验证产品在不同外部环境下的性能和表现,从而提高设计的准确性和可靠性,缩短研发流程,大幅降低研发和试错成本。同时,DRP 使得企业实行并行工程成为可能,即在设计阶段就考虑制造、装配和维修等环节的问题,通过数字模拟来优化整个产品生命周期的性能和成本。

DRP 还使得产品质量管理更加高效。通过对产品质量数据的实时监测和分析，企业可以及时发现产品存在的问题和改进的机会。这种及时的反馈机制使得企业能够迅速采取措施，提高产品的质量和可靠性。

2. 产品销售阶段

DRP 通过收集和分析市场数据，帮助企业更准确地识别目标市场和客户群体，制定个性化的营销策略。通过实现数字营销策略，企业能够以更低的成本、更高的效率触达潜在客户。

DRP 支持线上线下结合的多种销售模式，企业可以通过在线商店、社交媒体购物平台等方式直接面向消费者销售产品。此外，DRP 利用大数据和人工智能等技术对市场趋势进行预测，企业可以借此及时调整库存和供应链策略，以应对市场变化。

DRP 利用区块链等技术，实现商品数据从设计、生产到销售全链条的可追溯性，消费者可以获得该产品的完全信息，作出理性决策，确保自身消费权益不受损害。

3. 产品消费阶段

企业可以基于 DRP 运用物联网等技术，实时监控产品的使用情况和性能状态，为用户提供及时的维护和更换建议。这种智能化的售后服务不仅可以为企业收集更多的用户数据用于产品改进，为下一代产品的开发提供宝贵的信息，还可以通过集成用户数据，促进企业与用户之间的紧密互动和合作，提高用户的贡献度、满意度和忠诚度。

14.4.3 基于 DRP 的数据产品管理

当数据或数据服务本身成为产品时，其管理方式和传统实体产品有很大的不同。在第 3 章已经介绍了 DRP 是如何支持数据产品化的，即面向数据市场的产品设计、面向过程的产品生产和面向对象的产品交付。DRP 支持对数据产品从设计到终结的整个生命周期的管理。

数据产品就是面向数据市场的需求进行设计的，因此必须要考虑到数据产品流通交易环节的技术要求。数据产品的生产是面向过程的生产，要实现数据、物品、人员的对应关系，满足数实融合产品的溯源及全生命周期管理的需要。数据产品面向对象的交付是指，针对企业内外部不同的交付对象及交付需求，DRP 可以提供多元化的封装方式，满足不同数据产品的使用场景。

1. 数据产品的开发阶段

数据收集和处理是这一阶段的首要任务。企业需要通过 DRP 建立高效的数据收集机制，从各种来源获取原始数据，并利用数据清洗、整合和存储技术确保数据的准确性和可用性。这些原始数据可能来自企业自身，包括研发过程、生产过程、销售过程等，也可能来自企业外部，如政府公共数据、第三方数据等。接下来需要对这些数据进行分析，通过运用机器学习、数据挖掘等分析技术，企业可以从这些数据中提取有价值的信息，以此为基础设计自己的数据产品。

2. 数据产品的销售阶段

定价策略和交付方式是这一阶段要考虑的关键因素。由于数据产品的价值与应用场景关系密切，因此需要根据数据价值、用户需求和市场竞争情况来制定灵活的定价模型。同时，数据产品的交付方式也与传统产品有很大不同，通常通过数据集、数据报告、API 接口、在线平台或定制化解决方案等方式实现数据的访问和使用。DRP 需要支持多样化的数据产品定价和交付方式，并帮助企业确保数据产品符合相关法律法规的要求。

3. 数据产品的消费阶段

用户体验和技术支持是至关重要的。由于数据产品的非标性导致其通常具有较高的技术门槛和使用复杂度，因此企业需要提供充分的用户培训和技术支持来帮助用户理解和使用数据产品，并提供简洁明了的数据看板和 API 接口界面。

此外，随着技术的不断发展和市场需求的变化，DRP 要能够帮助企业更快速地实现数据产品更新。在数据产品的寿命终期，DRP 还需要协助做好数据的销毁或重新利用。

总的来说，基于 DRP 的企业数据产品管理通过对产品数据的集成和分析，便于企业设计多样化的数据产品，并提高数据产品的质量和可用性。

14.5 小结 >>

新质生产力和生产关系的变革必然导致组织传统管理理念和方式的变革。本章从传统的战略管理、创新管理、人力资源管理及产品管理四方面入手，分析在 DRP 系统支撑下，这四方面管理理念所发生的变化，并探讨了这四方面的具体管理模式创新方向。基于DRP 的战略管理，本章重点强调了基于数据的动态战略管理模式；对于创新管理，本章探讨了 DRP 对开放式创新的支持；对人力资源管理，本章分析了释放"智慧人口红利"的方式方法；而产品管理，本章更强调了基于 DRP 的用户集成式产品全生命周期管理模式。对企业管理的其他方面，DRP 也同样带来了新的视角，使企业可以站在数据资源的角度，理解和探讨其变化。

本章案例

紫金矿业集团是一家以金属矿山开采和冶炼为主的综合性企业。集团近年来基建工程项目和技改项目的年度投资额达到 700 多亿元人民币，如何利用 DRP 理念进行管理创新，从而管理好规模庞大的基建工程，是管理层一直关注的重点问题。2022 年 8 月集团总部与杭州新中大科技股份有限公司合作，开始建设工程项目数字化管控平台。该平台的设计目标是从业主方角度出发，兼顾集团管理需要，基于数据资源，统筹施工、监理管控平台，打造一个多方联动的数字化综合管理平台（如图 14-9 所示）。

紫金矿业集团的基建工程涵盖面广，包括矿山、房建、工业厂房、市政、路桥、安装等，项目金额大到百亿元、小到几万元。工程项目是由不同的参与方共同建设完成的，参建方所处的角度不同，参与工程建设的阶段和内容就不同，这会导致集团掌握的数据和信息不同步，工程造价的控制范围也会不同。集团要求通过数字化平台，做好投资控制，实现工程的全面协同。

在投资控制方面，业主方作为工程项目建设的组织者，面对的投资控制就是从投资决策到竣工验收全过程的数字化管理，确保在建设项目的全过程中做到工程造价合理、工期适当、质量和安全俱佳。投资控制平台建设包含进度管理、施工协同、监理协同、安全管理、BIM 轻量化展示等内容。

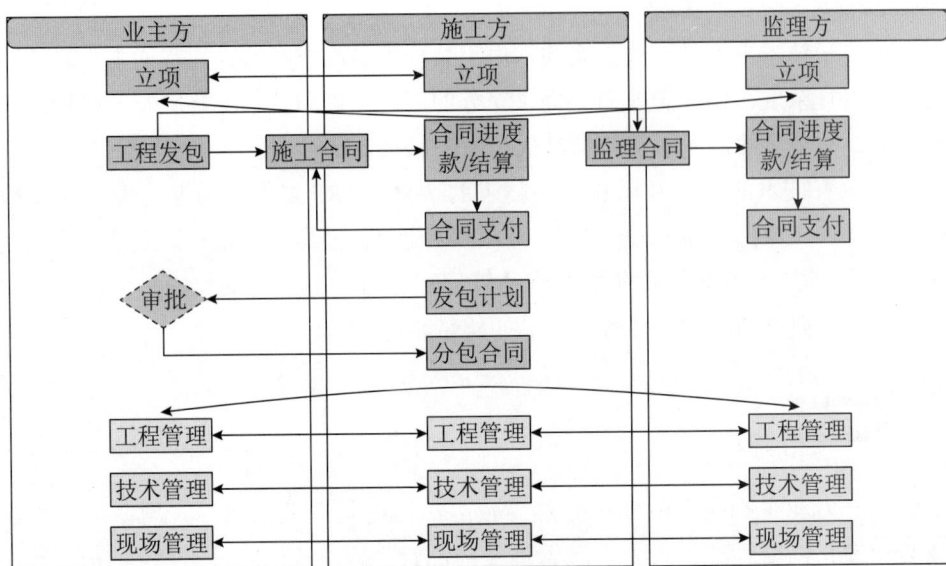

图 14-9　紫金矿业集团数字化综合管理平台

各权属企业在项目立项申请阶段，邀请造价咨询人员全过程参与数字化图纸会审、审定答疑纪要，在确保计算程序、套用定额和费用组成等方面力求精确的同时，还要基于历史数据考虑可能变化的施工内容等因素，编制出最低而又合理的工程造价，最大限度地减少各种疏忽。

在招投标阶段，通过供方库及智能化评价系统选出报价合理、技术先进、工期适当、质量和安全俱佳的施工单位，通过数据展示全面筛选优秀的参建单位。

合同签订后，承包单位和监理单位可根据自己的权限对合同进行调用，在系统内进行结算过程计量、结算、线上签证、工程确认单等操作。

紫金矿业集团上线的工程项目数字化管控平台，以数据资源为抓手，协同调度产业链各个参与方，极大地提高了项目管理的工作效率，形成了集团层面的决策分析平台，对于降低项目建设成本起到了重要作用。

第 15 章　DRP 与产业生态

DRP 以数据资源为核心，探讨了如何开发数据要素来重塑企业模型，用数据流带动技术、资金、人才、物资等传统要素，打造数实融合的产业生态。DRP 是基于数据对传统产业进行全方位、全角度、全链条的改造，它加速推进了传统产业向数字化、网络化、智能化的转型升级。作为服务数字经济的管理理念，DRP 的目标是通过开发数据要素市场，实现产业生态内各伙伴之间的智能协同，进而释放生态内数据要素的价值，为生态内所有企业带来新的利润增长点，如图 15-1 所示。

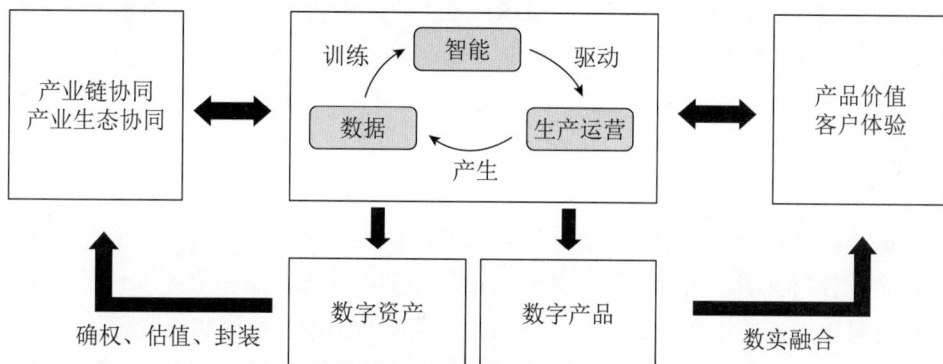

图 15-1　服务产业生态的 DRP

在数字化浪潮的推动下，传统企业的商业模式和所处产业形态发生了根本性转变。生产者和消费者之间的关系从供给导向转向需求导向，生产方式从大规模标准化生产向大规模个性化定制生产转变，刚性生产系统向可重构模块化柔性系统转变，工厂化生产向社会化生产转变。相应的生产组织和社会分工也在发生重大变化，产业边界开始模糊，产业生态网络开始形成，企业组织架构日趋扁平，产业数字空间价值凸显，各种数字生产性服务业快速发展，"公司＋雇员"的组织模式开始向"平台＋全员"的模式转变。

一般而言，传统产业的数字化转型可分为三个层次：打造数字企业、构建数字产业链、培育数字生态。DRP 对产业生态的支持，也需要从这三方面进行思考。

打造数字企业。在云计算技术支持下，DRP 促进了企业研发设计、生产加工、经营管理、销售服务等业务的数字化转型。基于 DRP 构建的产业互联网生态，能够帮助中小微企业提升数字化水平，提供多层次、多样化的不动产、动产数据穿透服务，从而推动围绕新生态的数字金融业态发展，为中小企业降低资金成本、缩短订单账期、创造发展机遇。

构建数字产业链。DRP 支持的数字化变革是以产业链为单位进行的，DRP 通过打通产业链上下游企业数据通道，促进了产业链上全渠道、全链路的供需调配和精准对接，以数据供应链引领物资链、资金链、人才链，促进产业链高效协同和整体提升，从而有力支撑我国各产业基础的高级化和产业链的现代化。

培育数字生态。DRP 以培育新型数字生态为目的，要求企业必须思考如何打破传统商业模式，在 DRP 上实现传统产业与金融、物流、交易市场、社交网络等生产性服务业的跨界融合，大力推动一、二、三产业的转型发展和相关生产性服务业的发展。通过 DRP 建设，数字生态逐渐走向"数字生产服务 + 数字商业模式 + 数字金融服务"的新模式，在不断释放数字内需的同时，创造大量数字经济新实体。

15.1 基于 DRP 的产业链创新 >>

如前所述，数据资源已经成为社会经济系统中的重要资源，以数据为核心，组织管理的内涵和方法都发生了巨大改变。企业数字化转型是以产业链为单位进行的，DRP 的主要功能也是围绕着产业链展开的。基于 DRP 的产业链创新，是产业链上不同环节的企业和组织之间数据的互联互通过程，从而实现产业链资源优化共享、韧性安全增强、价值创新扩大。

15.1.1 产业链

产业链是指某个产业从原材料供应到最终产品或服务交付所经历的整个产业过程，产业链上各企业各司其职、彼此关联，共同为市场提供高品质产品和服务。一般而言，产业链包括原材料生产、技术研发、中间品制造、终端产品制造、流通和消费等环节。

以建筑行业为例，可以把建筑业的产业链划分为上游、中游和下游三个环节。上游从事工程的勘察、设计、项目管理、工程监理、招标代理、工程咨询、原材料供应等；中游从事工程的施工；下游从事工程的检验检测、维护维修和运营，如图 15-2 所示。

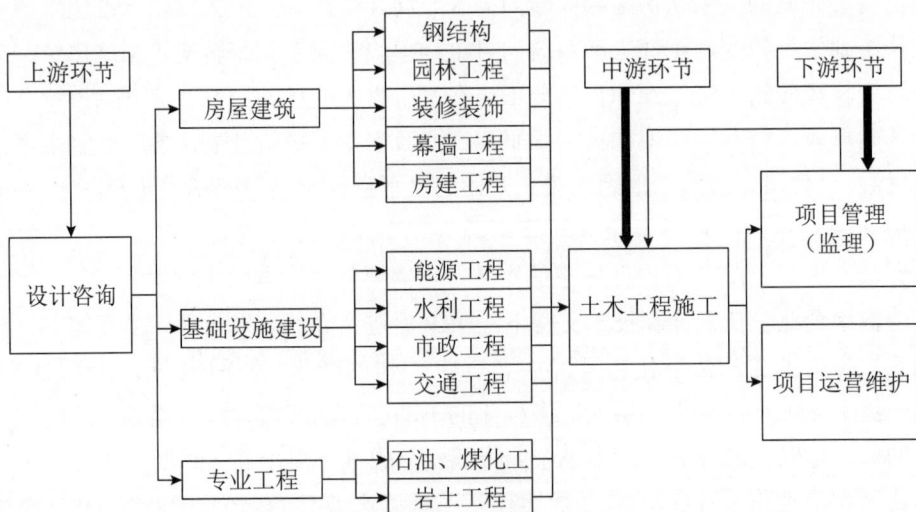

图 15-2　建筑行业产业链上中下游关系

建筑产业链的生命周期从勘察与设计图纸开始，之后便是施工所需的设备及材料采购、施工建设以及验收，建设完成、投入使用之后则需要持续的运营维护，从而保证建筑物能够可靠发挥其设计功能。因此对于建筑产业链，可以按照勘察设计—施工建设—运营维护的流程，梳理各个环节中相关的子行业。

15.1.2 数字时代产业链的发展趋势

随着数字经济与实体经济的不断融合，数字技术在生产中的应用基础不断夯实，工业互联网、智能车间、智能制造、车联网、平台经济等融合型新技术逐渐普及，传统产业链的内容也不断丰富，各条产业链都展现出大量数字化的新特性。

在产业链的生产环节，数据的打通有利于降低生产资源的搜索成本，促进各类生产资源的高效配置，并通过对消费市场数据的深度分析，合理安排生产，避免产能不足或产能过剩等问题，达到产业链的供需平衡。在产业链技术研发环节，数据要素市场的形成有助于企业明确研发方向、提高研发效率、创新研发模式。在产业链的销售环节，数据要素市场推动了销售数据的大范围传播，通过数据分析来拓宽企业销售渠道，进行精准营销，衡量营销效果。

总之，面向数据要素市场的产业链，通过综合规划数据要素的流通价值，可以减少资源错配、促进生产技术与管理模式的融合创新、消除产业链中的信息不对称问题，推进产业链供需动态平衡。数据要素对产业链发展的促进作用表现为如下几点。

一是有效促进产业链循环的高效畅通。数字产业链的正常运行依赖各个环节数据的畅通，通过打通产业链上的数据，一方面有助于稳定企业的生产运营秩序，例如利用人工智能等技术能够辅助实现生产过程的计划优化、精准控制、自动物流等。另一方面，产业大数据的丰富有利于上下游企业的深度合作，通过数据的互联互通、集成共享，能够有效解决企业之间信息不对称、实现用智能合约代替以往烦琐的商务谈判。

二是有效加强产业链关键环节的自主可控。产业链环环相扣，必须确保在关键环节、关键时刻不"掉链子"，才能保障产业链的安全稳定。产业数据要素市场的形成，对产业链关键环节的自主可控能力具有强化作用。首先，数据要素融入研发设计环节，推动企业创新走向开放式创新，从而减少自主创新成本、提升自主创新效率；其次，基于数据的产业互联网平台日趋完善，有助于引导市场主动弥补产业短板，集中产业链的力量实现关键环节的自主可控；最后，基于数据要素的产业链因为建立了"良币驱逐劣币"的运营机制，从而使得各企业更容易形成自主可控的核心技术能力。

三是有效提升产业链韧性。产业链韧性主要是指产业链的抗冲击能力。任何一条产业链，只有提升其韧性，才能让其能够应对各种风险所带来的不确定性。完善的企业数据要素市场能够实现企业之间各类数据按照市场规律进行高效交换，从而提高产业链对市场环境变化的自适应能力。数字化产业链是用智能合约的形式运行的，企业间大量的协作在数据分析的基础上自动执行，从而大大提高了产业链应对市场环境变化的效率，也显著提升了产业链的韧性。

四是有效增强产业链弹性。产业链弹性主要是指产业链遭受突发事件冲击后的恢复能力。产业链上的数据集成，对产业链的抗冲击能力也有很大帮助。一方面，数字空间的建立使得产业链的范围得到迅速扩大，从而降低了产业链断裂的风险；另一方面，完善的产业数据系统也使得产业链的重组能力大幅增强，针对某一个环节的断裂，产业数据系统会支持产业链快速进行自我修复。

15.1.3 产业链协同创新

产业链协同是指在一个产业链条中，不同环节的企业之间通过合作、协调和共享资源，共同完成产品或服务的生产、销售和分配，以实现产业链的全局优化和价值最大化。这种协同关系不仅体现在产品生产的各个环节，还包括了供应商、客户等所有合作伙伴之间的合作。产业链协同不仅是为了降低成本，更是为了实现产业链运营模式的创新，为所有伙伴开创更大的价值空间。

1. 共同创造价值

产业链协同的核心目标之一是共同创造价值。通过合作，产业链上各企业可以在产品设计、市场营销、售后服务等各个环节中共同提供更全面的解决方案，从而满足客户更多样化的需求、为产业链创造更大的价值。

2. 增强竞争力和可持续发展

产业链协同可以增强所有链上企业的竞争力。通过合作伙伴的互相支持，产业链可以更快速地响应市场变化，降低产业链整体运营风险，提高产业链的竞争力。同时，通过产业链上各类资源的高效利用和链上企业的合作创新，产业链可以实现良性的创新机制，促进可持续发展。

3. 实现跨界协同

打通数据的产业链，赋予它更强的跨界协同能力。产业链随着技术的进步，可以随时调整产业链结构，引入跨界技术和业态，实现产业链的跨界升级。同时，产业链自身强大的开放创新能力，也会不断创造出跨界发展的科技成果，推动产业链自身完成跨界升级改造。

总之，产业链跨界协同是数字时代企业竞争的重要策略，它不仅是产业链资源的简单整合，而是要基于产业数据的互联互通形成产业数据要素市场，并通过该市场形成产业链新的协同运营模式和价值创造模式。

15.1.4 DRP 支持的产业链创新

面向产业链协同建立的 DRP 系统，需要解决传统产业链协同中的若干问题，通过建立产业数据要素市场，用数据共享、数据创新来推动产业链的全面升级。建立基于产业链的 DRP 的关键任务，就是用数据协助传统产业链、供应链上下游企业之间的业务流、资金流、物资流协调一致，让产业链变得更加敏捷、融通、安全，从而提高产业链技术的现代化和产业链竞争力的国际化。

产业互联网是 DRP 的一种重要业态，当前国内主流的产业互联网平台大致分为五种商业模式。

1. 个性化定制

个性化定制是以用户全流程参与、定制化设计、个性化消费为特征，颠覆了"标准化设计、大批量生产、同质化消费"的传统制造业生产模式。在整个产业链中，用户不仅是消费者，同时也是设计者和生产者。这种用户需求驱动下的生产模式革新最大程度契合了未来市场的消费需求。基于 DRP 的产业互联网平台可以集成系统集成商、独立软件供应商、技术合作伙伴、解决方案提供商和渠道经销商等伙伴，大大丰富了既有的产业生态。用户可以通过产业互联网平台提出多样化的需求，在需求达到一定规模后，平台可以通过所连接的产业链伙伴完成产品的研发和制造，从而生产出符合用户需求的个性化产品和服务。这种颠覆传统的个性化定制模式，实现了在交互、定制、设计、采购、生产、物流、服务等各个环节的用户深度参与。

2. 网络化协同

网络化协同可以把分散在不同地区的研发能力、生产设备、人力资源等各种核心能力通过平台的方式加以聚集，是一种高质量、低成本的产业链协同模式。例如，基于 DRP 的云制造支持系统可以包括工业品设计支持系统、营销与采购支持系统、制造能力服务支持系统、企业协同支持系统等方面，可满足各类企业深度参与云制造产业集群生态建设的现实需求。

3. 智能化生产

智能化生产是指利用网络技术和数字制造工具来提升生产过程的智能化程度。通过数据在生产系统中的流动、采集、分析与优化，实现设备性能感知、过程优化、智能排产等智能化生产方式。工业互联网、大数据、云计算、工业机器人等技术在生产系统中的综合应用，可以建立端到端的可控可管的智慧云生产平台。平台将生产数据、设备数据等多方数据进行集成、分析、处理，以激活数据要素，创建开放、共享的智能化生产新模式。

4. 服务化延伸

服务化延伸是指企业在传统产品基础上，利用数字技术激活数据要素，进而为产业生态提供多样化服务。例如，通过产业互联网平台对设备数据的采集，可以为企业及其合作伙伴提供设备数据分析，从而改变设备的运营管理模式，实现全产业链设备相关数据的服务化延伸。当前制造业正在由传统的以产品为中心向以服务为中心转变，服务化延伸模式可以有效延伸产业的价值链条，扩展利润空间，促进产业的数字化转型。

5. 数字化管理

企业基于产业互联网平台开展数字化管理，可以打通研发、生产、管理、服务等环节，实现设备、车间、物流等数据的客观泛在采集，推动对产业互联网的全生命周期、全要素、全产业链、全价值链的优化管理。数字化管理拓展了产业互联网的盈利空间，为产业互联网生态内的所有企业带来了创新机遇。

15.2 基于 DRP 的产业生态创新 >>

15.2.1 数字时代产业生态概述

所谓产业生态，是指多个产业主体之间依存共生的多维度生态系统。类似自然生态系统，如湖泊生态系统中，水草既为鱼群提供食物，又滋养微生物、净化湖水，而湖水在为动植物提供生存空间的同时，又需要动植物参与湖水的净化。在整个产业生态系统中，各组成部分都有多向的依赖和影响关系，既分享利益，又共担风险。

数字时代的产业生态，产业链的垂直整合日益加速，产业生态竞争的关键点已从单纯的产品和技术竞争演变为产业生态体系的协同性竞争。GE、IBM、西门子、SAP、海尔公司等龙头企业，都在制造领域打造出了自己的产业生态体系，创造了巨大的新生态的商业价值。

DRP 平台以数据为纽带，支撑产业生态的一体化发展战略。企业通过 DRP 可以利用无所不在的网络面向所有客户整合所有的资源。市场、产品和服务的空间距离被缩短，原有的竞争逻辑被打破。企业之间的竞争正在从产品之间的竞争演变成供应链之间的竞争和产业生态系统之间的竞争。企业不再只关注自身产品和服务的性价比，而是更多地关注产业链的掌控能力，以及商业生态系统的构建和孵育能力。供应链协作、网络组织、虚拟企业、国际战略联盟等企业合作形式也应运而生，产业生态平台的竞争已经成为企业竞争的关键。

1. 基于 DRP 的平台经济范式

正如第 2 章讨论过的，互联网时代推动了平台经济的发展，DRP 针对的就是产业互联网平台，DRP 通过对平台数据的可信化管理，释放产业生态内的数据要素价值，同时对企业业务的数字化转型进行全面支持。例如，携程网通过机票服务创造了和顾客的深度联系，但是随着人们对于商务和旅游的要求越来越高，原有的机票服务已经不能满足人们的需求。为了获得更大的竞争优势，携程与其他服务供应商合作，打通相关数据，构建了一个在线旅游综合服务平台，整合了机票、酒店、出行、旅行管理、会议旅游等服务，成为一家在线旅游数据服务集成供应商，打造了基于数据资源整合的平台经济新范式。

2. DRP 支撑的产业生态系统

产业生态系统颠覆了传统价值链、供应链、生产链、物资链、人才链的运营理念，它不仅包括供应商、经销商、外包服务公司、关键技术提供商和互补与替代产品制造商，还要统筹考虑竞争对手、客户、监管机构、媒体等在内的企业利益相关者。一般而言，产业生态系统的形成可以由核心企业发起，通过控制核心资源，如资金、技术、流量等，吸引其他企业共同参与形成。产业生态系统也可以由若干家企业自发联合，通过打通上下游产业链上的数据，创建强有力的协同机制，从而带动更多企业参与产业生态系统。例如，腾讯集团拥有海量的社交平台数据，它通过投资等商业行为，控股或参股了上百家企业，这些企业围绕着腾讯的社交数据，形成了一个完整的产业生态系统。再如，义乌小商品城整合了大量从事小商品生产的企业，在政府的引导下，通过数据打通形成了一个独特的小商品产业生态系统。

15.2.2　产业生态的发展历程——以建筑产业为例

随着数字技术的引入和普及，建筑行业也开始数字化转型，向着数字产业生态的方向发展。近年来，建筑产业生态经历了从项目数字化到企业数字化，再到产业数字化、生态化的转变过程，这一过程充分体现了产业数据资源从缺乏到丰富、从孤立到连通的发展过程。

建筑信息模型（Building Information Modeling，BIM）技术是建筑产业的数字模型技术的代表，是建筑行业数字化转型和产业生态构建的关键基础技术。BIM 技术应用贯穿建筑项目的全生命周期，是实现全组织、全流程、全要素管理的基础。通过应用 BIM 技术可以实现项目各阶段信息的集成与共享，减少信息传递层次，降低信息失真率，有效实现项目各参与方之间的协同管理。

建筑行业产业数字化历程可以分为三个阶段（如图 15-3 所示）。

产业数字化

基于BIM、GIS、ERP、IoT等数字技术的产业互联网

企业数字化

基于BIM与ERP系统的项目管理与企业管理数字化

项目数字化

基于BIM的项目生产与管理环节数字化

图 15-3　建筑行业产业数字化发展的三个阶段

第一阶段为项目数字化。该阶段的基本特征是基于 BIM 的项目生产与管理环节数字化。项目数字化阶段的建设内容包括：提高生产指挥能力、提升精益化项目管理能力、建设智慧工地等。

第二阶段为企业数字化。该阶段的基本特征是基于 BIM 与 ERP 系统的项目管理与企业管理数字化。企业数字化阶段的建设内容包括：提升战略绩效管控能力、建设全面预算管理能力、加强一体化建造能力提升、提供特色业务服务等。

第三阶段为产业数字化。该阶段的基本特征是基于 BIM、GIS、ERP、IoT 等数字技术构建建筑行业产业互联网。在产业数字化阶段，建筑行业中的各企业依托数字化平台生态系统，对建筑行业产业链上下游企业的业务流、信息流、数据流等进行一体化和智能化管理。

15.2.3 DRP 支持的产业生态创新

产业生态的创新是基于数据资源的共享与开发进行的，这就使得数据资源规划工作变得极为重要。DRP 系统不仅是企业管理、开发数据的工具，更是产业生态中串联起各个企业，实现数据共享、信用重塑、能力复用、价值融合的重要平台。DRP 系统支持的产业生态创新包括如下四种平台。

打造产品平台。企业需打破原有产品的经营理念，产品不再只是物理产品，而要围绕用户需求不断进行数字化升级，围绕既有的物理功能进行体系化扩展，使产品成为搭载更多数据服务功能的载体。比如，海尔智能冰箱不仅可以用来储存食物，还有在线购物、百科问答、生活小常识、信息咨询、语音留言等功能，冰箱的平台化可以满足客户购物、搜索等多样化需求。

打造企业平台。企业突破原有的边界限制，通过整合全球资源来构建一个数字化商业生态系统，从而帮助企业实现数字化战略目标。如海尔集团强调对企业生态平台的经营，海尔集团每个员工都可以在这个平台上进行内部创业，使生态平台的规模逐渐扩大、数据积累日益增加、创新方法越发多样。

打造人力资源平台。随着智慧人口红利时代的到来，人力资源的价值不断提升，把企业所有人力资源连接在一起，形成人力资源平台的意义越发显著。人力资源平台将充分发掘现代知识型人才的个人价值潜力，让企业员工不再是单一岗位的工作者，而是成为可以拥有更多资源，为公司创造多种效益的合作伙伴。不少知识密集型企业，如 3M 公司，在其研发中心，新产品发明和新技术应用都是在员工的自由时间产生的。在这些企业里，员工利用工作时间之外的自由时间来完成自己想做的创新工作，人力资源平台要同样承认和管理这些工作所带来的价值。

打造用户平台。基于产业生态中的丰富数据，用户平台可以充分挖掘用户的潜在需求，为用户定制与产品相关的生活、工作新模式。DRP 系统为产业生态带来了高质量的产业大数据，企业通过对这些数据的挖掘分析，获得用户多样化需求信息，实现产品和服务的精准开发、精准营销。例如，数字汽车企业在用户购车之后，可以把用户连接在一起，形成用户平台，以支撑用户及其社交伙伴对出行的多样化需求。通过对平台用户行为数据的深入分析，可以进一步延伸服务到个性化保险等金融领域，更全面满足客户需求。

通过四个平台的构建，产业互联网平台体系就具备了基础功能。在此基础上，平台企业可以进一步创新数字化商业模式、实现数字化转型。一般而言，产业生态的数字化转型可以分为三个阶段。

产业数字信用体系建设阶段。基于 DRP 的产业生态数字化转型的第一步，就是要构建基于数据互联互通的产业数字信用体系。DRP 应用区块链、云计算、大数据、人工智能等技术，对产业生态内的静态数据，如客户数据、产品数据等，以及动态数据，如交易过程、管理流程等，进行客观、准确、公平、安全地记录，并基于这些可信数据建立产业数字信用体系，从而为产业生态后续所有的数字服务创新奠定坚实的信用基础。

数据服务模式创新阶段。建立了产业数字信用体系后，产业数据的价值就有了充分保障，产业生态内的各企业就可以进行数据服务模式的大量创新。例如在建筑行业，首先在设计端会出现各种基于虚拟现实技术的设计手段，BIM、CIM 的范围将会进一步延展，并产生大量的可以上市交易的设计数据资产；其次在采购环节会出现各种类型的集中采购平台，并推动材料供应企业提供支持物联网服务的产品；最后在施工端也会应用物联网、虚拟现实等技术手段，培育一批相关数据服务企业。

数实融合运营模式建立阶段。随着数据服务深度的不断增加，产业生态的数字空间逐渐完善，产业生态进入了数字空间与实体空间融合运营的阶段。以建筑施工产业为例，此阶段的施工企业建设的不只是实体空间，也包括数字空间，并围绕数字空间的需求提供相应的服务，从而开创建筑产业的的数实融合运营模式。

15.3 小结 >>

DRP 用数据串联起了整个产业链乃至产业生态，如果说 ERP 是以企业为单位进行的，那么 DRP 就是以产业链、产业生态为单位进行的。产业链分析和产业生态分析，也就成为 DRP 的重要工具。本章立足于这两个分析方法，探讨如何应用 DRP 进行产业链分析和产业生态重塑，进而探讨产业链、产业生态的数字化转型基本思路。随着 DRP 系统的进一步完善，在产业链和产业生态层面还会涌现更多的创新思路和服务模式。

本章案例 //////

云南建投在项目管理平台建设的基础上，基于 DRP 理念，以数据为纽带，打通集团"云上营家"招采平台、主数据系统，构建供应商 PC 端、移动端统一门户，将供应商纳入公司项目管理生态体系，从供应商注册、准入审批，到合格供应商名录、黑名单管理，再到供应链招采管理、供应商合同签订、合同过程履约、供应商对账结算、考核评价等全产业链的协同管理，形成供应链全生命周期协同一体化，将供应商纳入企业项目管理生态，提高供应链招采、供应商合同履约管理质量与效率。

供应商生态协同管理包括"注册准入协同""招标采购协同""合同签订协同""合同履约协同""对账结算协同""考核评价协同"等。

注册准入协同。供应商通过供应商门户注册账号并完善企业信息，发起准入申请，审批单位经办人员通过项目管理平台进行准入审批，审批通过的供应商进入合格供应商库，同时同步推送到主数据系统，并分发给其他业务系统、同步到招采平台允许参与招标采购。

招标采购协同。招标采购申请从项目管理平台推送到招采平台并形成招标公告，招标公告发布后供应商通过供应商门户查看招标公告信息，并发起投标报名、资格审查，上传投标文件进行投标。一旦招标结束，可以通过供应商门户查看中标信息。同时，中标结果从招采平台推送到项目管理平台，作为项目管理平台合同签订的依据。

合同签订协同。项目管理平台中内置各类支出合同文本模板，可以自动生成各类规范化合同文本。合同审批结束后，合同文本会推送到电子签章平台，供应商通过门户进入电子签章平台进行线上签章，双方签章结束后合同生效，自动生成合同台账，作为后续合同履约的依据。

合同履约协同。合同履约过程中，针对材料供应类合同，通过项目管理平台向供应商发送采购要货单，供应商通过终端进行供货确认，货物运抵现场后，可以无人值守自动称重，生成称重流水并推送生成材料入库单，实现供货过程协同。

对账结算协同。合同月度对账确认或最终结算时，项目管理人员发起合同计量对账单确认，推送至供应商门户，供应商收到对账确认单后进行线上对账确认，双方对账确认后，按项目管理平台内置计量结果打印模板生成对账结算文件，并推送至电子签章平台，双方线上进行电子签章。

考核评价协同。建立供应商考核评价体系，根据合同履约情况对供应商进行量化考核评价，评价结果推送至供应商门户，供应商可以对考核扣分项进行申诉。针对考核评价，不合格的供应商会被推送到黑名单管理平台，进入黑名单的供应商不允许再参与投标。

第五篇 ║ 如何实施DRP

┃**开篇案例**┃

阿里巴巴集团于 2012 年开始在集团管理层面设立首席数据官（Chief Data Officer，CDO）岗位，负责全面推进阿里巴巴集团成为"数据分享平台"的战略，积极推进支持集团各事业群的数据业务发展。由此使阿里巴巴集团成为中国第一家设立 CDO 岗位的企业。

在阿里巴巴集团内部，"将阿里巴巴集团变成一家真正意义上的数据公司"是战略共识，而支付宝、淘宝、阿里金融、B2B 的数据都是这个巨大的数据分享平台的一部分。如何挖掘、分析和运用这些数据，并和全社会分享，则是这个战略的核心所在。

阿里巴巴集团一直在针对业务和数据的集成做持续的摸索：有"共享业务事业部"帮助各业务融入整个阿里巴巴集团产业生态，也有"数据平台部"开始用海量的数据来进行千人千面的智能化推荐等。2015 年推出"大中台小前台"战略，2019 年颁布"新六脉神剑"，2020 年倡行打造敏捷组织，推行经营责任制，直至 2023 年展开了"1+6+N"的剧烈组织变革。

第 16 章 实施 DRP 的准备工作

DRP 的实施需要考虑数据要素市场的基本特征，以产业链为单位进行推动。这要求链上各企业具有对数字经济的深刻理解和对产业生态的全面把握，在前期做周密而科学的准备。DRP 的准备工作是一个自下而上与自上而下相结合的过程，企业要基于产业链和企业的自身条件进行数据治理诊断和需求分析，以此进行 DRP 的战略规划和组织调整，并从人员和技术两方面进行充分准备。

16.1 战略规划 >>

DRP 的部署是一项触及企业灵魂的系统工程，是企业利用数字生产力，面向数据要素市场实现数字化转型的战略重构，其核心是激活数据要素，把数据资源融入企业经营的每个方面。基于数据资源，传统产业的生产资料得以丰富，产品内涵将突破实体空间进入数字空间，并引起企业商业模式的革命性改变。在 DRP 的支撑下，企业运营的底层逻辑发生了重大变化，这种变化可以概括为三方面：以数据要素为新生产资料，以数字空间为新发展领域，以数据资产为新价值源泉。DRP 的实施需要紧扣企业运营逻辑的变化，明确其在企业发展中的战略定位，通过分析现状和识别风险，制定详细可行的战略规划。

16.1.1 DRP 的战略定位

1. DRP 赋能企业管理利用数据要素

数据要素作为新生产资料已经渗透到企业发展的全生命周期中，并改变着企业运营的全过程。第一，数据参与创新。在拥有了市场端和生产过程的海量数据之后，企业的创新方式会发生根本性转变，开放式创新会逐渐成为企业创新的主要模式；第二，数据参与设计。数据成为产品和服务的重要组成部分，设计产品必须要充分考虑数据运营的需要；第三，数据参与生产。基于生产过程数据的收集和贯通，可以优化生产流程、提高生产效率和产品质量；第四，数据参与流通。流通过程因为数据而发生革命性变化，线上线下相融合、企业与顾客相融合，使得市场机制发生改变，进而改变企业市场推广的方式；第五，数据参与服务。建立在大数据基础上的客户服务模式，能够充分调动客户的参与性，并形成社区型客户服务模型。

企业部署 DRP，就是要推动数据在企业内外快速、准确、安全、可信地流动，并在流动中通过不断创造新的数据，创造企业新的价值，这也是数据生产资料与其他传统生产资料最大的不同之处。

2. DRP 协助企业以数字空间为新发展领域

数字空间是基于新一代信息技术、下一代互联网（Web 3.0）和数据要素打造的数字化新发展空间。数字经济时代企业将存在于实体和数字两个空间中，数字空间和实体空间的紧密融合，将为企业数字化转型创造创新、增值、高效的新发展领域。数字空间是实体空间的映射，而在数字空间所产生的财富将反哺实体空间，为企业降本增效、创造新价值。在创新层面，数字空间帮助企业从研发、设计到生产全链条实现仿真模拟，在时间和空间维度上节省大量成本；在人才层面，数字空间突破了实体空间的种种制约，可以在虚拟世界中汇聚大量高端技术人才，形成无时空、无边界的开源生态；在资金层面，企业在开发数字空间过程中产生的种种数据可以变成有价值的数据资产，通过在数据要素市场实现资产变现反哺企业。

DRP 的实施就是要协助企业充分开发数字空间，实现数实融合，从而提升企业的研发、设计、制造、营销、协同等能力，进而推动企业及整个产业链的转型升级，实现产业基础高级化、产业链现代化。

3. DRP 支持企业以数据资产为新价值源泉

随着数据的确权、成本及价值的可靠计量等问题被逐步解决，从 2024 年起数据资产开始直接体现在企业的财务报表中，并形成新的资产管理规则。各地也开始探索数据资产金融服务的创新模式，如数据资产质押融资、数据资产保险、数据资产担保、数据资产证券化等。由此可见，企业所掌握的数据资产的规模、数据鲜活程度，以及采集、分析、处理、挖掘数据的能力决定了企业未来的核心竞争力。DRP 的核心功能之一就是帮助企业梳理数据资源、封装数据资产、建立数据要素的流通与交易机制，确保企业具备先进的数据资产开发能力及运营水平，并在数据平台基础上重塑企业的商业模式。

16.1.2 战略规划内容与方法

在明确了 DRP 战略定位之后，企业需要对自身及产业链的数据资源现状进行全面评估。这种评估要面向制度、组织、价值、技术等多个维度对企业的 DRP 工作进行全面分析，并将评估结果作为规划基线，指导 DRP 数据战略规划的制定。

1. 摸清产业生态的数据现状及数据需求

DRP 支持的数据资源规划工作面向的是产业生态中的数据要素市场。这要求企业在准备阶段要全面调研产业生态内的数据需求、数据供给、数据流通等情况，并和产业链上下游企业紧密沟通，了解彼此在数字化转型过程中积累的可供分享的数据资源类型，以及亟须从数据要素市场获得的数据产品类型。企业还需了解产业链上各企业数字平台技术路线及数据接口情况，为下一步 DRP 实施过程中数据流通交易机制以及信用机制的设计建立基础。

2. 梳理企业现有数据资源及数据管理现状

企业需要对自身的数据资源进行全面的梳理和分类，整合内部各信息系统及数据平台产生的数据，了解各种数据的来源、类型、规模以及使用情况。企业要从业务流程和数据应用的视角出发，完善包含业务属性、管理属性、价值属性的数据资源信息，形成数据资源地图，为后续的数据资产开发提供基础。

企业还需要对现有数据资源管理的各个环节进行深入分析，包括数据的收集、存储、处理、分析和利用等方面，由此发现现有管理体系中存在的如数据质量不高、数据处理效率低下、数据分析能力不足等问题和瓶颈。

3. 收集各部门对内部数据资源及外部数据产品的需求

DRP 需要从数据流出发，以全局视角贯穿整个业务链的协同运营，这要求企业在准备阶段与各部门进行深入沟通，了解他们对数据资源的需求和期望。不同部门对数据的需求存在差异，有些可以通过打破企业数据孤岛调用内部数据资源解决，有些则需要对接产业生态数据要素市场，从企业外部以数据产品的形式获得。通过评估各部门的需求，企业可以确保后续的数据资源规划工作更加贴近实际业务场景和需求。

4. 识别主要挑战和风险

在现状分析和需求评估的过程中，企业还需要识别出 DRP 实施过程中可能面临的主要挑战和风险。这些挑战和风险可能来自技术、人员、流程、市场等多方面。通过提前识别和评估这些挑战和风险，企业可以在后续的战略规划中制定相应的应对措施和预案。

5. 制定 DRP 战略规划

在完成现状分析和需求评估后，企业可以开始制定具体的 DRP 数据战略规划。这一战略应该基于现状评估，紧密围绕前期设定的 DRP 战略定位来展开，确保各项措施和计划都服务于整体战略的实现。DRP 战略规划应当包含以下几方面。

（1）**数据治理机制**。DRP 支持的企业数据治理机制，是基于企业面向产业链和产业生态上的数据要素开发，而建立的规范企业数据资源全生命周期管理的制度体系。这套制度体系需要包含数据采集标准、数据流通规范、数据资产标准、数据资产管理规则、数据交易规范、数据产品开发规范等内容，以确保数据资产的准确性、有效性、安全性和可信性。

（2）**数据资源利用策略**。为了提高数据的利用效率和价值，企业需要制定数据资源利用策略，利用 DRP 实现不同来源、不同类型数据的整合和共享，促进数据在企业各部门之间的流通和利用。数据资源利用策略还包括企业利用数据进行挖掘分析的目标、方法、工具以及结果的呈现方式等。

（3）**数据资产与数据产品开发策略**。面向数据要素市场设计企业的数据资产与数据产品开发策略是 DRP 战略规划的核心内容之一，主要包括数据资产的生成标准、数据资产封装和登记规则、数据资产的示踪规范、数据资产的定价模型、数据资产的流通交易模式，以及数据资产的收益分配模式等。

（4）**技术创新与人才培养策略**。DRP 是一个不断发展的过程，企业需要关注最新的数字技术发展动态，制定相应的技术创新策略。同时，为了支持 DRP 工作的持续开展，企业还需要加强符合数字经济时代需求的人才培养和引进工作，建立一支具备专业技能的高素质 DRP 团队。

16.2 组织调整 >>

DRP 的部署是深刻关系到企业每一个员工的系统工程。它要求从上到下所有业务模块的员工重新认识数据，理解数据，利用数据，管理数据。因此，建立全方位、跨部门、跨层级的开放式 DRP 组织架构，是实施企业级统一化、专业化数据资源规划的基础，也是将规划责任落实的保障。

16.2.1 DRP 的组织架构调整

企业实施 DRP 的组织架构调整目标是通过企业内的数据可信共享，打破原有的层级化、职能化组织模式，实现社交化、扁平化透明可信的企业组织方式。这种全新的组织架构使得企业可以打破原有部门界限，最大限度地释放每个劳动者的工作潜力。

组织架构调整不是一蹴而就的，而是随着 DRP 实施的逐渐深入而逐步推进的。在 DRP 的准备阶段及部署前期，可以通过联邦式的组织模式调动所有业务部门参与其中，从而让大部分员工加入 DRP 的运行实践中。

如图 16-1 所示，联邦式 DRP 组织架构按职能和流程进行横向与纵向的划分。在企业设立 DRP 委员会，承接企业数据战略，确立企业 DRP 的愿景和目标，指明企业 DRP 策略，明确相关部门职责，从战略层面把控 DRP 实施的意义与价值。

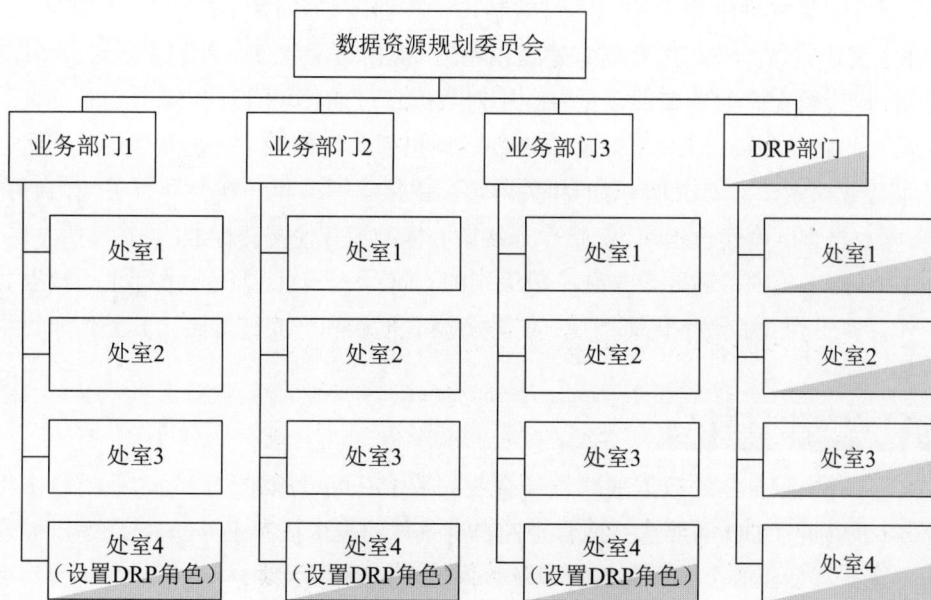

图 16-1 联邦式 DRP 组织示例

企业设置 DRP 部门或办公室作为专职负责 DRP 的日常运作和团队管理的机构，为企业 DRP 的执行、监督和管理提供支持。DRP 部门定期对 DRP 的相关工作进行沟通，对非重大问题进行审议、决策，推进 DRP 工作顺利开展。

执行层面，企业在各业务单元设置专门的 DRP 组织或角色，按照 DRP 部门的要求，具体负责本业务领域 DRP 工作。

联邦式 DRP 组织模式中业务部门的自主性和参与度高，DRP 工作和各业务线紧密融合，较好实现横向协调与组织，执行效率高。由于场景化的数据资产应用越发普遍，从业务端构建 DRP 团队将有助于理解业务的数据需求，使数据直接服务于业务，大幅提升了数据价值的时效性。

16.2.2　建立 CDO 制度

首席数据官（Chief Data Officer，CDO）的发展历史可以追溯到 21 世纪初。美国的一些公司，如 Capital One 和雅虎公司，是最早设立 CDO 职位的企业。在这些企业中，CDO 主要负责制定公司整体数据战略，构建数据政策和系统，以及管理公司数据资产和数据基础设施建设等工作。随着大数据、云计算、人工智能等技术的快速发展，数据规模和应用的爆发式增长，CDO 的角色逐渐受到更多企业的重视。在 DRP 的部署过程中，CDO 在决策层起着关键作用。

在以数据为关键要素的数字经济蓬勃发展的情况下，从 2021 年开始，国内多个省份和地市发布了企业 CDO 制度建设指南。2021 年 6 月发布的《江苏省企业首席数据官制度建设指南（试行）》，提出企业应依据自身特点和需要，将 CDO 制度的基本内容写入企业章程或列入企业管理制度中，赋予 CDO 对企业重大事务的知情权、参与权和决策权，并为 CDO 履行职责提供组织机构、人员编制、资金保障等各种必要条件。广东于 2022 年 8 月发布了《广东省企业首席数据官建设指南》，提出鼓励具备条件的企业设立 CDO。并要求 CDO 应设置在企业决策层，是企业中对数据资产的使用管理和安全全面负责的高层管理人员。此后，北京、上海、山东、浙江等地也都在其数字经济发展规划或实施方案中提出了推行或探索建立 CDO 制度的相关内容。中国工信部也正在会同有关部门研究制定《企业首席数据官制度建设指南》，指导开展核心标准和其他配套标准的制定。

在 DRP 的实施中，需要设立副总裁级别的 CDO，配合主要领导进行企业数据要素的开发工作，负责企业的数字化转型规划、业务模式创新和产业链重塑。其具体职责主要包括以下几方面。

1. 数字基础设施建设

CDO 负责按照企业的数据战略领导企业的数字基础设施建设，为企业的数字化转型奠定坚实的基础。CDO 需要选择适合企业自身条件的技术栈和工具，建立企业的数据云、数据链，为数据资源的全生命周期管理及数据资产化提供可信技术底座，并确保数字基础设施的高效性、可扩展性和安全性。

2. 资产数据化与数据资产化

作为企业数据资产的主要负责人，CDO 需要建立和维护一个高效、安全的数据资产管理体系，包括数据资源的清洗整理、数据资产的生成、数据资产的封装和登记、数据资产的跟踪、数据资产的定价模型、数据资产的流通交易智能合约，以及数据资产的收益分配模式等。CDO 还负责将企业自身的有形和无形资产进行客观、实时地采集，实现资产的数据化，形成企业基础可信的数据体系。

3. 数据资产流通与交易

CDO 需要积极探索并制定企业参与数据要素市场的策略，明确企业数据资产的价值定位，并选择适合的交易模式。通过设计灵活的交易方案和数据服务模式，CDO 要确保企业数据资产在市场中实现最高的价值。CDO 还需确保数据在交易过程中的合规性及安全性，避免敏感信息泄露，确保企业核心数据资产的安全。

4. 产业链数据服务

CDO 作为企业面向产业生态数据链的接口人，负责协调上下游企业共同建立产业生态可信机制，建设数字基础设施，从而推动整个产业链的数字化改造，实现全链协同发展和效率提升。

16.3 人员培训 >>

企业的 DRP 工作是每个员工都要投入其中的重要战略部署，因此企业在实施 DRP 的准备阶段需要建立共同目标和共享愿景，将数字化转型和 DRP 的实施从领导想做、个别部门要做，转化成企业必须做、大家一起做，通过人员培训达成企业全员共识。

16.3.1 企业的全员数据共识

企业基于 DRP 进行数据资源管理涉及人、财、物各个系统，与所有业务部门都紧密关联。DRP 工作一旦启动，企业全体人员都要紧密配合且参与其中，所有部门不仅是 DRP 系统的使用者，更是 DRP 建设的共创者。如果企业上下不能达成共识，实现有效的 DRP 系统部署就犹如空中楼阁。

共识即趋势，共识的方向就是阻力最小的方向。DRP 的实施对于企业来说是一场彻底的变革，企业一旦制定了 DRP 战略，全体员工必须充分沟通、达成共识才有可能实现 DRP 的战略目标，完成组织调整，实现流程再造。DRP 实施的难易度，并不完全受企业规模大小的影响，更关键取决于企业上下能否在数字化转型及数据资源利用上达成共识。数字化战略的落地不是靠企业负责人设计出来的，而是靠企业上下所有员工一起分工合作建设出来的。在时间紧迫、资源有限的情况下，企业必须避免在 DRP 实施过程中各部门各自为政、重复建设，必须做到全员联动，集聚所有力量，才能将数字化战略目标落地，成功完成 DRP 的部署。

具体而言，企业的全员数据共识应当包含以下几方面。

1. 数据的企业核心资产定位

首先，企业全员需要明确数据是企业核心资产，与传统的物质资产和金融资产具有同等甚至更高的价值。员工需要深刻理解企业的数字战略，明确数据作为新生产要素、数字空间作为新发展领域以及数据资产作为新价值源泉的重要意义。全体员工要准备好在实际工作的具体业务中，面向产业生态的数据需求，发现数据价值、收集数据资源、积累数据资产，为 DRP 的实施做好准备。

2. 开放共享的数据文化

为了实现数据资源的价值最大化，企业需要培养开放共享的数据文化。企业要塑造开放的工作氛围和组织架构，让全体员工理解数据的开放共享对企业及产业生态的重大战略意义，从而实现对内打破数据孤岛和信息壁垒，对外促进整个产业链的协同发展和价值提升。

3. 数据驱动的决策机制

企业需要推动数据驱动的决策机制，使数据成为决策的重要依据。这要求企业培养员工的数据意识和专业技能，鼓励员工在日常工作中积极运用数据，形成全员参与的数据资产开发利用的氛围，充分利用数据分析结果，确保各级决策的科学性和有效性。

4. 数据合规与隐私保护意识

在管理和利用数据资源的过程中，企业全员需要注重数据的合规性和隐私保护。企业需要指导员工遵守相关法律法规和行业规范，确保数据的合法获取和使用，采取有效的技术手段和管理措施保护客户隐私和企业商业机密，防止数据泄露和滥用事件的发生。

综上所述，企业在 DRP 实施的准备阶段需要对于 DRP 的战略及数据资产的价值等形成多方面的共识，这些共识将指导企业在 DRP 实践中有效地管理和运用数据资源，推动企业的数字化转型和升级发展，在数字空间内创造新的价值。同时，这些共识也将为企业应对未来市场变化和技术挑战提供坚实的思想基础和组织保障。

16.3.2 人员培训的内容与方法

1. 明确培训目标和对象

此阶段的培训目标应聚焦于提升员工对数据资源的理解和 DRP 的专业技能，使其能够熟练掌握数据的收集、整理、分析、利用和保护等关键能力。同时，培训还应致力于增强员工对组织结构调整的理解，以便在实际工作中更好地适应和融入。此外，开放共享的团队协作意识和问题解决能力也是培训的重要目标，在 DRP 支持的开放式架构下，各部门间的紧密协作对于数据资源的高效管理和利用至关重要。

培训对象应尽可能涵盖企业全部人员。首先是直接负责 DRP 的管理及执行人员，作为 DRP 实施的中坚力量，他们需要全面而深入地掌握从数据收集、存储到封装、流通交易的相关知识和技能。其次是管理层人员,对管理层人员的培训至关重要,通过培训让他们认识到 DRP 的重要性,从而在战略层面给予更多的支持和关注。对于原有的 IT 技术人员,他们将在技术支持和保障方面扮演关键角色,因此也亟须接受相应的培训以提升其在数据资源管理方面的专业素养。此外,业务部门的大量工作人员在数据收集和利用的最前线,需要完整了解 DRP 的方法及架构,以便更好地将业务需求与数据资源相结合。通过这样全面而系统的培训安排,企业可以有效地提升整个团队在数据资源规划方面的专业素养和综合能力,为下一步 DRP 的实际部署奠定坚实的基础。

2. 建立分层次、有针对性的培训机制

企业需要综合考虑员工的数据素养现状、岗位需求以及企业的数据战略目标,从而构建出一个系统化、多层次的培训体系。首先,企业需要对员工进行数据素养的评估,以确定不同员工在 DRP 方面的知识储备和实操能力,依此将员工划分为不同的层次,如初学者、熟练者和专家。

对于初学者,培训的重点应放在基本的数据意识和数据开发利用能力,通过案例分析、模拟演练等方式,让员工在实际操作中加深对 DRP 的理解和应用。

在熟练者层次,员工已经具备了一定的 DRP 基础,能够处理常规的数据资源相关任务。针对这一层次的员工,培训应更加注重提升他们的产业链视角和解决数据资产开发过程中出现的各种问题的能力。

对于专家层次,这些员工在日常工作中已经具有较高的 DRP 专业素养和实践经验。对他们的培训,应更加注重创新能力、领导力及产业生态视野的培养。可以为他们提供项目管理、团队领导等方面的培训,以便他们能够更好地带领团队解决复杂的数据资源利用及数据资产开发的问题。

3. 持续优化和更新培训内容

随着数字化技术的不断发展和企业业务需求的变化,培训内容也需要持续优化和更新。企业应定期评估培训效果,收集员工的反馈意见,并根据实际情况调整和完善培训内容。同时,企业需要密切关注产业链整体数据资源规划的最新动态和趋势,及时调整培训内容,以保证员工能够跟上产业升级的步伐。此外,还要建立持续学习机制和定期评估反馈系统,鼓励员工自主学习,并对培训效果进行实时跟踪和调整。

通过以上这些措施的综合运用,企业能够不断优化和更新 DRP 的培训内容,提升员工的专业素养,为 DRP 的部署实施和长期运行提供坚实的人才保障。

16.4 技术准备 >>

在第二篇介绍了 DRP 的技术基础并根据数据资源的生命周期搭建了 DRP 的技术框架。在 DRP 实施准备阶段,企业尚不具备完整的数据治理能力,也还没有接入产业链的数字基础设施平台,此时企业需要从这两方面着手进行细致的技术准备。

16.4.1 面向数据治理的技术准备

企业需要迅速增强收集、处理、利用企业内部数据的能力，通过从数据存储、数据集成与互操作、数据质量管理、数据安全与隐私保护、数据分析与可视化等多方面进行技术准备，练好内功为下一步 DRP 的实施做好准备。

1. 数据存储技术

数据存储技术提供了存储、处理和管理数据的基本环境，是管理利用数据资源的基石。企业需要建设坚实的数据存储基础设施，包括数据仓库和数据湖。数据仓库用于存储结构化数据，支持高效的查询和分析；数据湖则适合存储海量的非结构化和半结构化数据，支持大数据处理和高级分析。此外，企业需要选择适合的大数据平台（如 Hadoop、Spark）以支持大数据处理、配置和优化关系数据库，确保数据能够高效存储和快速访问。这些数据库需要具备高可用性和扩展性，以满足企业不断增长的数据需求。

2. 数据集成与互操作技术

数据集成与互操作能力是实现数据资源统一管理和共享的基础。企业需要使用抽取、转换、加载（Extract，Transform，Load，ETL）工具进行数据处理，确保不同来源的数据能够集成到一起。同时，企业需要规划 API 管理平台，以便不同系统之间能够进行数据交换和互操作，确保数据流畅传递。此外，企业可以根据自身需要，建设数据中台作为数据的统一处理平台以整合来自各业务系统的数据，提供标准化的数据服务和接口。

3. 数据质量管理技术

利用数据质量管理技术确保数据的准确性、一致性和完整性对于 DRP 的实施至关重要。企业需要使用数据清洗工具对数据进行清洗，去除重复和错误数据；利用数据质量监控工具检测异常数据，提供数据质量报告和修复建议；使用元数据管理工具管理和维护元数据信息，确保数据的可追溯性和可理解性，提供数据的详细描述和使用记录，帮助企业更好地管理数据资产。

4. 数据安全与隐私保护技术

确保数据在存储、传输和使用过程中的安全性和合规性是基于 DRP 数据治理中的重要保障。企业需要对敏感数据进行加密或脱敏处理，确保数据在传输和存储过程中不被未授权访问。加密技术包括静态数据加密和传输数据加密，能够有效防止数据泄露和窃取。数据脱敏技术能够在不影响数据分析的前提下，保护敏感信息的隐私。此外，合规管理工具可以帮助企业管理数据隐私和合规性事务，确保符合相关法律法规要求（如 GDPR、CCPA），避免法律风险。

5. 数据分析与可视化技术

数据分析与可视化技术能够帮助企业从数据中提取有价值的信息支持业务决策和优化，是企业利用数据资源的重要手段。企业需要选择合适的数据分析工具（如 Tableau、

Power BI、QlikView），实现多维度数据分析和挖掘；配置数据可视化工具（如 D3.js、Plotly），利用直观的图表和仪表盘，帮助企业决策者快速理解数据和洞察业务趋势。

16.4.2 面向产业生态和数据要素市场的技术准备

企业在 DRP 实施前期除了要针对企业内部数据治理进行技术准备，更要面向产业生态和数据要素市场进行必要的技术投入，以实现对未来数据资产的封装、登记、示踪、交易等功能，达成 DRP 的战略目标。

1. 数据资产封装与登记技术

数据资产封装与登记技术是实现数据资产化的基础。数据封装技术通过将数据标准化和模块化，将其转换为可以流通的资产单位，使数据更加适合在数据要素市场中流通。数据登记技术则是将数据的基本信息及所有权信息注册在可信的登记系统中，以实现对数据资产的流转过程进行管理。其中，区块链技术具有分布式账本和不可篡改的特性，常被用作数据登记的底层技术。在区块链上，将数据的所有权和流转记录加密存储，使数据在交易过程中既可追溯又透明。

2. 数据示踪技术

数据示踪技术可以确保数据资产在交易和流通过程中的每一步流转都可被追溯。数据示踪技术通过记录数据的访问、交易、修改等行为，构建完整的数据流通链条。这对数据要素市场中的数据可信流通和合规管理至关重要。区块链的不可篡改性和去中心化特性使其成为数据示踪的理想技术。通过区块链，将数据的每一次交易、修改、访问记录在区块链上，使所有节点都可查看数据的完整流通记录。数据水印技术可以将唯一标识嵌入数据内容中，例如通过数字水印标记数据的归属和流通信息。当数据在要素市场中流通时，即使被复制或修改，也能通过水印技术验证数据来源和所有权，保障数据资产的安全性。

3. 智能合约技术

智能合约是提升数据要素市场中数据交易效率的关键技术，能够在数据交易中实现自动化、无缝的交易和结算。智能合约基于区块链技术，支持预定义的交易规则，一旦满足合约即自动执行，极大地提高了交易的安全性和可靠性。智能合约能够实现数据使用控制和收益结算，特别适合数据租赁或按需定价的场景。通过设定合约规则，智能合约可以控制数据使用次数、访问时间，确保使用者在授权期限内合法使用数据，并在交易完成后自动将收益支付给数据提供方。

16.5 小结 >>

企业要想成功实施 DRP，需要在前期做周密的准备工作。首先决策层要进行战略规划，找准 DRP 在企业中的定位，这需要企业对其发展领域、价值来源有全新的思考。

DRP 会对企业组织结构和人员素养带来前所未有的要求：联邦式 DRP 组织架构、CDO 职位的设立、企业上下数据共识的缔结。此外，企业还需要做全面的技术准备，包括针对内部数据治理及面向数据要素市场等方面的技术布局，这些决定了下一阶段 DRP 能否顺利实施。

本章案例 ///////

上海建工集团于 2018 年启动了数字化转型专项工程，以助力公司提高科学决策能力、管控能力、创新发展能力、风险防控能力，提升上海建工集团现代化管理水平。上海建工集团在确立数字化转型战略规划后，并没有仓促上马，而是进行了详尽周密的准备工作，并于 2019 年 7 月开始筹建羿云科技有限公司。羿云科技公司是上海建工集团在数字化转型战略指导下，以"信息统一、数据集成、软件开发、后期运维"为建设任务所成立的集团二级企业，是集团涉足信息技术服务业，打造行业数字化的重要一步。

在数字经济的大背景下，企业的自主创新已不再局限于简单的软件国产化替代，数字化不仅是技术更新，还是经营理念、战略、组织、运营等全方位的变革。国资企业通常规模大，下属企业众多，但部分国企的数字化转型依然停留在部分部门或者业务上。这就需要打破固有的体制机制阻碍，做好顶层设计，实现战略性、整体性、规范性、协同性、安全性和一体化建设。有效地实现数据融合、制度融合，破除信息孤岛、数据壁垒，逐步实现数据有效的开放共享，需要以全新的思路和应用，将数智化与信创化进行深度融合，形成中国企业独特的价值替代，以此助推央企国企的稳健发展。上海建工集团羿云科技有限公司成立的定位和使命为以协同和数据等联通企业内外业务、人员、运营等，帮助企业破解数智化困局，助推三全战略落地，完成从"业务创新"到"全面重塑"的蝶变，不仅可以外促内，更好地服务上海建工集团产业智能化发展和数字化转型，充分参与市场竞争，形成更具市场竞争力的业务能力，同时还可以内促外，带动上下游产业链供应链和数字经济高质量发展，引领及带动更多国有企业加快数字化转型发展，服务数字中国战略。

项目管理平台作为支撑上海建工集团核心主营业务的核心系统，以项目全生命周期管理、业务管理优化、数据紧密集成为建设目标，逐步建成了以数据为核心，构建"自上而下、上下联动"的穿透式、实时动态管控体系，搭建了集团级、子集团级、工程公司级、项目级的纵向四级看板，通过从看大屏到看风险，从看数据到定行动，通过风险分析，形成专项任务，战略闭环、业务协同、风险管控，帮助企业运营洞察、高质量稳健发展。

第17章 制定 DRP 的实施规划

DRP 的部署实施与信息时代的企业信息化系统有着本质区别：DRP 是以产业链为单位，在考察链上数据资源的一体化运营的基础上，以实现整个产业链的数字化转型升级为目标而进行设计的，这决定了 DRP 的部署实施也必然要基于产业链。在产业链中不同主体充分沟通协调的基础之上，DRP 为链上企业提供了数据要素流通机制和数据资源规划的通用框架，通过对企业实际需求的具体分析，再将企业的个性化特征填充于这个框架之中，从而建立起真正可用的企业 DRP 系统。DRP 的实施是一个庞大而艰巨的系统工程，科学的项目管理方法能够尽可能确保按期、按质、按预算完成系统的实施。

从 DRP 的实践来讲，并没有绝对的法则，因为 DRP 的部署实施需要根据不同行业及企业的自身条件和实际需求量体裁衣因地制宜。但这并不意味着我们无法描述一种相对通用的方法论来应对绝大多数企业面临的共性问题，满足其数据资产化和数据产品化的需求。本章将介绍一种 DRP 部署的通用步骤："产业链协调—数字基础设施建设—数据平台搭建—数据流通交易收益分配机制建立—推广应用"。企业可结合自身情况在各阶段制定合理的实施方案，如图 17-1 所示。

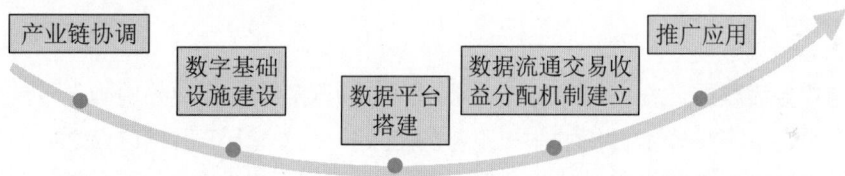

图 17-1 DRP 实施五阶段

17.1 产业链协调 >>

扎实充分的产业链协调是数据资源规划的第一步。DRP 实施的核心目标就是促进数据要素在产业生态内的有效配置，以数据资源为纽带实现产业生态内数据链、交易链、业务链、供应链、供需链、资金链和价值链"七链"的协同融合。

17.1.1 基于产业互联网的产业链协同机制

产业互联网是产业链协调的重要平台。产业互联网致力于通过基于数据的信用机制，实现交易的精准匹配，助推市场价格发现、灵活定价和产销平衡，提高产品经济价值。基于产业互联网的产业链协同机制就是以数据连接为载体，以交易订单为纽带，以业务链重构为基础，以供应商链优化为核心，以供需链连接为导向，以资金链保障为动力，以价值链增长为目标,"七链"协同形成交易、物流、金融和数据四者之间的交互,以"连接、协同、融合、共商、共赢、赋能"为原则,构建"交易＋物流＋金融＋数据"的产业互联网新模式,实现产业结构优化升级。

1. 数据链

以各个要素和各个环节为支点,通过物联网、大数据、区块链等数字技术,从海量数据中采集各要素的关联数据,通过归类、分析和筛选形成高质量数据,将沉淀的数据转化成有价值的数据,通过算法形成高价值数据辅助运营决策,提高运行效率,降低运营成本,建立数据典型应用场景,探索 IPFS＋区块链架构下的新型数据确权、定价和交易。

2. 交易链

交易的流程是从供给端标的物(期现货产品、数据资产、物流服务、金融服务等)到需求方撮合的过程,在种类、品质、数量、时间、价格、物流、交付、结算等主要指标方面,供需双方客户对接形成供需双方认同的交易订单,清晰交易规则,涵盖传统线下交易模式和新型线上交易模式,连接供需,精准匹配,创造价值。

3. 业务链

根据区域产业流通现状及痛点,创新重构"多式联运＋生产性服务"新业务流程,优化调整业务流程要素之间的作业环节,形成"集结＋加工＋仓储＋运输＋分拨＋配送"基本业务链条。

4. 供应链

在重构业务流程的过程中,确定各环节相对应的服务提供商,并明确上下游供应商之间的连接关系,进一步确定责任主体和服务的一致性。这些上下游供应商之间的连接构成一个完整的供应链条,是一个全链路、全流程、全覆盖的闭环系统。

5. 供需链

为供给端和需求端建立一个完整的连接,供给端提供的产品或服务要满足需求端的要求,需求端要准确地反映对产品或服务的诉求,供需链就是让供需之间进行对接,真正实现供给与需求的精准匹配,包括产品指标、运抵时间、稳定交付等,在该链条中要始终保持货物属性和诉求的不变性,线上要准确反映供需匹配,线下要保证按需交付。

6. 资金链

利用时空定位、跟踪溯源、轨迹可视、交叉校验的方法,解决实体货物在流通过程中的不确定性,实现资产穿透和交易验真,建立产业交易信用体系,引入银行及类银行的资金服务,在"主体信用＋交易信用"的保证下,开展以账单、仓单、运单为核心的"区块链＋供应链金融"创新,按照规范的程序进行资金的结算支付,为产业链上的各要素各环节主体提供精准有效的金融赋能和资金支持。

7. 价值链

通过深度加工和精选匹配提高性价比，挖掘和提升原材料或产品本身的价值；寻找并确立以生产服务性产业（加工、运输、仓储、新能源、商贸等产业）为新增长点；确立集约化、规模化的原材料或产品集聚模式，形成规模化的储量，为满足物流集中发运需求、运输能力的充分利用和货流组织提供有力的货源保障；对供应链中的各个环节进行优化和匹配，降低整个链条的综合成本，提升整体价值链的价值水平；通过打造产业全链路、全流程、全覆盖的闭环系统，建立数据典型应用场景，探索数据确权、定价和交易路径，创造数据价值。

数据链、交易链、业务链、供应链、供需链、资金链和价值链"七链"的协同融合将有利于产业交易信用体系的重塑，有力助推产业互联网发展，为 DRP 的顺利实施奠定基础。

17.1.2　针对 DRP 的产业链协调

在企业所在的产业链上，DRP 要能支持链上数据的安全、可信、共享与协同，并基于此形成链上标准业务的智能化自动执行。DRP 通过建立安全可信的共享数据平台，使得企业与供应商、分销商等生态合作伙伴建立固定资产、生产过程、订单、物流等方面的数据协同机制，通过可信的数据协同改变产业链的运营模式，创新产业链上的生产性服务业、金融服务业，创造产业链上更大的数据价值，为所有产业生态伙伴带来新的发展机遇。DRP 在产业链上任何一个环节的缺失，必然导致企业或者产业无法协同整合，所引发的产业内部不均衡以及对外部环境的不适应，都会阻碍产业转型升级。

单一企业所掌握的数据资源及其开发利用数据的能力十分有限，依据分工原则，基于 DRP 建立合作者之间的产业链数据生态系统可以显著提高效率。产业链数据生态系统包含分属不同类型的价值创造合作伙伴，例如，采购商、分销商、数据分析外部服务商、设备提供商等。但由于企业的核心竞争力不同，多数企业很难独立收集所需数据并完成大数据分析，这就需要企业借助上下游企业、软硬件提供商以及分析服务商等不同服务来推动企业内部的流程改造。企业之间一定程度的资源共享，扩充了产品线，催生了新的产业联盟。

以 DRP 为基础推动的产业转型，将呈现从技术应用对产业链的散点结构到数据化的全局表达，再到产业生态的数智化重构。产业链的数字创新也将呈现场景化、生态化和普惠化的发展趋势。

场景化即数字创新将在产业链的典型场景和应用上涌现，形成以数据作为纽带，串起供需、连接产销，形成更多的新产品、新服务、新模式、新业态和新资产。

生态化即产业链内的企业内部和产业生态的泛在连接，基于商流、物流、金融流和人才组织流的协同发力，实现"产业互联网 + 消费互联网 + 互联网金融"的资源汇聚和能力叠加。

普惠化即相关产业平台的部署成本与收益将迎来拐点，会伴随数字化应用和服务的标准化和规模化而逐步降低，广大中小企业将最终成为主要受益者。

通过上述对产业链协调的目标、内涵及趋势的分析，可以总结出在制定 DRP 实施规划阶段，产业链协调应当包括以下几方面内容。

1. 制定产业链 DRP 行动路线图

基于 DRP 的产业链内的主体角色多样，其中各类大中型企业是推动实施 DRP 建设的主导者，技术服务提供商是支撑产业链数字化建设的技术承担方，同时咨询、培训、研究开发、标准制定、金融等专业服务机构也是支持产业链实施 DRP、实现数字化转型的关键方。在推动产业链数据资源规划工作之前，应合理界定各方职责，联合产业生态内的各类机构，统一产业链数字化转型的目标，达成 DRP 及数字化建设的共识，并分步骤有序推进产业数字化转型。首先，对产业链进行全流程的深度调研，从而对行业重大问题和需求的共性与个性有准确的把握，在此基础上合理配置资源，明确各方角色，制定有各方参与的 DRP 行动路线图。其次，围绕产业链的重点环节和领域，开展数据要素流通交易的试点工作，针对重点企业和典型平台开展标杆示范。最后，从现有的案例中，总结出产业链 DRP 的典型模式和关键场景，围绕典型模式和关键场景明确各方角色和推进行动路线。

2. 设计产业链多元化商业模式

建设服务于产业链数据流通交易的数据要素市场是产业链协调的重要目标。数据资产的交易、交换与租赁是链上企业最有代表性的商业模式创新。链主企业要协同链上各环节的代表性企业，摸清链上数据流通现状，掌握各环节数据需求，调研各企业数字技术能力，并在此基础上设计建立数据资产流通交易机制，以及收益分配机制。

产业链的 DRP 除满足链内企业的数字化需求和数据要素流通需要之外，还涉及区域经济公共属性层面的多维度、多主体转型。例如智算中心等数字新基建的部署，行业级、区域级产业互联网平台的建设等，应结合产业链不同层面、不同主体、不同阶段的数字化建设，设计相关的商业模式，确保数字创新可持续健康的推进。

3. 推进产业链协同创新

基于产业链的 DRP 要通过数据资源的交流共享，利用数字化手段和工具推动产业链内企业间的协同创新。围绕供需关系、生产供应链、设备运维协同、设计能力协同、用工资源协同、制造产能协同、金融服务等方面的数字化连接，创造出更多协同创新型应用，以快速响应市场需求变化，降低整体库存能力，提升协同生产效能和经济创新活力。通过 DRP 的平台能力推动大中小企业协同，为企业提供市场、人才、技术等各链路、各要素的对接，打通应用基础研究和产业化之间的断层。

4. 加大对中小企业的数字化转型支持

中小企业的数据资源利用能力决定了产业链数字化建设的深度。要鼓励产业生态基于 DRP 平台对中小企业提高服务能力并延展服务边界，全面推动中小企业数字化转型，提升中小企业发展质效。具体而言，在培训方面，鼓励链主企业开展针对链上中小企业的 DRP 培训，提升中小企业数字化意识和 DRP 能力，解决中小企业对数据资源不会用、对数字化转型不理解的问题。鼓励对中小企业开展由政府推动、平台支持的数字化评估、数字化工具选择与使用、数据资产化、数据产品化等 DRP 全链路培训，提升中小企业数字化水平。

5. 统筹产业链安全可信数据流通能力

要实现基于 DRP 的产业链协同，关键是要推动关联企业间建立安全可信的共享数据平台，实现数据互通和业务融通。一方面要从法律法规、战略政策、标准评估等方面完善数据安全保障措施，推广零信任、隐私计算等安全技术和理念，构建安全共担的机制，明确云上数据各方责任；另一方面要进一步加强技术创新，最大限度地保障数据流通中各方资源和动态行为的可信及数据要素的可追踪。

区块链开创了一种在不可信的竞争环境中低成本建立信任的新型计算范式和协作模式，在促进数据共享、优化业务流程、提升协同效率、建设可信体系、防范履约风险等方面具有极大的应用潜能。在产业链统筹实施 DRP 的过程中，应结合区块链技术推动链上可信数据互通，创造产业链上更大的数据价值。

17.2 数字基础设施建设 ▶▶

数字基础设施主要指在数字技术驱动下，支撑社会生产力数字化的基础设施，是数字经济发展的重要基石，是数据要素的重要载体，也是数据要素安全可信流动、DRP 在产业链范围得以顺利实施的前提条件。数字基础设施应用涉及诸多与国民经济、生产生活密切相关的重要领域，如通信、能源、交通、金融、物流等，具有基础性、战略性、支撑性、融合性等特点。

17.2.1 数字基础设施的内容

数字基础设施主要包括以下四类：一是以 5G、物联网、工业互联网、卫星互联网等为代表的通信网络基础设施；二是以云计算中心、区块链、人工智能等为代表的信息服务基础设施；三是以超级计算中心（智能计算中心）、大数据中心等为代表的算力支撑类基础设施；四是支撑社会治理、公共服务及关键行业信息化应用的融合基础设施等。

当前，我国发展环境正面临深刻复杂变化，数字基础设施在推动我国经济增长、促进区域经济转型升级、满足人民群众日益增长的美好生活需要等方面发挥了重要作用。数字基础设施基于其承载的应用服务，推动信息技术及应用渗透扩散到各行各业，使经济社会生活方方面面实现数字化、智能化转型升级。数字基础设施通过提供技术应用服务，全面提升资源配置效率，助力经济社会发展向绿色低碳转型；通过支撑技术与商业模式创新同经济活动紧密结合，提升全要素生产率。数字基础设施为新技术、新应用、新场景、新模式、新业态的发展提供重要载体和平台，为经济高质量发展提供重要支撑。

1. 通信网络基础设施

以 5G、物联网、工业互联网、卫星互联网为代表的通信网络基础设施，是其他类别数字基础设施的载体，是我国数字经济建设的重要支撑，是布局数字生产力的关键所在。目前我国已建成了世界上最大的 5G 网络，截至 2024 年 8 月，我国已建成 5G 基站 404.2 万个，5G 网络已覆盖全国所有地级市和县城城区。工业互联网已延伸至 49 个国民经济大类，目前全国"5G＋工业互联网"在建项目达到 1.4 万个。虽然通信网络基础设施建设成绩斐然，但该类基础设施在数字经济时代建设的关键还是在于应用创新，也就是要在新型网络基础设施上跑新业务、新模式，并创造新价值。对大量传统产业而言，只有基于 DRP 进行商业模式创新才能抓住通信网络基础设施建设的机遇。

2. 信息服务基础设施

以云计算中心、区块链、人工智能等为代表的信息服务基础设施，是支撑新数字生产力发展的核心底座，它们建设将形成这些生产力的规模化应用，并加速数字生产力与传统产业的深度融合，保障数据要素安全可信流动。人工智能技术的不断进步，需要跨地域、跨行业的数据库、算法库，这些基础设施可以是开放式的平台，也可以是行业智能化转型的支撑。例如，云计算已经成为时代发展的方向，云计算基础设施也从单纯地提供云算力，开始向行业的云应用、云创新发展，并开始创造大量数字企业、数字产业链、数字产业生态的新运营模式。

"星火·链网"是针对数据要素可信流通问题，面向未来数字空间发展，以区块链和分布式标识技术为核心，构建的新型数字基础设施。此应用以网络标识这一数字化关键资源为切入点，通过建设国家级节点，将区块链与工业互联网深度融合，并结合芯片及人工智能等技术，持续推进产业数字化转型和产业链数据要素价值实现。"星火·链网"能够实现跨领域、跨行业、跨体系的数据交互，支持统一数字身份管理、数据资产交易和价值信任传递，构建起新时代智能可信的价值互联网，打造全球共治互联网基础设施。

3. 算力支撑类基础设施

以数据中心、智能计算中心为代表的算力支撑类基础设施，是数字经济发展的动力设施。2022 年 2 月 17 日，国家发改委、中央网信办、工业和信息化部、国家能源局联合印发通知，同意在京津冀、长三角、粤港澳大湾区、成渝、内蒙古、贵州、甘肃、宁夏 8 地启动建设国家算力枢纽节点，并规划了 10 个国家数据中心集群。至此，全国一体化大数据中心体系完成总体布局设计，"东数西算"工程正式全面启动。"东数西算"工程是算力基础设施建设的一项重要工程，其意义体现在四方面：一是有利于提升国家整体算力水平。通过全国一体化的数据中心布局建设，提高算力使用效率，实现全国算力规模化、集约化发展。二是有利于促进绿色发展。加大数据中心在西部的布局，将大幅提升绿色能源使用比例，通过技术创新、以大换小、低碳发展等措施，持续优化数据中心能源使用效率。三是有利于扩大有效投资。数据中心有产业链条长、投资规模大、带动效应强的优势，通过算力枢纽和数据中心集群建设，将有力地带动产业上下游投资。四是有利于推动区域协调发展。算力设施由东向西布局，将带动相关产业有效转移，促进东西部数据流通、价值传递，延展东部发展空间，推进西部大开发形成新格局。

4. 融合基础设施

融合基础设施，也就是传统产业数字化，尤其是传统基础设施行业数字化转型所形成的具有自身产业属性的新型基础设施。数字化平台不仅自身能够形成庞大的产业，还能够对传统产业进行赋能增效和改造升级，从而产生巨大的叠加效应和乘数效应。这种产值的增加需要改变现有城市和产业运行的基础设施，使原有的交通和能源等基础设施与数字技术深度融合，以支撑大量新型的运营模式。

发展融合基础设施的关键在于运营模式的创新。以城市交通基础设施为例，按照融合基础设施的建设思路，它所承载的城市功能在位移功能基础上，又增加了城市客流数据采集功能和客流流量引导分配功能。这些数字化功能与传统公交叠加，会使公交变成城市客流数据的运营公司，从而在数据经营中找到大量的机会。

同样，能源基础设施经过数字化转型升级，也不再只是在能源系统中应用数字技术做传统业务，而是要不断创新能源系统的运营模式，延展其服务内涵。比如城市燃气行业应用数字技术进行改造，可以大大提升数字化水平，提高供应效率和安全水平。同时，数字技术也为城市燃气企业带来了海量数据，可以基于这些海量数据创造大量的应用场景。比如居民家里的燃气表如果改造成可交互、可联网的智能燃气表，每一户居民的厨房将会被激活，燃气公司就拥有一张直达每个家庭厨房的数据网络，势必给燃气公司带来巨大的数字运营空间。

17.2.2 数字基础设施建设方案

数字基础设施的建设涉及面广，资金需求大，后续影响长远，总体上需要政府统筹规划，并以产业链为基本单位进行建设。《数字中国建设整体布局规划》《"十四五"数字经济发展规划》《"十四五"信息通信行业发展规划》等中央文件先后出台，为我国数字基础设施建设指明了方向。与此同时，各个行业主体也需要从自身多元化的行业特点和业务需求出发，基于产业链的协调机制，按照需求牵引、适度超前的原则，针对 DRP 的实际需求为数字基础设施的建设添砖加瓦。

1. 推动网络基础设施差异化升级

自"宽带中国"战略实施以来，我国正逐步形成稳定便捷、城乡覆盖、价廉质优的新型网络布局。未来，一方面，应继续大力推进 5G 基站建设，扩张固定宽带用户接入规模，扩大千兆光纤覆盖范围，促进全社会移动和固定网络平滑改进升级。另一方面，还应统筹规划互联网整体架构升级发展，依照不同行业、不同集群具体的数据流量和流向差异，及时更新网络连接状态，构建网络交换中心，优化网络整体结构。同时，持续构建按需随选的物联网络，推动存量 2G/3G 物联网业务向窄带物联网（NB-IoT）/5G 网络迁移，构建低中高速移动物联网协同发展综合生态体系。培育壮大基于产业集群的物联网产业基地，加快打造物联网应用场景，推动部署高密度感知节点。建设物联网公共服务平台，形成万物互联、按需随选的一体化基础设施感知网络。

工业互联网方面，要以产业生态为基础全面推进工业互联网平台建设，完善多层次的工业互联网平台体系，培育跨行业、跨领域的综合型平台，瞄准智能家电、数控机床、农机装备、纺织服装等标志性产业链打造特色型平台。完善工业互联网标识解析体系，提升全产业链标识解析服务能力，优化二级节点和递归节点布局，加速标识解析服务在各行业规模应用，推动主动标识载体规模化部署。

2. 着力打造安全可信数据空间

在数字基础设施建设高速进行的同时，还需注重数据安全保护。从设施安全、网络安全和数据安全着手加强大型数据平台和计算中心的风险预测防范能力，巩固各枢纽节点间的协调联动机制，保障数据安全。确保数字基础设施与网络安全技术设施同步规划、同步建设、同步使用。

要充分利用区块链、可信计算、零信任安全等新技术，依托以"星火·链网"为代表的可信网络新架构，努力打造安全可信的数据空间，实现数据要素可信流通，满足数据链上采集存证、权限确认、供需对接、数据质量保证、全程示踪等新需求。

3. 加快传统行业基础设施数字化改造

万物互联的数字时代要求经济社会各行业、各主体、各要素间实现泛联互通。因此，农业、制造业、交通、能源等行业应重点推动新型基础设施向全领域扩展，敦促相关企业淘汰效率低、能耗大的落后设备，采用智能环保的数字设备，以适应新质生产力发展。并且加强同物流、销售等其他各环节主体的合作，共同搭建起跨地区、跨行业、跨厂商的统一公共平台，健全部门间统筹协调机制，提高信息资源共享和利用效率。

以建筑行业为例，要积极推广人工智能、建筑机器人等智能建造技术，打造"智慧工地"，推动智能建造与新型建筑工业化协同发展。深化城市信息模型、建筑信息模型、物联网、5G网络等新一代信息技术在城建领域融合应用，推进城市公用设施智能化升级，提升城市供水、排水、照明、燃气、热力等设施动态感知和智慧化管理能力，进而加快构建数字孪生城市。

4. 强化新型算力基础设施的支撑作用

算力基础设施是激发数据要素价值的关键引擎。要高效精准地进行基于产业链的DRP工作，除继续关注扩大算力规模外，更应注重算力基础设施"质"的提升。首先，推动不同计算精度的算力资源加速融合，并向算力枢纽节点集聚，建成融合算力中心，提高算力资源利用效率；其次，在现有算力枢纽节点的基础上，因地因需制宜，发挥自身优势，探索算力资源调度的专属技术方案和商业模式，带动周边地区算力发展，提高低成本高品质的算力供给比例。再者，根据产业集群分布建设数据中心聚集区，围绕农业、工业等重点领域部署行业应用节点。发挥产业基础优势，持续创新产业互联网、消费互联网、金融互联网"三网融合"模式，提升数据中心云算力资源调度能力，健全算网监测与算力赋能评价机制，鼓励重点企业、研究院所建设"产业大脑"，打造多层次算力调度架构体系，培育一批面向平台经济、先进制造、高效农业等特色领域的算力应用。

17.3 数据平台搭建

在产业链充分协调和数字基础设施建设相对完善的基础上，产业链上各主体单位可以根据各自的实际需求开始搭建 DRP 数据平台。数据平台的搭建包含大量庞杂的工作，根据企业的数据规模、数据类型、技术基础和人员素质的不同，其周期也会长短不一。DRP 的实施需要企业在对自身情况和需求充分明晰的情况下，制定一个目标具体、内容详细、顺序合理、责任明确、进度可行的实施计划。

17.3.1 DRP 数据平台搭建的具体工作

1. 需求分析

确定业务目标。在需求分析的首步，关键是理解和明确数据平台要实现的业务目标。这些目标包括面向企业内部的数据治理：提升数据的可访问性、确保数据的一致性和准确性、增强数据安全性、提高数据分析的效率等；以及面向数据要素市场的数据产品开发、数据资产流通交易等内容。业务目标应与公司的总体战略紧密结合，确保 DRP 数据平台的搭建能够支持公司的长期发展。

1）收集用户需求

与不同业务部门的代表进行深入交流，收集他们对数据资源管理和利用的具体需求。这包括了解他们在日常工作中遇到的数据处理问题，业务流程中产生的数据类型和规模，期望的企业内部数据资源及外部数据产品，对数据实时性和历史数据的需求等。这一步骤对于确保最终的平台能够满足各方面的需求至关重要。

2）分析现有数据环境

评估现有的数据环境，包括数据存储的位置（如本地服务器、云存储等）、现有信息系统的 API 类型、使用的数据库和数据处理工具、数据的格式和质量，以及当前的数据安全措施，对照需求识别现有系统的不足和改进的方向。

3）制定需求文档

基于收集到的信息，编写详细的需求规格说明书。这份文档将详细描述平台需要实现的功能、性能指标、安全要求等，为后续的设计和开发提供指导。

2. 设计规划

1）架构设计

设计 DRP 数据平台的总体架构，基于需求文档整合各个场景的数据资源收集、存储、处理、分析和展示，以及数据资产的封装、登记、流通、交易等功能。这个阶段需要考虑系统的可扩展性、稳定性和安全性，确保平台能够适应未来数据量的增长和新的业务需求。

2）技术选型

根据架构设计，选择合适的技术栈。这可能包括选择数据库、大数据处理工具、数据封装技术、数据登记技术、数据示踪技术和安全防护技术等内容。技术选型应考虑到技术的成熟度、产业链协同程度、业务的适配程度、成本和团队的技术背景。

3）系统集成设计

规划如何将 DRP 数据平台与现有的业务系统（如 ERP、CRM）和数据源进行集成。这包括数据的导入调用、API 集成、数据格式转换等，以确保数据在不同系统间能够顺畅流动和有效利用。

4）安全与合规设计

设计数据安全策略，包括数据访问控制、加密、脱敏、备份和灾难恢复计划。同时，确保平台的设计符合相关的数据保护法规，如《通用数据保护条例》或中国的《数据安全法》。

3. 平台选型

1）基于产业链协调的市场调研

进行市场调研，在前期产业链协调划定的技术底座支持范围内，了解当前可供选择的数据平台方案。这包括对开源解决方案和商业数字系统的调研，了解它们的功能、性能、成本和用户反馈。

2）评估与比较

根据需求文档，对不同的解决方案进行评估和比较。这包括考量每个方案的功能是否满足需求，性能是否足够支持预期的数据量，与产业链数据基础设施的适配性，成本是否在预算范围内，提供的技术支持是否充分，以及是否容易扩展和维护。

3）决策

基于评估结果，选择最适合企业需求的 DRP 数据平台建设方案。可以是购买外部服务、采用开源工具或者自主开发。决策过程应考虑长期的维护成本和团队的技术能力。

4. 实施部署

1）硬件部署

根据所选平台的需求，部署必要的硬件设施，如服务器、存储设备和网络设备。这涉及在数据中心安装新的硬件、智算中心购买算力、云平台上配置虚拟机和存储资源等。

2）软件安装与算法配置

在硬件或云基础设施上安装相关数据资源管理系统，并根据之前的设计进行算法配置。包括设置数据库、配置数据处理流程、安装分析工具、设置用户界面以及部署可信计算、隐私计算、人工智能大模型等算法。

3）系统集成

实现新数据平台与现有系统的集成，确保数据可以在不同系统间顺畅流动，并实现全生命周期管理。需要开发定制的接口和脚本，以实现系统间的数据同步与追踪。

5. 数据整合

1）数据源接入

接入各类数据源，包括内部的业务系统数据库、云存储服务、第三方数据服务等。需要确保数据源的接入既符合技术标准，又满足安全和合规要求。

2）数据清洗与转换

对接入的数据进行清洗和转换，提高数据质量和一致性。包括去除重复数据、纠正错误数据、转换数据格式等。

3）数据建模

根据业务需求和数据资源利用目标，建立合适的数据模型，确保有效支持数据资产化及数据要素流通目标。

4）元数据管理

建立元数据管理机制，包括创建数据地图、数据血缘等，帮助用户理解数据的含义、来源和质量，提高数据的可用性及可信性。

6. 系统测试

1）功能测试

进行详细的功能测试，确保平台的每个功能都能按照需求文档的规定正常工作。

2）性能测试

性能测试，确保系统能够处理预期的数据量，并符合响应时间要求。

3）安全测试

进行安全测试，包括测试数据访问控制、数据脱敏、数据加密和防泄露等功能，确保 DRP 数据平台符合数据保护法规和公司安全政策。

4）产业链协同测试

包括产业链数据底座对接测试、信用体系对接测试、数据要素交易系统对接测试等。

5）用户验收测试

邀请企业内外部最终用户参与验收测试，确保 DRP 数据平台满足实际工作需求。用户的反馈对于评估系统的实用性和发现潜在问题至关重要。

DRP 数据平台的搭建是一个涉及多个环节的复杂工程。从需求分析到设计规划，再到平台选择、实施部署、数据整合和系统测试，每一步都至关重要。通过细致的规划和执行，可以确保平台能够有效地支持企业实现对数据的全生命周期管理及数据资产化、产品化需求，赋能企业更好地对接数据要素市场，实现数据资产价值，推动企业数字化转型。

17.3.2 DRP 数据平台实施过程的管理

1. 明确 DRP 项目目标与范围

首先，要明确项目的目标、范围和预期结果。这涉及与项目干系人沟通，确保所有相关方对 DRP 项目的要求和期望有清晰的理解。同时在项目实施期间内，企业可能随时提出项目工作范围变更的申请,从而影响工作范围、资源需求、工作量、项目时间、项目计划及费用。项目实施方必须在变更之前考查和审批每一变更申请。

2. 制订项目计划

根据 DRP 平台建设项目目标和范围,制订详细的项目计划。包括分解项目为更小的任务,为每个任务分配资源、时间和预算,并设置关键里程碑。

计划制定。项目启动之初,实施团队需要制订细化的项目计划,作为整个项目实施的基础和衡量进度情况的标准,与企业确认后下发执行。

进度跟踪与汇报。各项目工作组按照每周的工作情况,向项目管理小组进行汇报,经项目经理汇总整理后形成项目周报,涵盖项目总体进度、本周工作完成情况及下周工作计划、项目风险及问题、未决事项的跟进情况等相关内容。

计划变更。在项目实施阶段,项目组可根据项目执行的实际情况,对计划进度提出变更申请,由项目领导和项目管理小组依据可能的影响、项目总体规划和各项目交付品依赖关系对变更计划进行评估。

3. 采用敏捷项目管理方法

在快速变化的数字化环境中,采用敏捷项目管理方法更为适合。这种方法强调迭代开发、持续反馈和团队协作,能够更灵活地响应需求变更。敏捷项目管理方法见图 17-2。

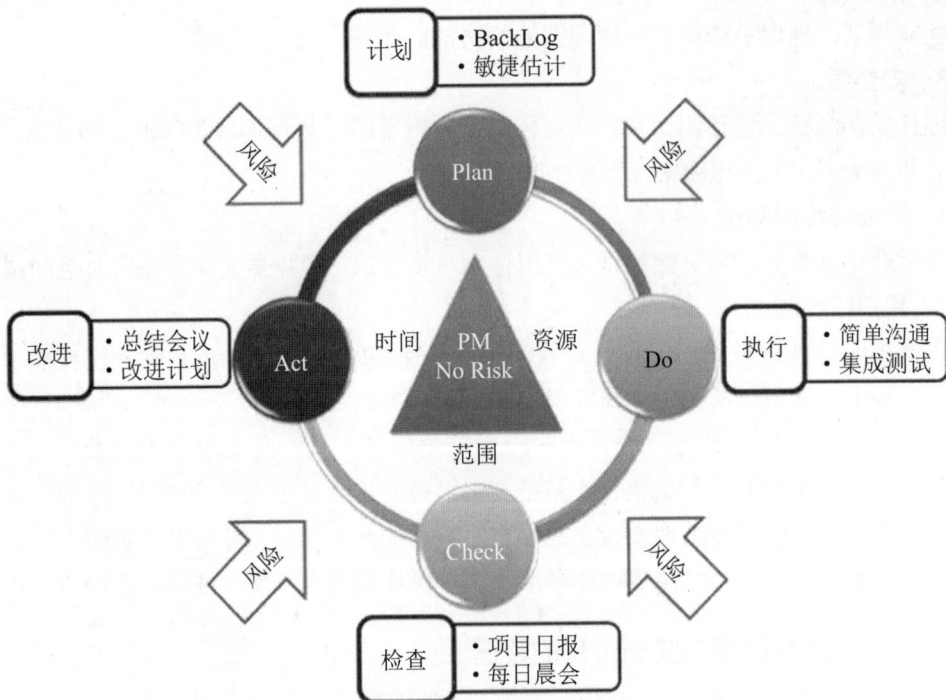

图 17-2 敏捷项目管理方法示意

4. 建立 DRP 项目管理办公室

设立项目管理办公室（Project Management Office，PMO），负责协调、支持和监督所有项目。PMO 可以确保项目管理方法、标准和最佳实践在组织内得到一致应用。

统筹各方，协调资源。PMO 负责协调组织内资源的统筹配置，包括人力、资金、设备等，确保各项资源在各个项目中合理分配。

制定规范，提供支持。PMO 制定和设计适合组织的项目管理流程、模板和工具，提供给项目经理及成员使用，从而保障项目管理的成功。

全程监督，管理风险。PMO 定期提供给管理层持续、全面的项目报告，以协助进行实时的战略分析和决策。

5. 风险管理

识别项目中可能出现的风险，并为每个风险制定应对策略。定期评估风险状态，确保项目能够应对不确定性。风险评定需要从发生风险的必要条件、产生的概率和风险产生后对项目的影响来考虑。

6. 项目收尾与评估

在项目结束阶段，进行项目收尾工作，同时对项目进行后评估，总结经验教训，为后续项目提供借鉴。随着业务的不断发展，DRP 的复杂度和规模会逐渐提升，但是上线的系统质量如何、系统功能和原先需求规划偏差如何、上线后的收益和预期目标是否一致，都需要通过项目后评估来解决。

17.4 数据流通交易收益分配机制建立 >>

经过产业链协调、数字基础设施建设及链上企业 DRP 数据平台的搭建，基于产业链的数据资产流通交易基础条件已经具备。然而，除了软硬件系统的支持，数据要素流通的关键一环是设计建立收益分配机制。在第三篇，已经详细介绍了数据估值定价与流通交易的相关内容，在此基础上根据不同产业、不同市场主体的实际特点建立合理的收益分配机制是这个阶段的主要工作。

一方面，通过 DRP 支持的安全可信数据底座，实现收益分配的自动化是这一阶段的关键所在。数据生成过程错综复杂，常常是多方主体相互协作的结果，一组数据可以被不同主体以不同方式重复利用，数据价值实时性强、变化快、加工链条长，这些特点决定了数据资产收益分配更应及时、合理、有效，因此需要充分借助 DRP 平台的智能合约、数据示踪、人工智能等数字技术，通过数据要素可信流通机制，让整个交易过程、收益分配过程实现全自动化，避免人为干预。DRP 的先进技术手段使得及时、准确评价各参与方的贡献程度成为可能，从而充分调动各方的积极性、主动性、创造性。

另一方面，促进公平是基于 DRP 数据资产价值分配的核心目标。兼顾数据资源持有者、数据加工使用者、数据产品经营者的权益，加大政府及产业生态引导调节力度，坚持

"谁投入、谁贡献、谁受益""公开、公平、公正"的原则，探索建立新型的数据要素市场分配关系，最终共享数据资产红利。

因此，在产业链充分协商、数据技术充分准备的基础上，DRP支持的数据流通交易收益分配机制应满足以下基本原则。

一是流通共享原则。要在产业链范围内实施数据分级分类管理机制，强化对不同数据主体的激励，提高数据要素流通的公平与效率，夯实数字经济发展根基。具体地，可通过数据市场、数据信托、数据中介等服务方式，促进数据在产业生态的流通共享。

二是公平竞争原则。坚持中性原则，尽可能保持分配机制的确定性和包容性，避免不确定性加剧市场扭曲；以产业链为依托与政府沟通协商税收政策，保障链上企业的合法权益，减少企业的制度性交易成本。

三是激励相容原则。要以数据要素集聚、商业模式多元的平台企业和链主企业为重点，充分发挥分配制度的调节作用。一方面，平台经济的发展高度依赖创新，分配方案在此过程中应当提供必要支持。另一方面，要引导和督促平台企业及链主企业积极承担社会责任，带动产业生态转型升级，不断提高数据共享程度及数据服务水平。

四是逐步优化原则。收益分配作为数据要素流通的基础，分配机制的建立健全是一个循序渐进的过程，机制设计应根据产业发展、技术进步、数据规模而适时进行优化调整。这就要求一体化推动数据资产的估值定价、会计计量、交易合同标准化等工作。

17.5 推广应用 >>

DRP的推广应用可以分为三个层次：打造数字企业、构建数字产业链、培育数字生态。这三个层次是DRP应用范围逐渐扩大、规划内容逐渐丰富的过程。

17.5.1 第一层次：企业内部推广

DRP在各个企业内部的推广应用是DRP在产业链范围进行规划的前提条件。链主企业及链上大型企业需要通过率先在企业内部应用DRP，树立示范效应，为DRP向产业链和产业生态推广奠定基础。

1. 高层战略引导

在内部推广中，企业决策层的引导和重视至关重要。企业高层应明确坚持DRP的战略地位，明确DRP在数据要素流通和数据资产价值创造中的关键作用，通过组织各级会议、开展宣讲活动等方式，确保各业务部门对DRP有清晰的认知和高度的重视，让全体员工认识到DRP在推动业务创新和企业价值增长方面的核心作用。

2. 试点示范与跨部门推广

企业内部推广的最佳方式之一是优先选择数据密集型的业务部门开展DRP应用试点。试点部门可以率先体验DRP平台的功能，利用大量的数据资源，从而积累应用经验，形成可复制的推广模式。例如，研发部门可以利用市场部门和销售部门分享的客户行为数据进行产品优化。企业通过此类应用场景的成功激励其他部门参与，形成跨部门的数据共享和应用，为全公司推行 DRP 作好铺垫。

3. 建立企业内部数据共享利益分配机制

在内部推广过程中，企业应当设计合理的利益分配机制，以激励各部门积极共享数据资源，开发利用数据资产。通过 DRP 赋予的数据全生命周期示踪能力，企业可以在各业务部门间精确分配数据要素流通带来的收益，让各部门直观感受到共享数据的直接利益。企业还要利用 DRP 支持的数字化绩效机制，将这种收益直接细化到个体员工层面，极大地提升全员投入 DRP 工作的意识和动力。这种透明而精准的内部收益分配机制将打破部门壁垒，促进 DRP 的推广应用和业务部门间的数据共享。

17.5.2 第二层次：产业链推广

在产业链范围内 DRP 的推广应用程度，是评价 DRP 是否成功的关键指标。链主企业和产业链上的大型企业在这一过程中肩负主要责任。DRP 在产业链上的推广应用，将极大地促进上下游企业之间的数据流通与协作，实现整个产业链的数字化转型。

1. 宣传共赢理念，构建产业共识

在 DRP 产业链推广之初，链主企业需要向链上企业传递以 DRP 为基础的合作共赢理念，通过强调 DRP 在提升业务协同和价值创造方面的巨大优势，让上下游企业意识到数据要素流通带来的切实利益。链主企业可以通过行业会议、业务交流等方式，向链上企业展示部署 DRP 对公司数据治理带来的巨大变化以及开发数据资产带来的实际收益，使得链上企业逐步形成基于 DRP 协同发展的产业链共识。

2. 展示安全可信机制，增强数据流通信任

DRP 产业链上企业在数据流通中最关心的是数据安全和隐私保护。链主企业应当详细介绍 DRP 安全可信的数据底座，包括数据脱敏、数据加密、权限控制、数据溯源、数据示踪、隐私计算、可信计算等能力。通过实际展示其安全可信机制的实施效果，让链上企业增强对数据要素流通安全性的信心。

3. 案例展示与标杆示范

DRP 产业链主企业及先行部署 DRP 的产业链上企业可以通过展示成功应用案例，帮助其他企业了解基于 DRP 的数据流通对业务发展和价值创造的积极影响，增强他们的参与意愿。通过标杆示范，先行企业向其他企业展示了成功部署 DRP 的路径和方法，增强全链上下部署 DRP 的信心，逐步形成建设 DRP 的潮流。

4. 服务试用与数据对接

为降低中小企业接入门槛，链上大型企业可以提供 DRP 平台的试用机会，让中小企

业先行体验 DRP 的功能和价值。链主企业可以提供一定数量的数据接口供链上企业试用，帮助上下游企业更好地理解 DRP 在数据流通和数字化转型中的实际作用。

5. 利益分配和收益保障

在 DRP 产业链的推广中，透明、可信、公正的利益分配机制是增强链上企业信任的关键。利用智能合约和数据示踪技术，可以根据数据的使用频率、访问次数、加工流程等参数来自动计算数据资产收益，确保链上各企业的数据贡献能够获得公平的回报，增强中小企业对平台的信任，推动 DRP 在产业链上的深入推广。

17.5.3 第三层次：产业生态推广

产业生态是 DRP 推广的最高层次。在这一阶段，链主企业需要通过建立行业标准和联盟，推动数据要素流通交易的规范化与标准化，构建长效的合作机制和产业生态环境。

1. 产业联盟与标准制定

DRP 产业链主企业可以通过牵头的方式成立产业联盟，聚集整个行业的力量，共同推动数据要素流通和数据治理的标准化。在联盟框架下，产业生态可以基于 DRP 制定统一的技术标准和数据合规要求，例如数据存储格式、数据流通交易规则、安全认证标准等，为各企业的数据利用和流通提供规范化基础。

2. 技术支持与平台开放

在产业生态层次，链主企业应当提供持续的技术支持，为参与平台的企业提供接入指导、系统升级和问题解决等服务。链主企业还可以逐步开放平台的部分功能，让企业根据自身业务需求选择合适的模块进行定制化开发，提升平台的兼容性和适应性。例如，开放 API 接口、数据分析工具等功能，帮助各企业深度利用平台，实现个性化的数据分析和价值挖掘。

3. 建立多方协作机制，打造开放创新的产业生态

DRP 在产业生态中的推广需要建立不同产业、不同领域间数据流通和产业协同的多方协作机制，挖掘不同领域数据融合的潜力，为创新产品、服务和商业模式提供支持。在这一阶段，DRP 不仅是数据治理和数据流通的工具，更是产业创新的催化剂。通过可信的数据协同 DRP 将改变产业生态的运营模式，完成生态伙伴的智能自动协作，创新生态内生产性服务业、金融服务业，创造产业链上更大的数据价值，为所有产业生态伙伴带来新的发展机遇。

17.6 DRP 实施效果的评价 >>

企业 DRP 数据平台部署完成后，在运行过程中动态评估其实施效果是确保 DRP 项目价值实现和持续改进的关键环节，是避免 DRP 工作流于形式的重要保障。

17.6.1　DRP 实施效果的评价维度

企业在评估 DRP 实施效果之前，首先需要明确评估的具体目标。这些目标应与项目初期设定的 DRP 业务目标紧密相关，并参考成熟公允的评估模型而制定，包含数据可访问性、数据利用效率、数据资产开发能力、数据资产价值等方面。明确这些目标有助于聚焦评估的核心内容，确保 DRP 实施评估工作不偏离设计初衷。

完善的 DRP 平台建设项目评价机制应当包含项目管理后评价（过程控制和管理水平）和项目效益后评价（成本和效益），且具备合理的方法以及定量和定性的支撑。在开展项目后，评估工作时，主要围绕上述两个维度展开。

项目管理后评价：以项目验收为基础，对 DRP 项目整个生命周期中的各阶段工作进行评价。目的是通过对项目各阶段工作的实际情况进行分析考察，形成 DRP 项目情况的总体概念。通过分析、比较和评价，以了解目前项目运行水平。通过吸取经验和教训，来不断提高 DRP 项目运行管理水平，以保证项目预期目标很好地完成。

项目效益后评价：以 DRP 平台投入使用后实际取得的效益（经济、社会、环境等）及其隐含在其中的数字技术影响为基础，重新测算项目的各项经济数据，得到相关的投资效果指标，然后将它们与 DRP 部署前评价时预测的有关经济效益值（如净现值、内部收益率、投资回收期等）和社会环境影响值（如环境质量值等）进行对比，评价和分析其偏差情况以及原因，吸取经验教训，从而提高后续 DRP 工作的运营水平和决策水平。

基于评估结果，企业需要得出具体可行的改进建议，明确指出改进措施的具体内容、预期效果以及实施的时间表和责任分配，确保改进计划的实施能够有效地解决存在的问题，提升 DRP 平台的整体性能和效用。通过持续的评估和改进，DRP 将更好地支持企业的数据治理和数据资产价值实现，最终推动企业成功实现数字化转型。

17.6.2　DCMM 介绍

数据管理能力成熟度评估模型（Data Management Capability Maturity Assessment Model，DCMM）由全国信标委大数据标准工作组于 2018 年 3 月正式发布，是我国数据管理领域目前为止较为权威并具有指导意义的评估标准和实践指南，可以作为 DRP 实施效果评价的重要参考依据。

DCMM 是一个整合了标准规范、管理方法论、评估模型等多方面内容的综合框架，它将组织内部数据能力划分为 8 个重要组成部分，描述了每个组成部分的定义、功能、目标和标准。该标准适用于组织在数据管理时进行规划、设计和评估，也可以作为针对信息系统建设状况的指导、监督和检查的依据。

DCMM 如图 17-3 所示，按照组织、制度、流程、技术对数据管理能力进行了分析总结，提炼出组织数据管理的 8 个过程域，即数据战略、数据治理、数据架构、数据应用、数据安全、数据质量、数据标准、数据生命周期。这 8 个过程域共包含 28 个过程项，441 项评价指标。

图 17-3　DCMM 评估模型

如图 17-4 所示，DCMM 将组织的数据能力成熟度划分为初始级、受管理级、稳健级、量化管理级和优化级共 5 个发展等级，帮助组织进行数据管理能力成熟度的评价。

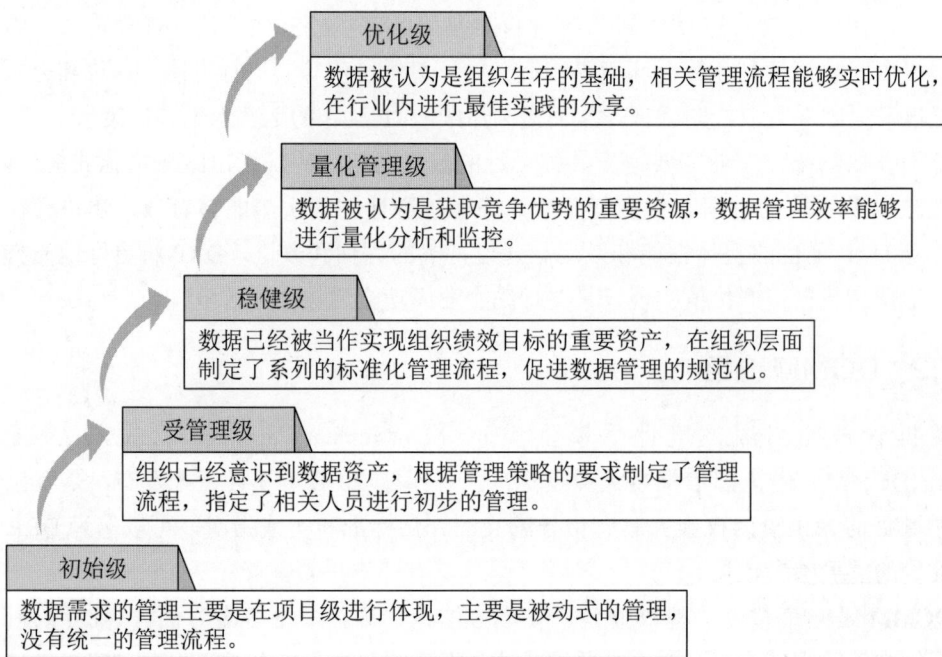

优化级
数据被认为是组织生存的基础，相关管理流程能够实时优化，在行业内进行最佳实践的分享。

量化管理级
数据被认为是获取竞争优势的重要资源，数据管理效率能够进行量化分析和监控。

稳健级
数据已经被当作实现组织绩效目标的重要资产，在组织层面制定了系列的标准化管理流程，促进数据管理的规范化。

受管理级
组织已经意识到数据资产，根据管理策略的要求制定了管理流程，指定了相关人员进行初步的管理。

初始级
数据需求的管理主要是在项目级进行体现，主要是被动式的管理，没有统一的管理流程。

图 17-4　DCMM 成熟度等级划分

1. L1 初始级特征

数据需求的管理主要是在项目级体现，主要是被动式管理，没有统一的管理流程，具体特征如下：

（1）组织在制定战略决策时，未获得充分的数据支持；

（2）没有正式的数据规划、数据架构设计、数据管理组织和流程等；

（3）业务系统各自管理自己的数据，各业务系统之间的数据存在不一致现象，组织未意识到数据管理或数据质量的重要性；

（4）数据管理仅根据项目实施的周期进行，无法核算数据维护、管理的成本。

2. L2 受管理级特征

组织已意识到数据是资产，根据管理策略的要求制定了管理流程，指定了相关人员进行初步管理，具体特征如下：

（1）意识到数据的重要性，并制定部分数据管理规范，设置了相关岗位；

（2）意识到数据质量和数据孤岛是一个重要的管理问题，但目前没有解决问题的办法；

（3）组织进行了初步的数据集成工作，尝试整合各业务系统的数据，设计了相关数据模型和管理岗位；

（4）开始进行了一些重要数据的文档工作，对重要数据的安全、风险等方面设计相关管理措施。

3. L3 稳健级特征

数据已被当作实现组织绩效目标的重要资产，在组织层面制定了系列的标准化管理流程，促进数据管理的规范化，具体特征如下：

（1）意识到数据的价值，在组织内部建立了数据管理的规章和制度；

（2）数据的管理以及应用能结合组织的业务战略、经营管理需求以及外部监管需求；

（3）建立了相关数据管理组织、管理流程，能推动组织内各部门按流程开展工作；

（4）组织在日常决策、业务开展过程中能获取到数据支持，明显提升工作效率；

（5）参与行业数据管理相关培训，具备数据管理人员。

4. L4 量化管理级特征

数据被认为是获取竞争优势的重要资源，数据管理的效率能被量化分析和监控，具体特征如下：

（1）组织层面认识到数据是组织的战略资产，了解数据在流程优化、绩效提升等方面的重要作用，在制定组织业务战略的时候可获得相关数据的支持；

（2）在组织层面建立了可量化的评估指标体系，可准确测量数据管理流程的效率并及时优化；

（3）参与国家、行业等相关标准的制定工作；

（4）组织内部定期开展数据管理、应用相关的培训工作；

（5）在数据管理、应用的过程中充分借鉴了行业最佳案例以及国家标准、行业标准等外部资源，促进组织本身的数据管理、应用的提升。

5. L5 优化级级特征

数据被认为是组织生存和发展的基础，相关管理流程能实时优化，能在行业内进行最佳实践分享，具体特征如下：

（1）组织将数据作为核心竞争力，利用数据创造更多的价值和提升改善组织的效率；

（2）能主导国家、行业等相关标准的制定工作；

（3）能将组织自身数据管理能力建设的经验作为行业最佳案例进行推广。

17.7 小结 >>

DRP 的实施是以产业链为单位，关乎链上各个企业主体的系统工程，既需要从上到下提纲挈领的统筹规划，更少不了细致入微的具体工作。17.1 节到 17.5 节介绍了从产业链协调到推广应用，包含五个阶段的 DRP 实施方法论，为广大企业部署 DRP 提供了较为通用的实现路径。最后还介绍了 DRP 项目实施效果的评估方法，以确保其没有偏离设计目标并实现持续改进。

本章案例

广东省电力设计研究院是一家具有国家工程设计综合甲级资质的，有行业影响力、市场竞争力的高新技术企业。为了充分利用数据资源打通产业生态，实现设计、监理、施工单位、监测单位、设备及材料供应商的有效整合，公司决定实施部署基于 DRP 理念的数字化项目管理平台。

科学的数字化项目管理平台部署首先要对企业的数字化应用场景进行梳理，经过对企业上下需求的收集归纳，总结出了八大场景。

场景一：设计协同——基于设计单位的设计图纸协同。

场景二：供应链协同——基于供应商、仓储单位的供应链协同。

场景三：合同/支付协同——基于 EPC 总包单位与业主、总包单位与施工分包/供应商的合同签订、支付协同。

场景四：施工进度协同——基于施工单位、总包单位、业主单位的施工进度协同。

场景五：施工现场协同——基于施工单位、总包单位、监理单位、业主单位的施工现场协同。

场景六：监造协同——基于监造单位的协同。

场景七：调试协同——基于调试单位的协同。

场景八：文档协同——基于业主单位、地方城建管的文档协同。

在明确了这八大场景的基础上，研究院逐步实施了企业各分子公司项目部的工程管理统一数字平台搭建。该平台可与企业应用的其他系统接口集成，实现数据共享、流程互通。为管理决策提供及时、全面的数据信息。充分利用工程项目管理系统在资源共享、信息传递、数据统计分析的优势，为领导决策提供数据支持。通过系统实时地汇总项目各类数据，包括概算执行情况、工程进度情况、合同变更情况、工程质量情况等，及时预警项目可能存在的风险，增强了决策的科学性及快速反应能力。

第 18 章 DRP 运行管理

DRP 产业链的部署实施需要产业链上的各个企业付出大量努力，投入大量资源，但企业应该充分认识到实施建设阶段完成并不代表 DRP 工作就大功告成了，更重要的是在运行过程中对 DRP 平台进行持续地维护和适时地更新升级，以适应不断进步的数字技术和不断变化的产业生态环境，只有当产业链上大量企业成功融合并高效运行 DRP 时，所有的投入才会有最大的产出。DRP 的运行管理将成为企业日常运营常规内容之一。

18.1 DRP 的螺旋策略 >>

DRP 的运行是一个随着新的数字技术不断出现和产业链信用机制不断完善而逐渐迭代改进的过程。企业利用螺旋策略能够不断把这些需求、环境、工具的变动纳入 DRP 的考察范围，使其不断适应数字经济的发展。

螺旋模型（Spiral Model）是一种系统生命周期的模型，最早由美国软件工程师巴里·勃姆于 1988 年 5 月在他的文章《一种螺旋式的软件开发与强化模型》中提出。螺旋模型适合大型的系统级信息系统的实施与运行，它兼顾了快速原型的迭代特征以及瀑布模型的系统化与严格监控。螺旋模型最大的特点在于引入了其他模型不具备的风险分析，使系统在无法排除重大风险时有机会停止，以减小损失。同时，螺旋模型会在每个迭代阶段构建原型以减小风险。

18.1.1 螺旋模型的基本概念

具体来说，通过原型的建立，螺旋策略使软件开发在每个迭代的最初阶段明确方向；通过风险分析，螺旋策略最大限度地降低系统开发失败造成损失的可能性；通过在每个迭代阶段进行软件测试，螺旋策略使每个阶段的质量得到保证；通过对用户反馈的持续采集，螺旋策略可保证用户需求的最大化实现。

螺旋式系统开发的整体过程具备很高的灵活性，可在开发过程的任何阶段自由应对变化。同时，每个迭代阶段开发的成本可以很直观的进行累加，使支出状况容易掌握。

一个典型的螺旋模型如图 18-1 所示，它应该由以下步骤构成：

（1）明确本迭代阶段的目标、备选方案以及应用备选方案的限制；

（2）对备选方案进行评估，明确并解决存在的风险，建立原型；

（3）当风险得到很好的分析与解决后，应用瀑布模型进行本阶段的开发与测试；

（4）对下一阶段进行计划与部署；

（5）与客户一起对本阶段进行评审。

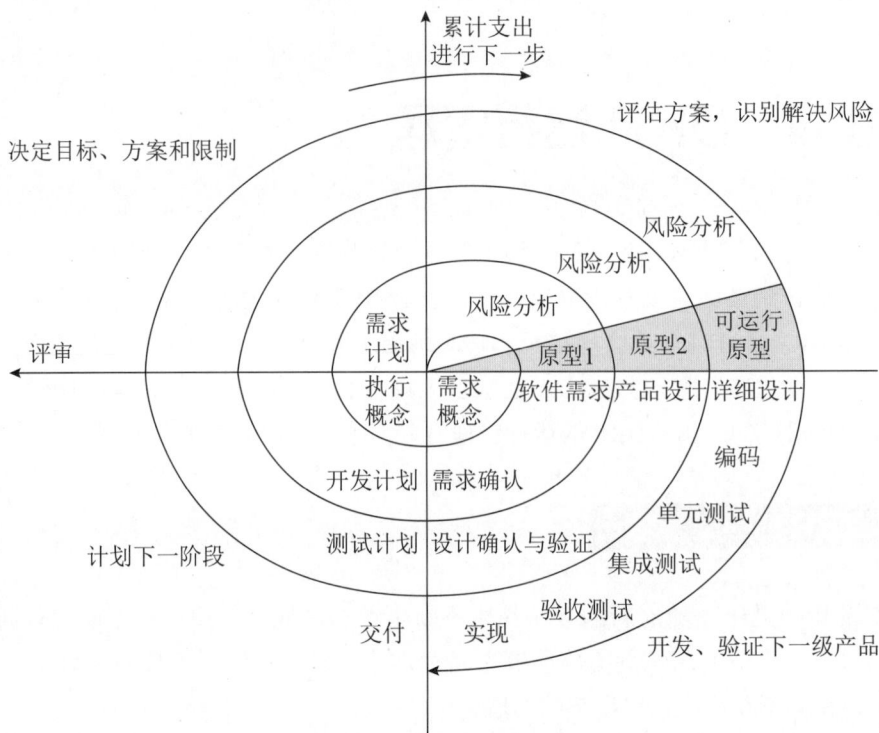

图 18-1　螺旋模型图示

18.1.2　DRP 部署的螺旋策略

在数字时代中，业务变化迅速，技术更新频繁，DRP 的实施和运行需要持续快速迭代。但是迭代不代表全盘的颠覆，DRP 赋予企业的数字化转型的能力需要不断积累和传承，数字化建设要支持企业实际业务的可持续发展。因此 DRP 的迭代应该是分层、分周期的，不同分层的改进内容以不同的周期进行螺旋式迭代和演进。

1. 功能级的"短周期"迭代

业务需求的快速变化，数字技术的发展快速变化，新技术和业务的结合快速变化，这些都需要敏捷迭代。通过短周期迭代，使得企业 DRP 系统紧贴业务价值的实现，降低转型风险。

2. 平台能力级的"中周期"迭代

DRP 平台承载了企业数字化转型的能力，平台级的迭代需求包括快速引入新技术，以服务化来应对业务的敏捷变化、数据资产模型变更等，架构和平台都需要相对稳定，而非快速的颠覆。同时要将短周期迭代中的成功经验不断沉淀到平台中。平台能力级的"中周期"迭代，有助于将企业数字化能力持续做强。

3. 规划设计级的"长周期"迭代

在规划设计的指引下，在多次的业务功能和平台能力迭代之后，DRP 建设逐步逼近战略目标。在阶段性目标基本达成的时候，需要进行方向性的审视并作出调整。但是战略目标的调整应该是相对"长周期"的，因为规划设计过快的变化不利于转型的资源投入和行动的持续有效。

作为参考，图 18-2 是华为数字化建设的螺旋策略示意图，通过三个层次的持续螺旋迭代，企业数字化建设不断完善，DRP 能力不断提升。

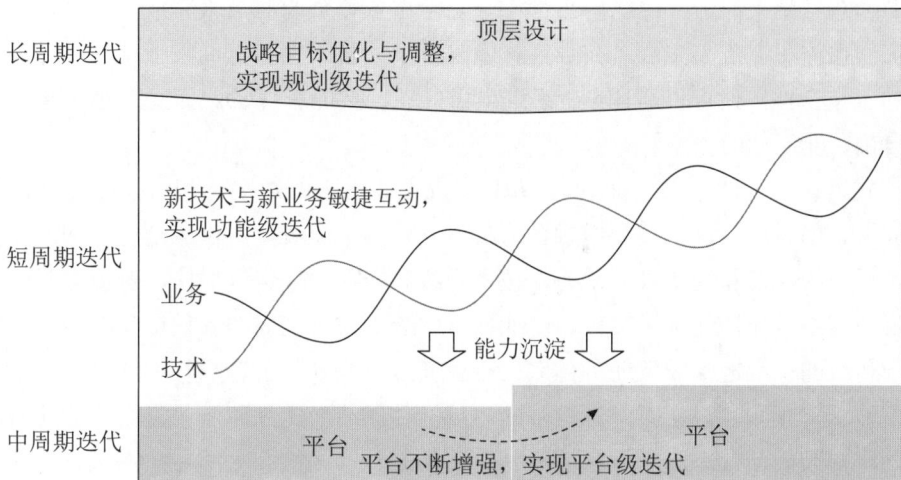

图 18-2　华为数字化建设的螺旋策略

18.2 DRP 运行的开放式组织模式 >>

正如第 2 章所述，人类社会的生产关系正在数字经济大潮中发生革命性的变革。在此过程中，企业组织模式作为生产关系中的重要内容必然也会相应变化。从封闭到开放就是数字时代企业组织模式变化最突出的体现。作为适应数字生产关系的新质生产力工具，DRP 天然地支持开放式组织的运行模式。

DRP 的日常运行工作无法单纯交给 IT 或数字化部门，而是需要企业从上到下全员都参与的重要工作内容。技术人员解决数据资产开发过程中采集、存储、封装、流通等技术问题，但需要严格按业务规则和逻辑对数据进行加工；同时业务人员则需要把控数据资产的质量和数据采集的标准，并根据技术规范制定数据加工的业务逻辑。技术与业务的边界已然被打破。

18.2.1　开放式组织

在数字时代，适应性强的组织必须是开放的组织。这涉及组织的边界界定问题。任何一个组织中都存在三种边界：纵向边界、横向边界和外部边界。纵向边界与企业的管理层次和职位等级有关，管理层级和职位等级越多，纵向的边界距离越大。横向边界与部门的设计和工作专门化程度有关，横向部门越多、工作的专业化程度越高，横向边界的距离就越大。外部边界是企业与顾客、政府、供应商等外部组织之间的边界。构建开放型组织就是要在纵向边界、横向边界和外部边界三方面思考如何走向开放。对开放型组织而言，数据、资源、创意、能量应该能够快捷顺利地穿越组织的纵向边界和横向边界，使整个企业内部的各部门真正融为一体；同时，外部环境中的数据、资源和能量也能够顺利穿越组织的外部边界，使企业能够和产业环境融为一体。在个体与组织的关系上，传统的"企业 + 雇员"的形式受到了冲击，组织内工作不一定全部依赖全职雇员来完成，而是可以通过多元化的工作主体和方式来完成。在数字技术支持下，员工也不再局限于某一具体领域或具体组织的工作个体，他可以跨团队 / 组织提供知识、技能和服务。而且，越来越多的人更加期待自由、非雇佣的关系。

开放式组织模式能帮助企业利用 DRP 实现更高水平的数字化和智能化创新，将数据链、产业链、创新链和资本链交织融合为价值互联网。随着全球供应链整合和产业协同度提升，跨学科的研发和创新成为常态，技术升级和产品迭代速度加快。价值互联网中多对多连接形成网络效应，促进了高校、产业、资本等参与者之间的各种交易合作。其创新效率远高于传统的供应链和线下业务体系。企业通过对互联网上客户行为和意愿分析，发现客户价值需求，预测客户意愿，源源不断地捕捉并创造新产品和服务。企业能够减少人工成本的同时提升创新效率。企业从创意到销售的创新链条被大大缩短，在频繁且精益求精地测试和改进中，技术变革变得更加连续，这降低了产品和服务的不确定风险。企业在内部和外部知识网络中能够快速精准地识别知识产权与行业专家，并通过区块链和数字产权系统开发和保护专利技术。企业采用智能系统能够实现更快地创新、反馈、迭代，更精确地实验，更多版本控制，使推出新产品和服务的成本大幅降低。

开放式组织模式能让企业在高效率开发数字知识产权的同时实现产业协同创新。DRP支持的区块链信任技术帮助对专利、版权、商业秘密等进行数字产权确权保护。企业在开放创新平台悬赏大规模创新的问题挑战。科学家和工程师可以通过在开放创新平台上展示项目和专利来对接企业协同创新。智能搜索的 IP 区块链实时计算超过百万件各领域科学家、工程师、青年学生的创新作品与技术专利，以及企业家、投资家、MBA 学员的市场需求与商业计划。企业、大学、科研机构开发的 IP 和专利第一时间获得区块链存证保护，通过智能算法进行价值评价与信任评级。基于科学的创新数字资产拍卖算法机制，开放创新平台，激发科学家和工程师创作大批高市场价值的产业科技专利、创意设计、技术工艺、数据算法等创新成果，并以智能算法进行产业需求与市场创新资源的价值匹配。

18.2.2 DRP 运行队伍的角色与职责

DRP 作为企业数字化转型的基础保障，企业需要基于自身文化、管理模式，选择并建立合适的 DRP 运行队伍，推动企业数据治理体系的落地执行。DRP 日常运行队伍的组织建设需要注意以下几方面：

（1）在充分开放、人人参与的基础上，DRP 运行工作必须有常设机构来负责落实，避免因为现有业务的工作量、工作优先级等因素难以推动；

（2）设立高层领导组成的 DRP 委员会，制定数据治理方针政策，推动跨部门协调工作，同时设立 DRP 办公室，组织各方共同推进数据资源管理工作；

（3）基于开放式组织的需求，数据资源规划的工作不能由一个部门独立完成，需要由各部门通力合作、共同推动、共同完成，业务部门的参与程度将会影响 DRP 工作的成败；

（4）在 DRP 运行队伍建立的基础上，要进一步建立数据管理规章制度，明确各方职责，能够确保 DRP 工作的有效落实。

按照运行阶段的 DRP 组织构成，DRP 委员会作为企业最高层面的决策者，包括 CDO、专业协调者等角色。CDO 负责牵头制定公司 DRP 运行的方针政策，决策运行过程中重大事项，审议批准数据管理工作考核结果；专业协调者角色负责审核本专业内标准规范和制度，协调本专业 DRP 工作事项及问题。

DRP 办公室作为管理层级，包括业务专家、数据专家及技术专家等角色。业务专家负责组织制定维护数据资产目录、数据标准、数据质量规则、数据安全定级，定期发布数据质量分析报告；数据专家负责推动落实 DRP 体系，拟定数据管理制度及数据资产开发标准规范，推动 DRP 在企业内部的有效运转，协调跨部门、跨领域的数据流通问题；技术专家负责整体数据架构标准的制定和维护、DRP 规划的技术落地，挖掘数据潜在价值。

DRP 执行团队作为执行层级，设置业务架构师、数据架构师、技术架构师、数据资产架构师等角色。业务架构师负责落实 DRP 运行各项规定和要求，组织各业务部门、数据支持团队、信息系统项目组开展数据资源管理活动，具体包括数据资源目录、数据标准、数据质量规则的维护更新；数据架构师负责数据采集、数据模型、数据分析应用等方案的维护和更新；技术架构师负责技术架构设计、组织技术人员开展 DRP 平台建设和运维工作；数据资产架构师主要面向数据要素市场，负责企业数据资产和数据产品的开发。

18.3 DRP 运行管理的内容 >>

DRP 是企业基于产业链视角部署的新一代数据资源管理平台、数据资产开发平台、数据产品流通交易平台，要随着技术的进步和企业业务的发展而不断演进升级，将规划范围不断扩大。在不断深入应用场景、解决业务问题的同时，DRP 在运行过程中螺旋迭代，逐步实现它的战略定位。DRP 的运行管理工作涉及用户、技术、环境、架构等多方面，由于各个业务领域的不同，建设模式也存在差异，本节仅对 DRP 运行管理中较为关键的重点内容进行描述。

18.3.1 DRP 运行管理中的系统维护与升级

DRP 在运行中往往伴随着大量新功能需求和系统集成工作。如何在新功能持续快速开发上线的同时，保证原有系统和软件能正常运行将成为 DRP 运行管理的重点和难点。由于业务需求更新和系统运维工作是同步进行的，DRP 平台在建设初期需要将运行管理工作前置。

DRP 系统维护的主要任务是保证它的正常运转，使 DRP 系统资源得到有效运用，并使 DRP 系统功能在运行中不断得到完善和扩充，以提高 DRP 系统的效率并延长系统的生命周期。对 DRP 系统的维护工作贯穿于 DRP 系统整个运行期，维护工作的质量将直接影响到 DRP 系统的使用效果。

DRP 系统维护主要包括以下几种类型：

正确性维护（Corrective Maintenance）：这种维护旨在修复系统在使用过程中暴露出来的问题和错误，这些问题和错误可能是由于设计或编码时的疏忽造成的。正确性维护通常包括诊断和修复错误，以及进行必要的测试来确保错误已被修复且不会引入新的问题。

适应性维护（Adaptive Maintenance）：随着外部环境的变化，如技术更新、业务需求变更或法律法规的调整，系统可能需要进行适应性维护以适应这些变化。这种维护通常涉及对系统的修改，以确保系统能够继续满足用户的需求，并与外部环境保持同步。

完善性维护（Perfective Maintenance）：这种维护旨在改善或增强系统的功能和性能。它可能包括添加新功能、优化现有功能、提高系统效率或改善用户界面等。完善性维护通常是根据用户的需求和反馈来进行的，旨在提高系统的整体质量和用户满意度。

预防性维护（Preventive Maintenance）：预防性维护是一种主动的系统维护方法，旨在预防潜在问题的发生。它可能包括定期检查系统的硬件和软件、更新和修补安全漏洞、优化数据库性能、清理无用的数据和文件等。通过预防性维护，可以减少系统故障的风险，提高系统的可靠性和稳定性。

以上四种维护类型在 DRP 的生命周期中都非常重要，它们有助于确保 DRP 平台的持续运行、满足企业和产业链不断变化的需求、降低维护成本。在实际情况中，这些维护类型可能会相互重叠，需要综合考虑来确定最佳的维护策略。

DRP 是支持企业数字化转型的核心平台，它要为企业提供全面的数据资源管理方案以及数据资产运营方案。正如在之前章节论述过的，DRP 的部署实施不可能一蹴而就，必然是一个螺旋式迭代优化的过程。DRP 系统的升级优化主要是以下几点驱动的。

（1）产业链升级：产业链的信用机制、安全机制、数据要素流通交易机制及收益分配机制是 DRP 的运行基础。随着产业链的整体转型、技术底座升级、政策更新等因素不断发生变化，这些作为 DRP 运行基础的产业链机制也会不断地更新，DRP 自然需要在此基础上动态调整。

（2）技术更新换代：随着技术的飞速发展，新的数字生产力不断涌现，DRP 系统需要不断升级以适应新的技术环境。云计算、大数据、人工智能等技术的不断发展，为 DRP 系统提供了更强大的计算和数据处理能力，升级系统可以更好地利用这些新技术，提升企业的数字化水平。

（3）业务需求变化：随着市场环境和企业战略的不断变化，企业的业务需求也在不断调整和优化。DRP 系统作为支撑企业业务的重要平台，需要不断升级以满足新的业务需求。

（4）系统性能提升：随着企业业务规模的不断扩大和数据量的急剧增加，DRP 系统需要处理更多的数据和请求，对系统的性能提出了更高的要求。通过系统升级，可以提升系统的处理能力、稳定性和响应速度，确保系统能够高效、稳定地支撑企业的业务运营。

（5）安全性及合规性要求：各种针对数据安全和数字交易的政策和法规会不断规范，DRP 系统需要随之升级。同时，网络安全风险日益严峻，保障 DRP 系统的安全性至关重要。系统升级包括安全补丁的应用、安全策略的更新等，以防范潜在的安全威胁和攻击，确保企业数据的安全性和业务的正常运行。

（6）用户体验优化：随着企业内外部用户对数字产品和服务的期望不断提高，优化用户体验成为企业竞争的重要手段。对 DRP 系统进行升级可以包括改进用户界面设计、API 接口升级等，从而提升 DRP 系统易用性和用户满意度。

18.3.2 DRP 运行管理中的数据资产模型维护

根据企业最初规划设计所形成的数据资产模型，承接的是当时制定的企业数字战略目标和数据要素市场需求。随着企业业务能力的提升，对数字化的理解更深刻，基于 DRP 实施数字化变革后，企业的数据资产模型理应不断进行相应调整，才能保证数字资产满足最新的数据要素市场需求，持续地为企业提供价值贡献。因此，DRP 所维护的企业数据资产模型不是一成不变的，需要不断针对数据资产模型的新增、变更以及退出等进行操作。

1. 新增数据资产模型

新增数据资产模型是指当企业提出新的业务战略目标时所需要的新数据资产模型。此时，需要从概念模型开始逐层分析新数字资产模型的归属及与其他数字资产模型间的业务逻辑关系，让新数据资产模型融入企业已有的数据资产蓝图中。如果是企业开拓的一个新业务领域，那么可以从价值链为切入点与已有的数据资产建立关系。如果不能将新的数据资产模型与原有模型建立关系，就意味着新业务完全用不上企业的已有资源，不利于企业存量数据资源的价值发挥，也不利于企业开拓新业务。

2. 变更数据资产模型

变更数据资产模型的场景较多，需要针对不同的情况进行相应的设计，不断完善企业的数字资产模型。

企业已有的业务会根据市场需求不断出现新变化，对此业务属性的数字化描述和标识自然也需要改变。此时需要在 DRP 的数据资产模型管理中新增相应的业务实体以反映最新的业务属性。新理论、新技术的引入和应用也会导致原来某个业务对象的结构变得复杂，此时就应当将其拆分出来形成新的业务对象。新业务实体、业务对象出现后，需要通过业务规则向上归纳到相应的概念模型中，从而引起数据资产模型的变更。

当企业的数据架构发生较大变化时，虽然有可能相关业务架构并没有改变，但业务应用的关注点已经随着数据架构发生改变，从而导致逻辑数据模型和物理数据模型发生变化，进而也会引起数据资产模型的变更。

当企业的战略重心发生转移，退出原来的部分业务领域时，可能导致部分数据资产不能再为企业生产经营创造新价值，此时应该将这类数据资产模型从 DRP 维护的数据资产蓝图中退出。数据资产模型的退出操作只表示企业不再基于这些模型开发新的数据资产，并不表明它们不再有价值。企业可以继续对其进行脱敏处理后到要素市场上进行交易，持续从中获取利益。

18.3.3　DRP 运行管理中的数字文化建设

在数据战略规划、组织架构和制度体系的基础上，建立培训宣贯、绩效考核、收益激励、数据文化培养等长效机制，是 DRP 持续高效运行的重要保障。

培训宣贯是 DRP 机制落地实践、顺利运作的保障。要不断安排员工参与产业链范围的 DRP 交流培训、案例分享等活动，加深行业内外优秀经验的交流共享，促进员工提升 DRP 理念和运用水平。

绩效考核是确保 DRP 运行中各项工作落实到位的关键举措。要建立 DRP 运行考核机制，动态比对产业链和企业内部需求，开展常态化、全面性问题巡检，将问题处理结果与员工绩效关联，确保数据认责体系的有效执行。

收益激励机制是提升组织 DRP 工作积极性，推动企业数据资产开发的重要手段。要利用数据全程示踪技术，建立可信、透明的内部收益分配机制，让全体员工按照实际贡献分享数据资产带来的价值提升。

数据文化建设是企业能够持续高质量开展 DRP 的坚实基础。要在 DRP 运行中不断优化数据服务方式，降低 DRP 参与门槛，让广大员工养成利用数据解决问题，利用数据创造价值的习惯；开展多类型数据技能培训和比赛，加深员工的数据认识，提升员工的 DRP 素养。

18.4　小结 >>

DRP 的运行管理与持续优化是一个长期工程，是企业真正获得 DRP 收益，产业链整体完成数字化转型的根本保证，企业必须从思想、组织、资金等方面给予高度重视。本章 18.1 节介绍了在 DRP 运行管理中运用的螺旋策略，以实现 DRP 工作的持续迭代和不断优化。DRP 的顺利长期运行还需要企业自身在发展和变革上给予更多关注，建立长期稳定的运行管理组织。最后介绍了 DRP 运行管理的具体内容，包含了系统维护升级、数字资产模型维护及数字文化建设等内容。

本章案例 /////////

北京首钢建设综合管理系统在钱潮数字化平台结构支持下完成部署之后，通过导航面板、知识库建设、流程库建设，与企标和项标无差异对接，实现了企业日常运行、管理标准与数字系统建设完美融合。截至目前，首钢建设在系统内置完成 1328 条制度文件，1020 条审批流程，完成所有专业模块的制度、表单、流程的可视化集成与数据的融合。北京首钢建设按照精细、科学、客观的原则，在业务关键环节的基础上，按照指标特性、管控等级、考评周期、考核导向、奖罚尺度等 5 个维度数据，在各业务表单中完成精益数据指标内置；同时建立实时监控台账进行数据准确性、及时性核实，实现项目经济成本全过程的精益化、数字化管控，智能引导业务人员线上高效办理业务。

截至目前，系统内置风控流程 101 个，进行了风控风险数据预警系统建设。基于新中大各项业务系统，研究建立了风险管理信息系统，将诸如合同履约、安全隐患排查等风控事项植入数据管理系统中，使系统能够自动识别各业务流程和数据中存在的风险点，提前预判提醒业务人员，从而提高企业风险管控能力。

北京首钢建设推行数字化后，从试点项目、试点分公司推行到全集团，真正实现了集团及分子公司全组织覆盖、全业务类型覆盖、全管理模式覆盖。最终完成北京首钢建设集团的数据运行、数据积累，逐步向"数字首建"全面蜕变。

北京首钢建设运用 BI 技术，根据集团统一规划，打造全新综合报表系统，搭建"三层四表"建设体系，将企业正在发生的和沉淀多年的宝贵历史数据进行统一整理和收集，实现集团—分子公司—项目部层级穿透管控，实现单项工程—单位工程—分部分项数据穿透查询，遵循横向到边、纵向到底的原则，通过明细表、汇总表、分析表、图形表进行不同维度的数据展示及交互验证，使各级领导层都能了解内部经营状况；同时对外进行行业对标，为制定企业经营策略提供强有力的依据，为企业提供生产和经营重要的参考和指导意见。截至目前，北京首钢建设已建设完成 200 余张报表，各职能业务部门在信息部门的辅助及指导下，自主完成数据模型搭建、数据维度设计、数据呈现，月度例会直接采用系统数据统计汇总进行汇报，辅助领导完成最终决策。

第六篇 DRP的未来

开篇案例

　　谷歌公司于 2019 年宣布成为全球第一家实现"量子霸权"的公司，原因是谷歌公司推出了一款拥有 53 个量子比特（qubit）的量子芯片 Sycamore。谷歌公司表示，当时世界最强超算 Summit 需要 10 000 年才能完成的计算任务，谷歌公司使用基于 Sycamore 的量子计算机只需要 200s 就能够完成。

　　量子计算的研究热潮从此开始狂飙，大家普遍认为传统的硅基芯片将会被量子芯片取代，量子计算技术将会在全球掀起一股计算革命，淘汰传统的计算技术。IBM 公司等大厂商，以及全球科技强国都积极研发量子芯片技术，希望能够率先实现"量子霸权"。

　　谷歌公司于 2023 年推出了最新一代的 Sycamore 处理器，它拥有的量子比特数提升至 70 个。增加更多的量子比特数可以成倍地提高量子计算机的性能，据称新的计算机性能较 2019 年的版本强 2.41 亿倍。

第 19 章　支持 DRP 的未来科技

DRP 作为一个面向未来，横跨数字和实体两个空间的数据资源规划平台，必然需要充分利用最新的科技能力，收集并开发最新的数据资源。以量子计算、脑机接口为代表的新兴技术趋势预示了未来人类对数据收集、处理和计算的能力将飞跃式地发展，也必然会为未来 DRP 的演进提供更强有力的支持。

19.1　量子计算 >>

量子是现代物理的重要概念，是一个物理量所存在的最小的、不可分割的基本单位，量子物理和以牛顿力学为代表的经典物理有根本的区别。量子力学与相对论被认为是现代物理学的两大基石，是在 20 世纪初由普朗克（Planck）、爱因斯坦（Einstein）、玻尔（Bohr）、薛定谔（Schrodinger）、狄拉克（Dirac）、玻恩（Born）和海森堡（Heisenberg）等一批物理学家共同创立的。在物理学研究逐渐深入原子领域时，人们发现经典理论已经无法诠释微观粒子的某些现象，量子力学的概念和理论就是在解决这些问题的过程中建立起来的。

19.1.1　量子计算的基本原理

与科学界的一些改良性技术相比，量子科技具有颠覆性作用，它颠覆的是目前占据主流地位的电子计算。传统、主流的计算机还是以电子作为基本的载体，以冯·诺依曼结构为主的计算机；同时主流计算机的电子元器件——芯片，也是基于电子，按照摩尔定律的经济规律逐步发展的：计算机芯片的工艺制程从 14nm、7nm 发展到 5nm。但问题在于，当下摩尔定律正逼近物理极限，所以科技领域亟须出现一些颠覆性技术，将量子作为基本计算单位，革新以电子作为基本单位的计算架构。

传统计算机处理信息的方式依赖二进制系统，基本计算单元是比特，而量子计算机中的基本计算单元是量子比特（qubit），它采用量子力学的二能级（两态）系统描述信息，不仅有两个线性独立的态，而且可以制备这两个态的线性叠加态。在量子信息中常见的量子比特有粒子（包括原子、分子和离子等）的两个能级，超导约瑟夫森电路最低的两个量子化能级，以及自旋 1/2 粒子的两个不同自旋态，光子的两个偏振方向等。

通常一个"比特"只能表示 0 和 1 这两种可能状态中的一种，而一个"量子比特"则可以同时表示这两个状态。换句话说，n 个"比特"只能表示 2^n 个状态中的一个，n 个"量子比特"却能同时表示 2^n 个状态。如果有一台由 50 个粒子组成的量子计算机，原理上就可以同时对 2^{50} 个数据进行并行计算。本来 50 个粒子一次只能计算一个状态，但在量子世界里，就能同时计算 2^{50} 个状态，所以说量子计算的计算能力是呈指数级增长的，如图 19-1 所示。

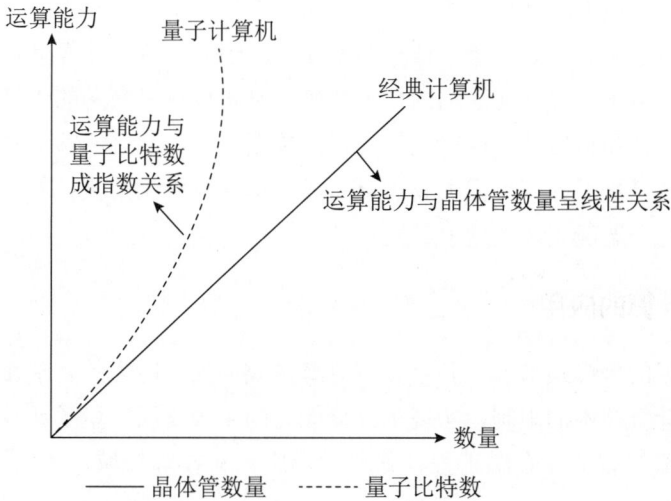

图 19-1　经典计算机与量子计算机计算能力对比

量子计算机是一类遵循量子力学规律进行数学和逻辑运算、存储及处理量子信息的物理装置。量子计算机的基本组成部件也分为硬件和软件两部分，硬件部分通过物理的相互作用实现对量子比特的操控和测量；软件部分设计量子门的序列（量子线路）或者最优化的量子算法，使其能够处理一些复杂的计算问题。如图 19-2 所示，与经典计算机类似，量子信息存储在量子比特寄存器中，特定的量子信息处理任务由一系列编程的量子逻辑门实现，即量子线路。

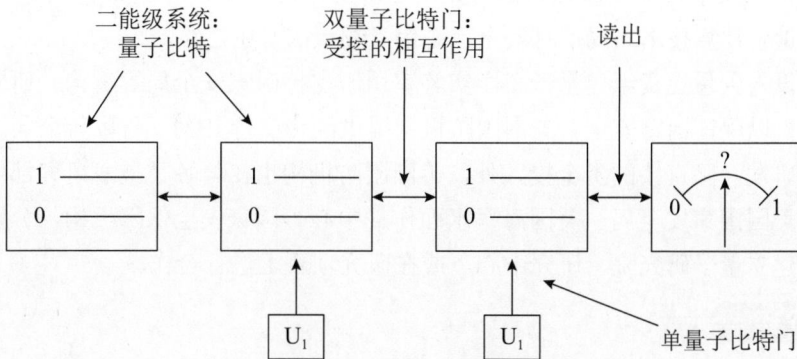

图 19-2　量子计算原理

量子计算的出现标志着整个信息技术的基础正在发生变化，信息技术正在进入一个新的计算架构和基础能力突破的分界点上。科学界需要重新构建一个新体系，涉及基础理论、基础材料、基础工艺及器件装备，以形成量子科技的广泛应用，从而最终改变整个数字科技。

量子现象中的量子纠缠（Quantum Entanglement）决定了量子计算的整体性。量子纠缠是发生在量子系统中的量子现象。在量子力学中，几个粒子在相互作用后，由于各个粒子所拥有的特性已综合成为整体性质，因此只能对整体系统的性质进行描述，而无法对各个粒子的性质描述的现象就是量子缠结或量子纠缠，当一个量子发生改变时，另一个量子也会随之改变。量子纠缠决定了量子计算的整体性。因此，量子计算具备的叠加性、并行性和整体性解决了电子计算目前面临的技术瓶颈。量子计算机具备的"量子优越性"是指它具备真正的并行性和整体性，拥有巨大的存储数据能力，并且能够使某些量子算法拥有超强加速能力。一旦量子计算机强大到可以完成经典计算机无法执行的计算时，量子计算机的核心优势就完全展现成为"量子霸权"。

19.1.2　量子计算的应用

随着人类数据的爆炸式增长，各个领域对海量数据处理能力的要求在快速增加。量子计算突破了传统计算技术的限制，实现了计算能力的巨大飞跃。量子计算可运用在信息安全、量子通信、人工智能、金融工程、脑科学及空天科技等领域，未来将它引入 DRP 系统存在极大潜力。

1. 信息安全

现代密码体系目前已广泛应用在日常生活中的各个方面，很多密码在电子计算机上难以破解，但如果有了强大的量子计算机配合 Shor 算法（舒尔算法），就能在短时间内破解现有的密码体系。2018 年美国哈德逊研究所发布的《量子计算：如何应对国家安全风险》（*Quantum Computing: How to Address the National Security Risk*）中指出，当通用型量子计算机成功问世，或专用量子计算机达到 300 个量子比特可控的计算力时，国家级机密信息、商业机密以及个人隐私信息等都将无所遁形，任何传统加密系统都不再有秘密可言。因此，利用量子计算技术布局信息安全已是信息领域的必由之路。

美国已投入大量经费组建量子科学实验室用于支持国家安全局等机构，研发用于加密的量子计算机以保证国家安全。美国国防机构提供经费支持 IBM、谷歌等公司进行专用量子计算技术研发。除直接的资金投入外，美国国防机构也在与各类技术研究部门进行协同合作，比如美国国家安全局、美国海军水面作战中心等国家安全保障机构，分别与美国各大高校联合建立量子研究院、研究中心，或在研究项目上进行合作。

2. 量子通信

量子通信是利用量子的特性，在经典通信辅助下为通信收发双方进行量子密钥的产生、分发和接收，并进行信息传递的新型通信方式。量子通信技术作为当前安全保密等级最高的通信手段，通过使用一次一密的加密策略，解决了密钥的安全传输和窃听检测等技术难题，提供了对通信的绝对安全性保证。量子计算加持的量子通信技术能被广泛应用在公共事务管理、社会服务以及经济发展等各个领域，同时世界各国都在这一领域加大了投入力度。

2021 年 8 月，27 个欧盟成员国承诺与欧盟委员会和欧洲航天局合作，共同建设一个覆盖整个欧盟的安全量子通信基础设施 EuroQCI。EuroQCI 结合了量子密码学、量子系统集、量子物理学，并利用量子技术提供多层安全保护。EuroQCI 旨在保护欧盟网络安全和推动欧盟量子技术的应用水平，保护欧洲政府之间，能源网、数据中心等关键站点之间的数据传输，它将成为欧盟未来新网络安全战略的主要支柱。

我国量子科学领域主攻方向之一就是量子通信技术。2017 年，我国线路总长超过 2000km 的量子保密通信"京沪干线"正式开通，成为世界上最远距离的基于可信中继方案的量子安全密钥分发干线。2018 年，国家广域量子保密通信骨干网络建设一期工程正式开始，"京沪干线"上又增加了武汉和广州两个骨干节点，光纤量子保密通信网络长度达 7000km 左右。2019 年，《长江三角洲区域一体化发展规划纲要》中提出，在长三角地区将建设覆盖 16 个主要城市、1013km 的量子保密干线环网，并在城市群内广泛开展量子通信应用试点。2020 年 10 月，国科量子通信网络有限公司分别和文昌国际航天城管理局、中国广电下属中国有线电视网络有限公司签署合作协议，致力于打造海南全球第一条"星地一体"环岛量子保密通信网络。2021 年，中央网络安全和信息化委员会印发《"十四五"国家信息化规划》，规划涉及多项量子信息领域的研发建设工程，包括量子信息设施和试验环境的基础设施建设、量子信息等关键前沿领域的战略研究和技术融通创新等。

3. 人工智能和量子机器学习

量子计算与人工智能的交汇融合能加快人工智能的研发速度，拓宽人工智能的应用场景，从而创造更大的人工智能应用价值。人工智能的基础是数据、算法、算力，由于人工智能已经向更高应用阶段比如多场景、规模化等方向转变，算法模型的参数量也呈指数级增加。根据摩尔定律，伴随着人工智能模型的复杂度越来越高，传统计算机的算力瓶颈将成为人工智能发展的重要制约因素。利用量子计算的强大算力能够有效提高人工智能的学习能力，提升模型训练的速度以及处理复杂网络的能力。

量子机器学习算法模型就是利用量子理论的优势改进机器学习算法，促进机器学习算法的量子化，打造量子机器学习强大的记忆容量、学习能力和处理速度，以及强稳定性和可靠性等优势。区别于传统神经网络的单个网络，量子神经网络的并行性可以通过更多网络存储更多算法模式，拥有指数级存储和检索能力的量子神经网络可以模拟人类大脑或者模拟黑洞。2020 年谷歌公司宣布了一款用于训练量子模型的机器学习库 TensorFlow Quantum（简称 TFQ）。TFQ 包含以特定量子比特、门、电路为例的量子计算所需的基本结构，用户可以在模拟或真实硬件上执行。

4. 金融工程

金融行业建立在数据分析之上，随着数字金融服务的普及，安全可靠、差异化的金融服务对计算能力提出了更高要求，量子计算在金融工程的前中后台都能发挥巨大的潜能。

比如，量子计算可对大量数据进行精确分析，从而准确拟定金融投资组合、高效执行交易策略、灵敏预判各种风险等。目前全球已有超过 25 家国际大型银行及金融机构与量子计算企业开展了合作研究。比如，2017 年，摩根大通加入 IBM 量子计算产业联盟 Q

Network，并共同开发新型算法；2019 年 9 月，西班牙金融服务公司 CaixaBank 成功完成量子计算模拟项目；2019 年 11 月，澳大利亚联邦银行与美国量子计算创业公司 Rigetti Computing 合作，构建专用量子模拟器软件系统，进行量子优化投资组合再平衡策略实验。中国人民银行清算总中心也利用量子通信等网络信息安全技术，通过量子"京沪干线"＋本地量子城域网，建立了量子密钥分发系统，实现了数据中心间量子密钥的生成，提高了数据传输的安全性。

总的来说，量子科技的本质意义有两点，一是提高信息通信的安全性；二是提升算力，这两点对 DRP 都至关重要。未来的量子科技，会如同现在的大数据、人工智能、区块链等技术一样，成为数字科技的核心内容，推动数字经济持续快速发展。

但需要指出的是量子计算机也存在风险。强大的量子机器算力很可能会威胁到现代密码技术，对金融稳定和隐私产生深远影响。现代密码技术主要基于三类算法：对称密钥、非对称密钥（也称为公钥）和哈希函数。对于对称密钥而言，消息加密和消息解密会使用同一密钥。非对称密码技术一般会使用一对相关密钥（一个私钥，一个公钥）。由一个密钥加密的消息只能由该密钥的另一个配对密钥解密。数字认证、数字签名、数据安全等领域，使用的都是这种算法。哈希函数可以将数字输入转换为一组唯一的固定长度的字节。通常，哈希函数主要用来保存密码，确认数字身份。这些密码算法基本上都能保护数据安全。即便是现在最先进的超级数字计算机以及密码分析技术也无法快速破解它们。但是，相比超级数字计算机，量子计算机在解决数学难题时的速度会呈指数级别的增长。这不仅会让非对称密码技术彻底丧失加密作用，而且还会削弱其他加密密钥和散列的安全性。从理论上来说，一台正常运转的量子计算机可以在几分钟内破解一个非对称密钥。其中，公钥尤其容易破解，在非对称密钥中，公钥大多数都是基于分解问题，而数字计算机很难从它们的乘积中找到两个质数，但量子计算机可以轻松做到这一点。

19.2 类脑计算与脑机接口 >>

大脑是人体最重要的器官，是支配人的一切生命活动的中枢，是一个由上千亿神经细胞构成的结构复杂、功能全面的超级计算机，对脑科学的研究是人类认识自我的重大任务，也是未来扩展数字空间边界，实现现实世界与数字世界融合的关键，是目前最具挑战性的多学科交叉研究领域。

19.2.1 类脑计算

类脑计算又被称为神经形态计算（Neuromorphic Computing），是借鉴生物神经系统信息处理模式和结构的计算理论、体系结构、芯片设计以及应用模型与算法的总称。现有的计算系统面临两个严重制约发展的瓶颈：一个是系统能耗过高；另一个是对人脑能轻松胜任的认知任务处理能力不足，难以支撑高水平的智能。而类脑计算是对现有的计算体系和系统作出的变革，目标是要降低计算能耗，提升计算能力和效率。欧盟"人类大脑计划"（Human Brain Project）建议报告中指出："除人脑以外，没有任何一个自然或人工系统能够具有对新环境与新挑战的自适应能力、对新信息与新技能的自动获取能力、在复杂环境下进行有效决策并稳定工作直至几十年的能力。没有任何系统能够在多处损伤的情况下保持像人脑一样好的鲁棒性，在处理同样复杂的任务时，没有任何人工系统能够媲美人脑的低能耗性。"因此在计算系统研究中，学习借鉴大脑成为一个重要的研究方向。类脑计算是脑科学和信息技术的高度融合。

类脑计算的研究可以分为神经科学（特别是大脑信息处理基本原理）的研究、类脑计算器件（硬件）的研究和类脑学习与处理算法（软件）的研究三方面。

1. 大脑信息处理基本原理的研究

在神经科学领域，脑科学的研究为类脑计算的发展提供了重要基础。目前对于单个神经元的结构与功能已经有较多了解。但对于功能相对简单的神经元如何通过网络组织起来形成我们现在所知的最为高效的信息处理系统，还有很多问题尚待解决。

2. 类脑计算器件（硬件）的研究

类脑计算器件研究的初衷是模仿生物神经元的信息处理，在硬件结构上，从神经元结构、信息编码方式到神经元群体组织结构、信息传递来逼近生物脑。现代计算机在能耗和性能上与人脑相比还存在巨大差距，现代计算机能耗高的一个重要原因是计算机普遍采用的冯·诺依曼架构，计算单元和存储单元是分开的，计算单元计算前需要先从存储单元中读取数据，造成时延和大量功耗。而在人的大脑中，信息处理在神经网络中实现，而数据本身则是分布式地存储于网络的各个节点（比如由神经元内的离子浓度表征）以及节点之间的连接（比如由突触连接的强弱表征）上，运算和存储在结构上是高度一体化的。因此，用少量甚至单个电子器件模仿单个神经元的功能，将数量巨大的电子"神经元"以类脑的方式形成大规模并行处理的人工"神经网络"，也是一个重要的研究方向。

3. 类脑学习与处理算法（软件）的研究

神经形态模型是神经形态计算的重要组成部分，是在现有计算机硬件系统上实施对生物脑神经网络的模拟。

神经形态模型的基本组成单元是神经元模型，即模仿树突、轴突和突触结构的模型。脑神经元之间的通信依靠神经细胞膜电位的升降脉冲，借鉴该原理，研究人员提出了多种神经元模型，例如整合发放（Integrate-and-Fire，I&F）模型、带泄漏整合发放（Leak Integrate-and-Fire，LIF）模型等。神经元模型越接近真实神经元的结构特性，它的模型就越复杂，模型应用效果在原则上也会越好。

神经网络模型用于描述神经元突触的连接关系，一方面可以遵从生物原理，另一方面可与生物网络具有不同的拓扑结构。应用神经网络模型，不同的神经元和突触模型可组成多种多样的神经网络，从而形成种类丰富的神经形态模型。脉冲神经网络（Spiking Neural Networks，SNN）作为第三代神经网络，相较于目前应用效果较好的卷积神经网络（Convolutional Neural Network，CNN）和循环神经网络（Recurrent Neural Network，RNN）等第二代神经网络，更加贴近脑神经元信息传递方式。尽管 SNN 在结构上对硬件实现更友好，但训练存在一定难度，当前很多团队正致力于开发 SNN 监督式学习规则，然而 SNN 的实际应用依然较少。

19.2.2 脑机接口

相比地球上其他生物，人类大脑是最强的。脑机接口，是指在大脑和外部设备之间创建直接连接通路。它既是神经修复最有效的工具，可以解决瘫痪、中风、帕金森等患者神经功能受损的问题，又是全面解析认识大脑的核心关键技术，是国际脑科学最前沿研究的重要工具。

脑机接口的核心是充分发挥人脑的优势，绕过人体自身器官，让大脑直接与外界装备进行高效互动。脑机接口系统非常复杂，是典型的交叉学科，涉及医疗器械、芯片、材料、算法、机器人、医学、伦理、神经科学、心理学等不同领域，它的核心挑战在于如何在最低限度损伤大脑和最大限度利用大脑之间达到平衡。相比非植入式脑机接口，植入式脑机接口在神经信号质量和神经调控精度等关键性能上有着天然的优势，不过植入手术对大脑的创伤、植入器件长期在体的安全性等问题仍是当前的研究瓶颈。

2024 年 1 月 30 日上午，马斯克发文称首位人类患者已接受其初创公司 Neuralink 的脑机接口芯片植入，植入者恢复良好。Neuralink 是马斯克和其他 8 名联合创办者于 2016 年成立的一个神经科技和脑机接口公司，这次试验所属的 PRIME 项目旨在通过研发脑机接口技术，帮助瘫痪的人重新行走。

从 Neuralink 介绍的操作流程看，手术由机器人"R1"将一枚硬币大小的植入物"N1"植入大脑区域。"N1"用于记录大脑信号并将其无线传输到 Neuralink 的运动意图解析应用程序中。应用程序解码大脑信号后，通过蓝牙连接来控制外部设备，从而帮助患者实现控制外部鼠标和键盘等功能。

目前全球提供脑机接口产品和业务的公司有两百余家，主要集中在美国和中国。互联网科技巨头纷纷介入脑机接口领域，谷歌、微软、Facebook 公司等科技巨头也开始布局开发底层技术。据研究机构 Data Bridge Market Research 公布的最新数据显示，2022 年脑机接口市场规模为 17.40 亿美元，预计到 2030 年将达到 56.92 亿美元，期内年复合增长率为 15.61%，市场潜力巨大。此外，麦肯锡预测未来 10～20 年，全球脑机接口产业将产生 700～2000 亿美元经济价值。

中国工业和信息化近期也发布消息，指出脑机接口是生命科学和信息技术深度交叉融合的前沿新兴技术，将通过揭榜挂帅发掘培育一批掌握关键核心技术、具备较强创新能力的优势单位，突破一批脑机接口标志性技术产品、加速产业应用落地。

19.3 小结 >>

作为数字经济时代的代表性工具，DRP 需要体现数字生产力的发展水平。这要求 DRP 在未来的迭代过程中不断采用最新的数字技术提升数据开发能力，扩大适用范围。量子计算技术的出现让人类快速处理海量数据成为可能；类脑计算和脑机接口将人体与数字外设之间的屏障消除，使数据资源的范围扩展到人脑内储存的信息，这将极大扩展数字空间的领域，将人脑资源纳入 DRP 的范畴。

本章案例

2024 年 1 月 7 日，中国启科量子科技有限公司、中交通信大数据（上海）科技有限公司和上海计算机软件技术开发中心签署三方战略合作框架协议，联合发布了基于量子计算云平台的交通物流大数据解决方案。

交通物流领域拥有海量增长的数据信息，同时还有不断增加的数字化情境，这对基础算力提出了挑战。而量子计算技术在特定复杂问题上具有经典计算无法比拟的算力优势，这也是量子技术得以在交通领域落地的核心原因。

本次合作发布了华东地区首个产研合作的量子计算云平台，旨在开放共享量子计算资源，推动量子计算技术的应用与普及。云平台支持量子计算真机后端、量子计算模拟器以及第三方算力资源，可同时执行超过 1000 个算法任务，实现多机器分布式运行量子算法。

同时，三方还综合探索了量子计算在交通物流领域内的多种应用场景，通过结合最新的量子算法和传统的优化方式，提出基于量子计算云平台的交通物流大数据解决方案。该方案旨在运用量子计算技术提升交通系统的时空优化能力，增强路径规划的群智计算力，充分发挥量子计算在智慧城市中交通与物流系统建设的高效与安全性。此外，该合作还涵盖了提升交通领域项目建设的信息化安全，以及推动软件测评行业的创新能力等。

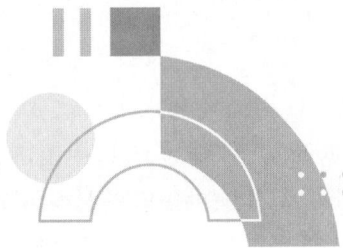

参考文献 REFERENCES

[1] 黄奇帆，朱岩，邵平.数字经济：内涵与路径书 [M].北京：中信出版社，2022.

[2] 朱岩，荀娟琼.企业资源规划教程 [M].北京：清华大学出版社，2008.

[3] 董小英，戴亦舒，晏梦灵，等.变数：中国数字企业模型及实践 [M].北京：北京大学出版社，2020.

[4] 杜芸.整合经济学 [M].北京：中译出版社，2022.

[5] 王玚.数据架构之道：数据模型设计与管控 [M].北京：电子工业出版社，2022.

[6] 忻榕，陈威如，侯正宇.平台化管理 [M].北京：机械工业出版社，2019.

[7] 陈璐璐，郭震淳.数字资产：企业数字化转型之道 [M].北京：电子工业出版社，2023.

[8] 王俊豪.产业经济学 [M].北京：高等教育出版社，2008.

[9] 李雷，杨水利，陈娜.数字化转型对企业大客户依赖性的影响：基于规模经济与范围经济的解释 [J].系统管理学报，2023，32（2）：395-406.

[10] 付伟，杨晓波.跨国公司的跨境数据治理挑战与对策建议 [J].中国信息安全，2022（3）：67-69.

[11] 天翼智库.我国中小企业数据治理存在的问题及相关建议 [R/OL].（2023-10-15）. https://mp.weixin.qq.com/s/HZsWEYT8vHTpGlE5cQnScQ.

[12] 张志勇，陈桂林，翁仲铭，等.物联网：万物互联的技术及应用 [M].安徽：安徽大学出版社，2018.

[13] 邬贺铨.迎接产业互联网时代 [J].电信技术，2015（1）：5-11.

[14] 马建光，姜巍.大数据的概念、特征及其应用 [J].国防科技，2013（2）：10-17.

[15] 袁勇，王飞跃.区块链技术发展现状与展望 [J].自动化学报，2016，42（4）：481-494.

[16] 刘平.企业战略管理：规划理论、流程、方法与实践 [M].2版.北京：清华大学出版社，2015.

[17] 易高峰.数字经济与创新管理实务 [M].北京：中国经济出版社，2018.

[18] 陈劲，郑刚.创新管理：赢得持续竞争优势 [M].3版.北京：北京大学出版社，2016.

[19] 唐镶，张莹莹．革新与风险：人力资源管理的数字化战略转型 [J]. 清华管理评论，2022（7-8）：75-83.

[20] 中国信息通信研究院．数据资产管理实践白皮书（6.0 版）[R].2023.

[21] 华为技术有限公司．华为行业数字化转型方法论白皮书 [R].2019.

[22] 安永 EY. 数据治理之数据管理组织 [R/OL].（2023-10-24）. https：//mp.weixin.qq.com/s/TcRRueGTerRjTK0O3sUt1A.

[23] 国家工业信息发展研究中心，阿里云研究院．产业集群数字化：构建协同发展的新生态 [R].2022.

[24] 陆志鹏，孟庆国，王钺．数据要素化治理：理论方法与工程实践 [M]. 北京：清华大学出版社，2024.